人權與安全的多元議題探析

林盈君等————著

國土 移民
安全 與 政策

編者序

　　隨著敘利亞內戰持續五年,伊斯蘭國組織(ISIS)的突起,以及非洲許多國家的恐怖組織盛行,造成許多難民與移民的流動。這些人口的移動使歐亞大陸面臨數十年來最大的移民挑戰,對於這些難民、移民,約旦、土耳其、伊朗等附近國家收容了數百萬人,無論在空間、資源部份都相當拮据。而對於相對少數遷徙至歐洲國家的難民,歐盟各國卻一直無法針對難民安置問題取得共同意見。人權的保障與國土安全似乎成了兩個極端的拉鋸戰。一向著重維護人權的歐洲國家面臨了歡迎難民與對抗恐怖主義間在執行面上的困境。實際上,許多歐盟國家的政府或國民對難民並非友善,例如:英國就一直不願意遵守歐盟的難民額度政策。歐洲移民議題讓全球看見人口移動的複雜性,包含國境開放與國境管制的拔河、移動權利與國家權力的競合、歡迎移民與阻止恐怖分子的進入。這種種多面向的選擇,再再凸顯移民議題的複雜。

　　這樣的移民議題顯示出跨國人口移動是相當複雜的,對於移民、對於移出國、對於移入國、對於移入國的公民,不同的角度所在意與探討的面向都是相當不同。因此,本書匯集陳明傳、柯雨瑞與蔡政杰、許義寶、高佩珊、王智盛、黃文志等學者與本人著作,由國土安全、移民政策、犯罪偵查、到移民人權、移民輔

導多面向議題談論人口移動議題，嘗試由不同角度探討人口移動，以呈現移民議題的多元性與複雜性。

林盈君

2016 年 3 月 14 日

目次

CHAPTER 1

國土安全與人口移動

陳明傳

中央警察大學國境警察學系系主任

前言

　　從非傳統安全之學術領域來探討，安全研究是國際關係學科的重要領域。而非傳統安全用語中，沒有什麼概念比「人的安全」更有綜合性、個人安全說服力和國際影響力。聯合國曾經提出了「人的安全」的七個主要內容，包含經濟安全、食物安全、衛生安全、環境安全、個人安全、社會安全以及政治安全。其中尤其是美國於 2001 年遭受 911 攻擊事件之後，非法移民成為非傳統安全因素中，對國際社會產生了顯著之安全衝擊，其中例如：至 2015 年末因敘利亞 4 年來之內戰而產生之逾 4 百萬之難民[1]，其對歐盟與其各國確實產生了難民收容之棘手問題，因而移民議題遂日漸受到各國以及國際社會之重視。

　　然而，在全球化（globalization）的過程中，人口移動本是自然的現象。但是非法移民漸趨嚴重的主因乃是人口的非法交易；每年約有數百萬之人口，藉此非法移民之管道到西歐、北美與澳洲等較富裕的國家。然而在富裕國家生活的移民，其寄往母國的匯款卻也被稱做無聲的發展援助。這些移民的匯款往往可以幫助他們的家庭擺脫困境，過上相對富裕的生活。雖然每筆移民的匯款數額比較小，但正是這涓涓細流最後匯成了大江大河。

　　因此各國在移民管理與國土安全的雙重國家發展之影響因素考量之下，如何能得其利而避其不良之影響，遂成為各國與國際間在處理人口移動（migration）之議題時，重要之課題之一，本章特從上述此二個面向之衡平考量上，論述之如后。

---

[1]　中央通訊社，敘利亞懶人包：2 百萬難民悲歌，搜尋日期：2016 年 1 月 1 日。

第一節 全球與兩岸人口移動暨移民執法問題概述

壹、全球人口移動概述

　　從非傳統安全理論來探討，安全研究是國際關係學科的重要領域，在國際關係理論中，「安全」與「權力」是一對非常靠近的概念。國際關係學者對權力作了大量研究，卻很少像研究權力那樣研究安全概念。學術界通常以冷戰結束作為一個重要標誌來分析非傳統安全產生和發展，強調東西方對抗的瓦解促成安全研究從傳統安全朝向所謂之「非傳統安全」的轉化。而所謂傳統安全之概念即是以往以國家之整體安全、政治之穩定或者社會之安定為主要之考量，而非傳統安全則有別於傳統安全之概念，尤其是美國 2001 年遭受恐怖攻擊之後，安全之考量由國家之安全與社會之穩定延伸至經濟、科技、文化、資通、自然環境、社會整體環境等各類安全維護與各種基礎設施（infrastructure）之防護之上。

　　從二十世紀 90 年代以來的非傳統安全用語中，沒有什麼概念比「人的安全」更有綜合性、道德說服力和國際影響力。聯合國提出了「人的安全」的七個主要內容：經濟安全、食物安全、衛生安全、環境安全、個人安全、社會安全以及政治安全。特別是 911 事件以來，非法移民作為一種非傳統安全因素對國際社會產生的強大衝擊而日益受到國際社會的重視。

　　根據聯合國之經濟與社會部門之人口統計署的移民人口資料（United Nations Department of Economic and Social Affairs,

Population Division, International Migration），全球各地將近有兩億多的移民人口；所謂移民人口係指在母國以外國家居住超過一年以上者。該報告指出，全球移民人口總數占全球人口百分之三，相當於全球第五大國巴西人口數，而且正快速增加。全球移民人口從 1970 年約 82,000,000 人，1970 年的 154,161,984 人，2000年增為 174,515,733 人，2010 年增為 220,729,300 至 2013 年更增為 231,522,215 人；[2] 報告更指出，移民人口中近半為女性，在獨立移民人口中比例逐漸增加。報告指出，估計每年非法移民人口介於兩百五十萬至四百萬間。另根據美國研究中心 Pew Hispanic Center 的估計，2000 年到 2004 年間，每年來到美國的合法移民人數平均大約在 60 萬，而非法移民卻高達 70 萬。[3]

國際移民組織（International Organization for Migration, IOM）亦曾表示，2050 年全球移民總數將高達 4 億 500 萬人。該組織更進一步指出，移民人口增加的關鍵，在於開發中國家勞動人口明顯成長，而已開發國家人口則逐漸老化。當今美國仍然是全球移民之首選，2010 年湧入 4 千 2 百 80 萬移民人口至美國，約占全球移民人口的 20%。但隨著近年來世界之景氣衰退，逐漸改變各國之移民政策與處理移民之態度。例如：於國內經濟之蕭條時期，公眾輿論和部份當權者歸咎「移民」使失業率上揚。《亞利桑那共和報》就曾報導美國是世界上外來移民最多的國家，當經濟持續下滑之際，政府遂採取較嚴格之邊境管制和更多的驅逐措施。根據聯合國的數字顯示，2010 年世界上有兩億一千四百萬移民，

---

[2] United Nations Department of Economic and Social Affairs, Population Division, International Migration, retrieved Jan. 1, 2016.

[3] 陳明傳（2009），〈全球情資分享系統在人口販運上之運用與發展〉，2009年防制人口販運國際及兩岸學術研討會。

比 10 年前增加了 6 前千 4 百萬的移民人口，占世界人口總數的 3.1%。又根據 2008 年歐盟執行委員會（European Commission）研究結果顯示，歐盟國家有 2 百至 4 百萬的非法移民。[4]

在全球化（globalization）的過程中，人口移動本是自然的現象，人口移動包括「移民」、「國內移民」、「國際移民」、「非法移民」等類型，其中「非法移民」指的是沒有合法證件、或未經由必要之授權，而進入他國之人民。若「非法移民」的過程是透過第三者之協助而完成，就涉及了非法交易或販運（trafficked）與偷渡（smuggled）。非法交易或販運是一個較複雜之概念，不僅要考慮移民進入國家之方式、也要考慮其工作條件及是否移民者同意非法進入；其主要目的不僅是從一個國家到另一個國家之非法移民，也是在經常侵害其人權情況下剝削其勞力。非法交易或販運是一種非自願性的，很可能是誘拐、綁架、強制性勞動、監禁及其他人權侵害的結果；而無證明文件之移民（undocumented migration）或者偷渡一般多屬志願性，雖然是非法的進入他國，但其目的則在自由選擇其工作及定居。由於外國人走私或偷渡（alien-smuggling）集團之運作及腐敗的政府官員受賄而使非法移民情形加劇。此外發展中國家之暴力衝突，經濟危機與自然災害亦會造成大量移民。

非法移民漸趨嚴重的主因是人口的非法交易，每年約有一百萬至四百萬之人口，藉此移民到西歐、北美與澳洲等較富裕的國家。其中根據美國國會前述的資料，進入美國境內者就達每年 70 萬人之譜。易言之，貧窮與不平等則是導致人口販運的主要因素。

---

[4] Pchome 個人新聞台，2011 年 1 月 21 日之報導，全球移民 2050 年將破 4 億，搜尋日期：2016 年 1 月 1 日。

在龐大的被販運人口中，有相當部分係從事與性剝削有關的工作，包括賣淫、色情表演及其他性服務等。這似乎是很自然的一種「發展」，因富裕國家的人民，尤其男性似乎永遠無法滿足於其合法或非法性產業（sex industry）所提供之需求。在有利可圖的情況下，各國犯罪集團開始相互合作，將婦女大量地由貧窮國家運往相對富裕國家。國際人口販運問題，於焉惡化。[5]

故而，偷渡已然成為是全球運動，在發展中國家的很多地區，季節性、循環性、臨時性以及永久性人口流動，已經成為人民生活不可分割的一部分。對於收入狀況不斷惡化的很多人來說，移徙將為自己和家人帶來更好的生活甚至是生存的希望。人口販運亦已成為全球性的商業犯罪問題，沒有一個國家可以避免人口販運問題，它帶給組織型的犯罪集團龐大的非法利潤。據美國國務院估計，每年約有 18,000 至 20,000 名婦女、兒童及數千名男性被人口販運，60 至 80 萬人被跨越國境販賣。聯合國兒童基金會估計全球每年有 200 萬人被人口販運，有 2,700 萬人被奴役，至少有 6,000 萬名兒童被以嚴重形式之童工剝削，全球人口販運的不法所得更超過 70 億美元。又根據聯合國毒品犯罪防制署（United Nations Office on Drugs and Crime, UNODC）2007 年報告指出，世界幾乎沒有一個國家不遭受人口販賣的影響；全球人口販賣來源國計有 127 國，中繼國 98 個，目的國高達 137 國。[6] 至於美國國務院 2015 年人口販運報告，販賣人口最惡劣被評等為第三級（Tier 3）的 23 國，分別為阿爾及利亞（Algeria）、白

---

[5] 高玉泉、謝立功（2004），我國人口販運與保護受害者法令國內法制化問題之研究，內政部警政署刑事警察局委託研究報告。

[6] UNODC(2007), "UNODC launches Global Initiative to Fight Human Trafficking", retrieved Jan. 1, 2016.

俄羅斯（Belarus）、貝里斯（Belize）、布隆迪（Burundi）、中非共和國（Central African Republic）、葛摩（Comoros）、赤道幾內亞（Equatorial Guinea）、厄立特里亞（Eritrea）、甘比亞（The Gambia）、幾內亞比索（Guinea-Bissau）、伊朗（Iran）、北韓（Korea, North）、科威特（Kuwait）、利比亞（Libya）、馬紹爾群島（Marshall Islands）、毛利塔尼亞（Mauritania）、俄國（Russia）、南蘇丹（South Sudan）、敘利亞（Syria）、泰國（Thailand）、葉門（Yemen）、委內瑞拉（Venezuela）以及辛巴威（Zimbabwe）等國。[7]

　　國際警察主管會議 2004 年溫哥華年度會議討論人口販運的相關議題（Criminal Exploitation of Women and Children），其三天會議的總結報告稱，婦女與兒童被人口販運之原因甚多唯貧窮、失業、文化傳統的默許、天然災難造成生活困窘、政府的縱容與官員的貪汙、缺乏打擊犯罪的資源、對弱勢團體的歧視、政府不重視此類社會問題、政府機關間缺乏溝通或協調合作以解決此類問題、法規的訂定無法有效又及時的規範此問題等等，均為促成人口販運如此猖獗的原因。而解決的策略可分為長期與短期的措施。短期的策略可包含提供被害者立即的協助與保護措施，長期的策略可包含新的立法規範此類犯罪、訂定國際合作協定防制人口販運、促進各國與各機關間的合作管道並建立合作平臺、於特定國家創設計畫或專案以徹底根除經濟、社會或文化、傳統等促成人口販運的根本因素。至於人口販運形成之原因及其防處之道則根據國際警察主管會議（International Police Executive Symposium, IPES）之 2004 年之年會研討之結論則可如下所述，

---

[7]　US Department of State, Trafficking in Persons Report 2015, Tier Placements, retrieved Jan.1, 2016.

甚值得參酌。在人口販運形成原因有下列因素：1.該地區之貧窮與失業等經濟之困境，造成人口販運市場之猖獗；2.該區域傳統之文化影響對人口販運問題認知的偏誤，以為其亦為謀生的方式之一；3.戰爭、饑荒、水災等天災人禍造成生活上之困難；4.政府不太重視人口販運的問題及其防治策略；5.政府或執法人員的縱容或貪瀆從中得到不法利益；6.沒有足夠的資源來打擊人口販運之組織；7.被害者的不了解並接受不法的販運人口且對未來充滿憧憬與幻想；8.對少數民族與低社經地位人民的不當歧視與對待；9.各國政府以及執法機構之政策，將其列入較低的優先問題，對被害者亦給予較不足之資源或協助；10.政府、執法機構、以及社政福利機構較缺乏對此問題的溝通與合作機制與平臺，以及共同的對被害者給予協助；11.詭譎狡黠的人口販運犯罪組織與網絡並運用科技來迴避偵查；12.立法無法有效的制定新的防治人口販運之法規，因此在訴追其犯罪時相對的較無效；13.因為被害者對於執法人員與刑事司法系統的懼怕與不信任、懼怕被報復，以及在訴訟時巨大的經濟負擔。

其對於防處人口販運之道，則有下列之結論與建議：1.人口販運之防治，可以被歸納成國內與國際或全球的防治策略兩大類；2.其策略又可分為短期的立即的關懷被害者之方法，例如：提供必要的資源或司法協助；以及長期的策略，例如：訂定新的防治法規、建立國際或跨機關間的簽定協議或合作之計畫、對於特殊之國家或地區，提供針對根本的人口販運之肇因，如貧窮或傳統文化再造等，各類防治之計畫或資助。[8]

8　International Police Executive Symposium, 2004 Canada Annual Meeting Summary, Criminal Exploitation of Women and Children, Vancouver, retrived Jan.1, 2016.

然而，亞洲開發銀行亦曾經分析報導，外勞有助改善亞洲貧窮狀況。亞洲五千四百萬外勞有助改善廣泛的貧窮狀況，亞洲政府應簡化外勞移動與工作的程序。位於馬尼拉的亞洲開發銀行在年度展望報告中說，亞洲外勞 2007 年匯款一千零八十一億美元到開發中地區，匯款額超過全球三分之一。報告說：「移民確實讓許多貧民收入增加，國際移民與匯款對亞洲國家降低貧窮有重要貢獻。」雖然有這些好處，但許多國家的規定仍限制重重，與商品流通規定相比也不自由許多。故其呼籲區域政府需要加強合作，更進一步地開啟勞動市場，促進有秩序與有管理的勞工流動，縮小外勞的匯款支出。而移民也有助人口高成長與經濟疲弱不振的國家降低失業壓力。其中香港、臺灣、南韓與新加坡等地由於人口與結構改變，已成為亞洲外勞的重要目的國，而這些外勞主要來自東南亞。[9]

　　又根據德國之聲的報導，那些在富裕國家生活的移民寄往國內的匯款被稱做無聲的發展援助。這些移民的匯款往往可以幫助他們的家庭擺脫困境，過上相對富裕的生活。雖然每個移民的匯款數額比較小，但正是這涓涓細流最後匯成了大江大河。據八國集團（G8）工作組的調查報告，全球這些匯款的總量遠遠超過了官方的發展援助資金數額。北海道八國峰會指派世界銀行副總裁克萊恩（Michael Klein）領導一個國際工作組，專門調查移民的匯款問題，並提出具體改善建議。世界銀行根據已有的資料估計，2008 年移民往國內匯款的總額將達 3000 億美元。這是全球發展援助資金的三倍。據世界銀行提供的資料，移民的匯款數額

---

[9] 　陳明傳（2014），移民與社區警政之研究。又見 Yahoo 奇摩部落格之資訊鐘，外勞有助改善亞洲貧窮狀況之報導。

自 2000 年以來增長了兩倍。但目前的金融危機使匯款的增長率有所減緩。克萊恩說:「儘管移民的匯款總額沒有減少,但增長速度不再像以往那麼快了。最近幾年的增長率一直保持在 15－20%左右。」[10]

　　而先進民主國家則亦重新考慮移民問題;德國公布的一份高層報告建議,該國移民領域的政策應得到徹底的重新考慮,以結束其經濟停滯狀況。設在柏林的移民委員會所作的這份報告呼籲,移民領域的政策應得到徹底的重新考慮。報告說,除非德國接受更多其他國家的移民,否則牠的未來前景將是技術人員極其短缺及人口急劇下降。德國、日本、意大利和其他一些發達國家的絕對人口數量預計將急劇下降。另一個壓力是技術人員短缺。儘管目前全球經濟發展減緩,許多發達國家的經濟還是因缺少電腦技術人員、醫生、工程師和其他關鍵崗位人員而受到阻礙。在這樣的背景下,一些國家政府開始重新考慮對待移民的態度。它們都想要從其它國家吸引最好和最聰明的人才。例如:美國放鬆了對入境簽證的限制,這使 50 萬名有電腦技能的移民於近幾年中在美國找到了工作。他們之中的許多人來自印度,印度的電腦專業畢業生比其他任何國家都多。英國政府也在考慮如何放鬆其極為嚴格的入境要求,以使更多有技能的人才定居。[11]

---

[10] DW 在線報導(2008),三千億移民匯款:靜靜的發展援助,搜尋日期:2016 年 1 月 1 日。

[11] BBC CHINESE.com,分析:發達國家的移民問題,又見大紀元,發達國家應重新考慮移民問題,搜尋日期:2016 年 1 月 1 日。

貳、兩岸人口移動與移民執法問題概述

一、兩岸人口移動概述

　　清治初期，為了尋求更好的生活，閩粵居民寧冒瞞騙官府與魂斷黑水溝的危險，前仆後繼的渡海來臺謀生。從「渡臺悲歌」：「勸君切莫過臺灣，臺灣恰似鬼門關，千個人去無人轉，知生知死都是難」，不難想見當時偷渡來臺者的悲苦遭遇。時至今日，縱使科技文明昌盛，各類交通工具更加平穩安全，人道與法治訴求也益發受到重視，然而設法偷渡來臺打工之大陸地區人民，在橫渡臺灣海峽期間所遭遇的悲苦情境依舊；僅容數人活動的狹窄船艙內，往往擠進數十人，汙濁的空氣加上髒汙的環境，讓人忍不住要嘔吐，甚至暈死過去。四百年前「知生知死都是難」的悲慘情況仍不斷在臺灣海峽上演。為了有效防止偷渡或販賣人口之情事持續發生，不論是政府單位或學者專家均積極投入研究，尋求防處之道。

　　從以往的研究中，或可發現相關研究報告多半在探討渠等如何偷渡、警方應如何偵查、相關法令規範該如何檢討，及大陸女子被騙從娼的情況，對於整體人數的估計方面則仍屬闕如。根據勞動部的統計，到 2005 底為止，在臺打工的外勞人數為三十二萬七千多人，其中非法逃跑的外勞人數為二萬一千多人，大多為從事家庭看護工的越南勞工。而由於兩岸政策尚未解禁，無法引進大陸勞工，所以在臺打工的大陸勞工幾乎都是偷渡來的，因為主管機關不是勞動部，並不清楚大陸非法勞工的數目。[12]

---

[12] 廖千瑩、邵心杰，「32 萬外勞 2 萬非法，『陸勞』都是偷渡來的」。搜尋

今日，中國大陸人口已增加到十三億，占世界總人口的四分之一，在二十年到三十年內，仍將繼續增長。[13]其中約有二千餘萬名貧困人口，而女性則占了六成。我國之陸委會法政處曾經說明其相關之業務，作了以下的表示：「根據中國公安部門及中國學者的估計，每年約有八至十萬名中國非法移民往外遷徙，總計散居世界各國的中國非法移民約有五十萬人，偷渡成功率約為百分之二十至百分之四十，但多數專家學者認為這一數字被嚴重低估。美國移民局的統計曾經指出，來自中國的非法移民約有 2 萬 5 千人；而美國前中情局局長認為應有 10 萬人，美國各情報機構工作報告則認為約有 5 萬人。加拿大部分，據加拿大移民局西元 2000 年的估計，過去十年約有 1 萬 5 千名中國非法移民滯留在加拿大；據日本方面統計，截至 2003 年初，非法居留的外國人約 22 萬 4 千人，其中來自中國者約 3 萬 8 千人。[14]為了謀求更好的出路，中國大陸的非法移民在二十年內仍將持續遷徙，而這樣的問題將是今後臺灣與世界各先進國家必須共同面對的問題。

在臺海兩岸間經濟水平尚未趨於一致的情況下，居於弱勢的一方仍將會千方百計的進行偷渡或非法移入，渠等為了避免掏金夢碎，勢必刻意避開警方的查緝，由此衍生的色情、詐欺、擄人勒贖等等犯罪問題、性病傳播問題、國家安全難以維護問題，都將衝擊到國內的治安。而將來若兩岸之經濟環境有所變遷，則根據移民相關經濟面向之理論，弱勢的一方亦將會朝經濟強勢之一

日期：2016 年 1 月 1 日。

[13] 大紀元，轉載 2005 年 1 月 22 日中央社報導「中國人口問題存在高度風險」，搜尋日期：2016 年 1 月 1 日。

[14] 大紀元，轉載 2004 年 8 月 5 日自由時報報導「50 萬中國非法移民 散居世界各國」，搜尋日期：2016 年 1 月 1 日。

方移動。然而，以往的研究對於了解大陸人民非法來臺的管道，或是被查緝收容之偷渡犯個人背景因素之了解，確有所助益，亦可透過上述研究發現，調整我國防堵走私偷渡的因應策略，對於確保臺灣治安有極大的貢獻。然因大陸地區非法在臺人數的確切情況，迄今並無研究加以探究，無疑將在狀況判斷及人員增補、勤務調度上產生規劃不準確的嚴重缺失，不利查緝防制工作之落實，因此，益發彰顯此項兩岸非法移民研究之重要性。也唯有對非法居留於臺灣境內的大陸人士有更清楚的動態掌握，方有助於政府釐定妥適的因應對策，也才能在不危及臺灣安全與整體經濟環境的情況下，不再讓渡臺悲歌響起。

然而由於全球化趨勢，我國面臨經濟轉型及社會變遷，我國與鄰近區域國家交流日漸多元密切，特別是近年來引進約 35 萬來自東南亞地區外勞在臺工作，並有超過 40 的萬外籍與大陸配偶居住在我國，對我社會發展產生相當程度之影響，因此產生之性剝削、強制或非自願勞役、假結婚及非法走私等形式之人口販運罪行時有所聞，而美國國務院於 2005 年公布之「年度人口販運報告」（Annual Report on Trafficking in Persons），認為我國雖已致力於打擊人口販運罪行，惟並未完全達到消除人口販運之最低標準，因此將我國評等由第一級（Tier 1）調降為第二級（Tier 2），對於東南亞地區我國國人之外籍配偶與跨國人口販運之問題，近年來亦漸受政府及民間團體重視，如何兼顧我社會引進外來移民之需求，並防杜不當之剝削行為已成為政府移民政策與其管理的重要課題之一。[15]

再者，根據統計自民國 76 年 1 月至民國 100 年 2 月，外籍

---

[15] 楊子葆（2007），「如何防制跨國人口販運及改善面談機制」，外交部。

配偶合法在臺人數共計 147,484 人，男性配偶 12,471 人，女性配偶 135,013 人。與大陸、港澳地區配偶人數共計 298,659 人，男性配偶 18,112 人，女性配偶 280,547 人。至 2007 年底止，累計我國外籍與大陸配偶人數約達 446,143 人。[16]民國 92 年（含）以前國人結婚之外籍與大陸港澳配偶人數占總結婚對數比率呈逐年遞增，至 92 年達 31.86% 之最高峰，即平均每 3 對結婚有 1 對為中外聯姻，其中又以大陸配偶占 6 成以上居多；為遏止假結婚來臺，內政部於 92 年開始施行大陸配偶面談制度，外交部亦於 94 年起加強外籍配偶境外訪談措施，93 年起外籍及大陸港澳配偶所占比率雖仍有波動，但大致呈現下降趨勢，103 年為 13.20%，與 102 年相當。[17]復以少子化、老年化及人口負成長將成為我國的趨勢。因此 2008 年 2 月，行政院曾通過的《人口政策白皮書》中規劃 2008 至 2009 兩年加強延攬國際專業人才，同時研議臺灣所需專案人才及投資人士申請永久居留資格要件，透過跨部會審查簡化申辦作業與流程；並持續檢討修正相關法令，提供更多誘因，以吸引屬於經濟性的外籍專業人士移入我國，並將此目標納入政府既定政策。

又由於上述此類婚姻移民人數的快速增長，加快了移民政策制定的腳步，行政院於民國 93 年開始制訂《移民政策綱領草案》，從過去的「移出從寬、移入從嚴」，到現今的「生活從寬、身分從嚴」，政府在對婚姻移民來臺團聚之規範上，似乎已朝人權保障邁進一大步，然而在現實生活中，仍可見外籍配偶一旦與依親之本國配偶婚姻關係消滅（死亡或離婚），居留地位即不保的案例。以

---

[16] 內政部移民署，外籍配偶 100 年統計表，搜尋日期：2016 年 1 月 1 日。
[17] 內政部統計處，104 年第 4 週內政統計通報（103 年結婚登記概況）。

身分論，我國民之外籍配偶與一般外國人相異處，在於具有婚姻與家庭之法律關係與地位，故對於外籍配偶之管理亦應有別於一般外國人，在維護婚姻與家庭之前提下，訂立符合人權之規定。因此，保障外籍配偶首要權益——家庭團聚——不被任意剝奪，能使外籍配偶在法律上及社會上獲得更平等之待遇及國人之尊重。

　　由於外籍與大陸配偶人口激增，已明顯衝擊到我國移民管理與面臨修訂移民法規之狀況，歷經朝野與民意代表取得共識，於2005 年 11 月 8 日立法院三讀通過內政部入出國及移民署組織法，並於同年 11 月 30 日總統華總一義字第 09400192921 號令制定公布在案，因而確立內政部入出國及移民署組織法源依據，揆諸移民署組織法第 2 條，對於移民事務之規範，與外籍配偶入臺團聚、在臺依親居留有關，我國對於外籍配偶之家庭團聚之保障與管理是否合理，家庭團聚權與國家利益兩者該如何取得平衡，亦成為管理移民事務的另一個重要之課題。

二、於我國居、停留之外國人（含大陸地區人民）之人權的基本原則概述

　　人權是指「一個人作為人所享有或應享有的基本權利」，是人類社會最高形式和最具普遍性的權利。它包括生命權和生存權、政治權和公民權、經濟社會和文化權、民族權與和平權、發展權與環境權等等，這些權利是密不可分的。

　　現今國際法上要求對待外國人應合乎國際之最低標準，在有關外國人之基本權與法律之平等保護方面，國家應遵守不歧視原則，亦即，一個有文化的民族至少應如此對待外國人：一、承認每一外國人皆為權利主體；二、外國人所獲得之私法權利，原則上應予尊重；三、應賦予外國人重要之自由權；四、應給予外國

人有法律之救濟途徑；五、應保護外國人之生命、自由、財產、名譽免受犯罪之侵犯。[18]

（一）有關外國人人權之國際條約

與外國人有關之重要人權條約有 1985 年聯合國通過《非居住國公民個人人權宣言》、1990 年通過 2003 年 7 月 1 日生效的《保護所有移徙工人及其家庭成員權利國際公約》。[19]

（二）外國人在憲法上基本權利

「外國人」的意義，通常是相對於「本國人」的概念。在此概念之下，具有法律意義的「外國人」，若以「實體」與否來論，又分為自然人與法人。依《民法》總則施行法第 12 條第 1 項規定，經認許之外國法人，於法令限制內與同種類之我國法人，有同一之權利能力，除法令另規定者外，應准許外國法人依程序法及司法法主張其權利。筆者認同在基本權利上，外國人與本國人應合理差別待遇，但若以權利性質區分本國人與外國人之基本權利，則不應以「是否具有我國國籍」作為惟一劃分標準，而應該考慮外國人在我國居留時間長短、以及其與國家或國民關係密切之程度為基準。

此外，國家保障外國人應遵守之原則為：一、不能低於一般文明標準，而這個標準應是可隨時代潮流變動改善，並且在於一個國家是否願遵守有關人權之國際協定，致力將其國內化；二、合理差別待遇原則，這是基於平等原則中「本質相同，同其處理；

---

[18] 刁仁國（2000），〈論外國人入出國的權利〉，頁 443-455。
[19] 李明峻（2006），〈針對特定對象的人權條約〉，頁 32-35。

本質相異，異其處理」之理念，不排除差別待遇，但是否能更趨近於國際認同之標準而合理且不構成歧視，可作為一個國家文明化與國際化程度之指標；三、以法律為依據限制外國人基本權利，此為基於法治國依法行政中法律保留原則，限制人民基本權利應依據由立法機關所制定之法律為依據。[20]

　　至於大陸之民眾來臺居、停留或移民之相關規範，除了考量上述國際移民人權的基本原則之規範與適用之外，其因身份之特定性，故而基本上以《臺灣地區與大陸地區人民關係條例》，以及其施行細則或相關之法令規範之。

第二節　各國移民與執法之調合策略發展

壹、美國移民之執法與管理──以亞利桑納州之新移民法為例

　　前任亞利桑納州州長（Jan Brewer）於 2010 年簽署一項州級移民法《Support Our Law Enforcement and Safe Neighborhoods Act, Senate Bill,SB1070》[21]，明定非法進入亞利桑納州就是違反該州法律，警察有權要求「可疑人士」出示身分證明。「如果顯示為非法移民，警察有權將其逮捕，並遣返回來源國。」該法將於 2010

20　李震山（2000），《人性尊嚴與人權保障》，頁 392-394。
21　Wikipedia, Arizona SB 1070. ,retrieved Jan. 1, 2016.

年 7 月 29 日生效。此一被稱為「反移民」及「反人權」的法律引起全美一連串的抗爭及各方嚴厲的批評。該新的移民法，引起歐巴馬總統與民權團體強烈砲轟，但亞利桑納州民調卻顯示，七成州民支持該法，為何會有如此之落差。質言之，非法移民長期以來在亞利桑納形成的問題，一方面是邊境漏洞仍在，非法移民不斷湧入，而已入境的非法移民身分遲遲無法漂白，聯邦政府始終未能解決，亞利桑納州府、會的當權派在忍無可忍之下，這才導致嚴厲新移民法的引爆效應。目前亞利桑納州法規定，警察只能在嫌犯涉及其它犯罪案件時，查詢嫌犯的移民身分。而新法則賦予警察權力，可以具有「合理的懷疑」（reasonable suspicion）的情況下，盤查任何人的合法居留身分，同時新法規定，凡不具有合法居留證明文件者均屬觸犯輕罪（misdemeanor）。因而亞利桑納州警方在執行該法時，必然會有非常大的爭議。警方到底該用什麼樣的標準，決定誰「長得像不像」非法移民。如果以族裔、膚色、口音來判定，每一項都有對少數族裔歧視之嫌。民眾最好隨身攜帶合法居留證件，以備警察不時攔檢之用。亞利桑納州目前約有 46 萬非法移民，如果都被警方逮捕移送法辦，州政府最好先興建幾十座監獄、增加數百位法官和相關官員，以免使亞利桑納州的司法系統被非法移民案件癱瘓。

未來可以預見的是，將有一連串的法律訴訟挑戰新移民法，贊成與反對的民眾與團體，將有越來越多的言語和肢體衝突，整個州都會籠罩在不祥和的氣氛中。然而只要美國仍具有吸引力，偷渡入境者依然會源源不絕從邊境湧入，其就算被抓到，也不過是遣返而已，沒有什麼損失。至於已經入境的非法移民，或許會因為鋒頭甚緊，暫時轉移陣地到別的州，以地緣性和生活條件來看，最可能的就是隔鄰的加州。聯邦政府和民權團體應該設身處

地為亞利桑納著想。歐巴馬總統認為亞利桑納州的族裔關係與警方關係，將會變得非常緊張，非法移民即使受害也不願向警方報案，也不願意出庭作證，讓不法之徒有機可乘。州的新移民法極為不當，就應該拿出方法解決非法移民為亞利桑納帶來的種種問題，如果只是祭出州法與聯邦憲法牴觸的大旗，最多也只有讓人口服、心不服的效果。[22]

　　紐約亨特學院教授、移民專家鄺治中說，亞利桑納州的這項法律主要是針對墨西哥移民。表面上看，它對華人沒有什麼影響，但實際上對華人影響很大。「新的情況是，墨西哥偷渡客在下降，而中國偷渡者在增加。」這個現象已經引起主流社區的側目。紐約華裔移民律師李亞倫表示，亞利桑納州通過移民法可能違憲，因為移民法屬於聯邦政府的權限。「該法和該州名聲使得該州不僅對非法移民失去吸引力，而且對所有的有色人種都有影響。」他建議，華人應該離開這樣的環境，以免遇到麻煩。一旦出現像家庭爭吵、損壞車尾燈、狗吠聲太吵或者醉酒駕車，「外國人長相」的當事人就有可能被盤查和逮捕。鄺治中表示，由州政府制定的這類反移民法歷史上曾經有過。1943 年，美國參加第二次世界大戰後，男性勞工前往前線或者生產軍備，致使農工嚴重不足。美國國會通過一個「客工計畫」（guest worker），要求墨西哥勞工到美國種植農作物。但是，戰爭結束後，許多勞力返回職場，使得勞工市場人力充足。農場主人希望繼續聘用這批墨西哥農工，但遭到很多人的反對。後來，德州政府通過一個法律，授予警察一定的權力。如果警察發現非法移民，就可以將此人逮捕，送回墨西哥。

---

[22] 世界新聞網-洛杉磯，美國的南非，搜尋日期：2016 年 1 月 1 日。

然而，亞利桑納州推出自己的新移民法有幾個原因：一、當地人反對非法移民；二、美國經濟存在問題；三、一些政客依靠攻擊外國人來撈取政治資本。1882 年，美國國會通過《排華法》，試圖把華人趕出美國。政客們攻擊華人，而沒有任何反對聲。現在，美國經濟不振，民眾對政府不滿，政府無法解決，一些政客又通過攻擊外國人獲取政治資本。

　　亞利桑納州移民法簽署後，美國著名民調機構蓋洛普（Gallup poll）於 2010 年 4 月 27 日至 28 日調查了 1013 個美國成人居民，發現超過四分之三的美國民眾已經聽到亞利桑納州通過的移民法。在這些知情者中，51%的民眾支持該法律，反對者占 39%。民調專家分析，多數美國人聽到過亞利桑納州的這個法律，一般持支持態度。這個法律通過的部分原因是對聯邦政府缺乏行動的反應。自從亞利桑納州移民法通過，國會民主黨人正在考慮未來討論這個議題。《紐約時報》在新法簽署的當天發表一篇報導指出，亞利桑納州是美國要求移民攜帶身分證明的第一個州。在一些其他國家，包括法國在內，警察在地鐵、高速公路和公共場所要求提供身分證明是很常見。[23]

　　亞利桑納州的有爭議的移民法已於 2010 年開始施行。亞利桑納州警方已經為抗議者反對這項法律的執行之大規模示威，開始做準備。聯邦政府還發起了根據聯邦司法管轄權對於此入境政策的法律作阻止的努力。[24]

　　亞利桑那「公民自由」（American Civil Liberty Union）的法

---

[23] 韓傑，世界新聞網，面對移民苛法　華人怎麼辦？May 30, 2010.，搜尋日期：2013 年 12 月 11 日。

[24] SodaHead News, Will Judge's Ruling Kill Arizona Immigration Law?, retrieved Jan. 1, 2016.

律總監，Dan Pochoda 說：「強制地區的員警要求人們提供證件，以及逮捕那些不能立即證明其身份的人，不會使我們更為安全」。此政策僅會使得原本不足的警力與資源，錯用於虛假的治安威脅之上，亦即強制員警優先執行此移民之政策，而凌駕於有其他公共安全的責任之上。如此將使得警民關係更為緊張，並使得原社區警政之政策之效益受到減損，且對真正的民眾之安全與社區之問題解決無所助益。[25]

亞利桑納州的嚴苛新移民法的支援者稱，此新立法乃在降低犯罪。然而，誠如共和黨參議員羅素皮爾斯（Russell Pearce）稱，犯罪案件已經在亞利桑納下降，即便多年來已存在有非法的移民，而且一個甚為嚴謹的研究曾發現，移民或入境者鮮少犯下罪行，而且被監禁之比率亦比本地之公民較低。然而各地執法機構卻必須努力解釋此新移民法，並給第一線執法人員提供相關之培訓。而此培訓之教材，將於不同之管轄區之間產生不同的執法與認定之標準，如此一來對於員警將會形成沉重的負擔，以及執法成本之提高，和扭曲應有的執法優先順序，而有礙於治安維護之真正遂行。[26]

然而於 2012 年 6 月美國聯邦之最高法院對於亞利桑納州此一新移民法（Senate Bill, SB 1070）之規定，終於作出其解釋判例，此一判例即為 Arizona v. United States 之聯邦最高法院大法官會議之判例。此判例認為亞利桑納州新移民法，規定該州執法人員對於民眾之移民身分之攔檢是合乎法律之規範的；不過該州新移民法之中的另三項之規定是不被允許的，因為其已違反了美國憲法對於人權保

---

[25] American Civil Liberty Union, Law Will Poison Community Policing Efforts. ,retrieved Jan. 1, 2016.

[26] Immigration Policy Center, The Legal Challenges and Economic Realities of Arizona's SB 1070. ,retrieved Jan. 1, 2016.

障的相關規範。此三項不被允許的規定分別為：（1）合法入境者必須隨時隨地攜帶入境之相關證件；（2）允許州警察逮隨時捕任何懷疑為非法入境之人；（3）非法入境者若在尋找工作，或者有一份工作時，則被認定為是一種犯罪之行為。另外，雖然所有大法官都同意該州新移民法之規定中，有關亞利桑那州警察若有合理之理由懷疑(reasonable suspicion)民眾非法入境之身分，則可以使用攔停、留置，或逮捕等方式來查明該人之身分。然而，州警察不可以用未攜帶移民之相關證件，而過長時間的留置該民眾。而其若以種族相貌等因素，來作為非法移民調查之依據，則亦可被該民眾用作向法院申訴之理由。另亦主張州移民法之規定，不可與聯邦法之相關規定相左，亦不可侵犯美國憲法最高之規範性權限（Supremacy Clause of the U.S. Constitution）。[27]因此，美國政府與聯邦最高法院，雖然對於亞利桑納州新移民法作出判例與解釋，當然對於州與地方之執法機構會產生一定之影響，不過州警察對於非法移民之查處，仍然有其法律之依據，以及比以往較為嚴格的執法作為。而此方面之憲法與移民人權之爭議與訴訟，如前之所論述，將會是層出不窮與不斷的面臨挑戰。

貳、英國移民之執法與管理

英國劍橋郡（Cambridgeshire）吸引了大量的流動人口；2002年至 2008 年近 48,000 非英國國民，亦均已在此劍橋郡做保險的註冊與登記。外國工人在此郡的實際數目可能比官方資料還更大，各種語言在此郡內現在已超過 100 種。與移民社區的聯繫與

---

[27] Supreme Court of the United States, Arizona v. United States 567 U.S. (2012).

合作暨解決其犯罪問題，使得警察的時間和人力成本的需求大
增。警察在語言和文化的服務努力與投資，其財務成本於 2008
年 2009 年之間達 677,000 英鎊。管理非英國裔之有組織犯罪集
團，也成為是員警一個很重要的責任與挑戰。目前約有 20%郡內
的有組織犯罪集團由非英國國民所操縱。這些發展可能會對當地
社區產生顯著的不良影響。[28]因此警方不但一方面要遏止此歪風
的惡化，另一方面亦提出調合聯繫移民社區的社區警政策略，以
結合其資源共同維護移民社區之治安。

參、南非移民之執法與管理

南非有相當多的外國人居住在其邊界內，同時仇外心理已成
為一個嚴重的社會問題。高登省（Gauteng）面臨著快速在從各
省以及其他地區或國際社會湧入的大量移民。其發展已影響到治
安的維護，也已構成多元化的社區之警務工作，面臨嚴峻的挑
戰。經南非警方之研議其對應策略乃：1.應增加有關移民社區問
題執法策略之培訓；2.警方和社區應更廣泛的和移民社區聯繫，
以便提高這些社區之接觸，例如將其融入更為廣泛的社區警政
網絡之內（the broader community policing net）；3.提高南非警政
署、社區安全部門以及內政部之間的協調與合作。其中例如可協
助警方，提升對於移民者之資料檔案的查證與核實之效率。又例
如對於非法移民之遞解出境、遣返、一般行政程序，以及與移民
有關的核心職能工作之加強，能使警方更有效的達成任務。[29]

---

[28] Cambridgeshire Constabulary, Community Policing, Migrant Community.

[29] South African Government Information, Gauteng focuses on policing migrant
communities. ,retrived Dec. 10, 2013.

肆、加拿大移民之執法與管理

　　加拿大皇家騎警（Royal Canadian Mounted Police, RCMP）原住民的警務工作計畫中的「原住民警務工作」核心（Aboriginal Policing），乃與原住民警務單位（First Nations Police Services）、安大略省警察、社區領袖以及各社區組織結合成伙伴關係，以便給原住民社區提供優質的服務，並滿足原住民社區之真正需求。[30]

第三節　美國國土安全策略暨移民管理之爭議與發展

壹、美國國土安全之情資導向的新治安策略發展概述

　　美國於 2001 年遭受到 911 恐怖攻擊事件發生後，布希總統立即將反恐提升至「戰爭」等級，並成立國土安全辦公室統籌國家安全之維護，並在參、眾兩院支持下通過《美國愛國者法》（USA Patriot Act），賦予各項相關反恐職權；隨之亦通過制定《國土安全法》（Homeland Security Act 2002），並將花費 400 多

---

[30] RCMP, The "O" Division Fact Sheet；又見陳明傳、駱平沂（2010），國土安全之理論與實務，中央警察大學印行。

億元，整併約 20 餘個機關及 17 萬 9 千餘公務人員，進行了美國聯邦近 50 年來最大組織變革，提升專責機關位階，成立「國土安全部」以因應反恐。其中美國公民與移民署（US Citizen and Immigration Services, USCIS）、移民及海關執法署（U.S. Immigration and Customs Enforcement, ICE）和海關與國境保護署（U.S. Customs and Border Protection，CBP）等移民管理之相關單位，均被整併為美國國土安全部下屬之機構，可見 911 對於美國移民管理與政策之影響程度。

又由於恐怖行動之發生，美國參、眾兩院通過之《美國愛國者法》，將反恐視為戰爭，廣泛授權進行反恐執法，侵犯人權聲音不絕於耳，亦造成許多人權團體及人民之批評，導致人民有「越反越恐」的論調。因此，政府所採取的反恐的公權力要如何使人民減少「恐怖」的陰影，是很重要的課題。故如何使「國土安全」執法與「人權保障」（包含移民管制與移民之人權等）取得平衡，非常值得探討。

美國國土安全任務範圍包括：情報與預警、國境與運輸安全、國內反恐怖主義、保護美國國內重大建設與主要財務、防衛毀滅性威脅、緊急情況之準備與因應。美國政府為了因應反恐及災防之全民動員政策與作為，發布「國土安全之國家策略」（National Strategy for Homeland Security），旨在統合全民動員與組織美國之聯邦政府、州及地方政府、私人企業、及美國人民，以協調合作與專注努力來維護國土安全，使免於恐怖分子之攻擊。[31]

至於美國的情報體系（Intelligence Community，IC）係依 1947 年國家安全法而建立。自 2001 年以來，情報體系由於對 911 事

---

[31] 陳明傳、駱平沂（2010），前揭書，第一章。

件未能事先察覺，而受到強烈的批判。全面的組織改革包含改組情報體系、重新調整其傳統優先事項，和要求擴張其調查對象以涵蓋聯邦、州、地方及部落執法、官員之懲治和民營機構等。為了建造和維持能夠保護美國國家安全利益且健全的公共建設，在國內的活動場所使用情報資源被破天荒地承認是必要的。[32]

更有甚者，美國國內之治安策略亦隨之演變成如何從聯邦、各州及地方警察與相關執法機構之整合、聯繫。以便以此新衍生之新策略，能更有效地維護國內之治安。進而，又如何在此種建立溝通、聯繫的平臺之上，將過去所謂的資訊（Information）或資料（data）更進一步發展出有用之情報資訊（Intelligence）以便能制敵機先，建立預警機先之治安策略（Proactive Stance），此即謂為情資導向的新警政策略（Intelligence Led Policing）。[33]而移民之相關管制，也因為 911 之衝擊以及國土安全之情資導向執法策略發展的考量，而在移民執法方面有所調整其管理之策略，此種加強管制之發展策略，深值得各國在考量國家安全與國土防衛時之參考與學習。

貳、國土安全與移民管理之權衡

移民之管理與國境安全之保護，在移民之大國往往是進退兩難的議題。因為移民政策與邊境之管制若太過於寬鬆，則難免無法有效的遏止非法移民之活動。然而若過於嚴苛，則除了受違反國際公約或移民人權之批判外，亦可能阻斷了高科技或高素

---

[32] Ward et. al. (2006), Homeland Security-An Introduction., p.85.
[33] Oliver (2007), Homeland Security for Policing , pp.163-169.

質人才的移入，而影響到社會與經濟的發展。因此，移民大國與受恐怖攻擊最為嚴峻的美國，其在政府與民意機構，以及移民學術界與執法之實務界之爭辯，甚值得各國以他山之石加以參酌與評估。

美國遭受到 2001 年 911 攻擊事件以前，其傳統之「國家安全」係偏重於運用軍事、外交、經濟、情報等政策手段以有效防範外來侵略、擴展海外利益與壓制內部巔覆；911 攻擊事件後，將國土安全任務著重於保衛本土免遭恐怖襲擊、強化國境與運輸安全、有效緊急防衛及應變、預防生化與核子襲擊等；至於情報蒐集仍由美國聯邦調查局（FBI）及中央情報局（CIA）負責，但由國土安全部進行分析與運用。因為國土安全部具有統合協調全國作為，以防範美國國內遭到恐怖攻擊，降低恐怖攻擊之損害，並儘速完成遭受攻擊後的復原。因此，「國土安全」以預防恐怖活動與攻擊為考量，整合聯邦機構、結合各州、地方、民間之力量，以提升情資預警、強化邊境以及交通安全、增強反恐準備、防衛毀滅性恐怖攻擊，維護國家重要基礎建設、緊急應變與因應等方向為主。

其中，美國之移民及海關執法署（U.S. Immigration and Customs Enforcement, ICE）和海關與國境保護署（U.S. Customs and Border Protection, CBP）主要是負責管理美國運輸及國境的安全管理，亦是在國土安全部之下最重要新的國境安全管理之機關。移民及海關執法署是美國國土安全部最大的調查部門，負責發現並處理國家邊境、經濟、運輸、和基礎建設安全的弱點。該局有 1,500 名人員，負責依據移民及海關法保護特定聯邦機構；移民及海關執法署署長（assistant secretary）負責向國土安全部副部長報告有關國境以及運輸的安全。

海關與國境保護署負責遏止恐怖分子及他們的武器進入美國，另外也負責遏止非法移民、違禁毒品和其他走私、保護美國農業和經濟利益免於受到害蟲及疾病危害、保護美國的智慧財產不被竊取、控制並促進國際貿易、課進口稅、執行美國貿易法等。而在國境安檢與證照查驗方面，亦有甚多新的機制與相關之流程與軟、硬體的研發與創新，以求其安全檢查之週延及檢查品質與效率的提升。

　　因之基於上述之國土安全與移民議題之爭議與考量權衡之下，美國國境執法的保護措施有下列目標：1.國境保護為美國首要目標之一。2.國土安全部負責國境保護，其相關機關有美國海關與邊境保護署（U.S. Customs and Border Protection, CBP）、美國移民與海關執行署（U.S. Immigration and Customs Enforcement, ICE）和海岸巡防隊。3.運輸安全署（Transportation Security Administration,TSA）負責美國機場的保護，其人員經由聯邦執法訓練中心（The Federal Law Enforcement Training Centers, FLETC）訓練保護國境之技能。4.許多國土安全部成員具有司法警察權。5.美國有好幾個具脆弱性的邊境區域，如美國之北方和南方，未能有效而設防的邊境，還有許多海港需要被保護，例如美國海岸巡邏隊（U.S. Coast Guard），必須巡防美國海岸及五大湖區等是。因此，自 2001 年 9 月 11 日美國紐約市遭受恐怖攻擊之後，美國的國土安全防衛與移民策略之間，就有甚多的政策辯論以及策略之調整，以便能更安全與有效的處理此二議題。至其之政策爭辯與兩難處，總結各方之論點，則有下列之各項關鍵點，值得各國之參考：[34]

---

[34]　陳明傳、駱平沂（2013），國土安全專論，頁 515-517。Also see White (2012), op. cit., pp. 515-516.

一、國土安全政策之考量：

（一）國土安全部的任務過於廣大，須借助中情局或調查局的情報協助以及建立新的科技以便保護美國國境，例如運用生物特徵、身分辨識護照等科技。

（二）美國 911 事件調查委員會認為 911 之發生，在於美國官僚體系無法有效監控外國人進入美國，故其建議成立專責單位（國土安全部）並採取生物辨識等科技方式去監控之。

（三）批評者認為國土安全部雖然成立並整併許多單位，但是其內部小單位之官僚體系仍維持一貫保守之作風，並無因為組織之大幅改制而改變。

（四）某些國土安全政策並不被其他國家所支持，例如美國要求實施指紋和照相存取外國訪客之記錄，因此導至巴西等國的不太滿意，進而規定美國之訪客至巴西，亦必須按捺指紋和照相之反制措施。

（五）地方政府雖被要求一同保護國境，但某些地方政府依賴當地外國人的合作及信任以便提供治安之情報，以及教育體系或醫療體系亦可能因此被打亂，而導致地方政府也不太願意配合中央之政策。

二、移民之開放或限制之考量：[35]

（一）移民政策乃另一個爭議之議題。因為只有少數人認為要完全阻隔移民，多數人則認為只要阻絕對美國有敵意之移民或非法移民即可。但亦有人認為美國乃以移民立國，移

---

[35] White(2012), op. cit., p.517.

民對國土安全可能產生的危害與影響，可能遭受到過度的渲染。

（二）國境安全牽涉到合法及非法之移民，然而大部分的研究者均將重心放在如何訂立一個完整之國境或移民法規，以便維護國境之安全。而這些國境安全的威脅，包括恐怖主義和其他犯罪活動。美國移民之研究者 Kerry Diminyatz 總結主要的國境安全威脅有恐怖主義和大規模毀滅性武器、毒品走私、人口販運、傳染疾病等，因此必須強化邊境之管理，以維護國土之安全

（三）然而現今保護美國國境的單位過廣及過多，無法一次應付上述問題，故前述之 Kerry Diminyatz 建議由美國軍方介入保護美國邊境，一直到警力有能力去保護國境為止。

（四）聯邦政府尋求地方執法單位一同打擊非法移民，但地方政府有時並不願意，乃因治安之維護重點在於情資，故而犯罪調查和治安維護均需要此種情資。而其乃為達到成功警政之必要關鍵。故而移民社群（無論合法或非法）乃提供重要情資給地方上之警方，並成為維護社群治安和調查犯罪之重要環節。

　　故而為了強化國境安全，美國之國會議員遂想出一些對應之策略或辦法，[36]例如：1.引進「國民身分卡」（national identification cards）；2.立法規範那些對美國不友善國家來的難民；3.立特別法來規範那些雖屬合法移民，但對國家產生威脅之移民者；4.不要驅逐非法移民；5.提升執法機關的法定機關層級，但有論者認為這樣會造成政府濫用權力。

---

[36] White(2012), op. cit., pp.518-519.

美國之 911 調查委員會的成員之一 Janice Kephart，其認為國境安全的漏洞在於執法的懈怠。研究指出有三分之二的恐怖分子在發動恐怖攻擊前，都曾違犯刑事法律。華盛頓郵報的專欄作家 Sebastian Mallaby，其認為非法移民並非國土安全的重心。非法外籍勞工犯罪件數要比本國人來的少，且沒有證據指出他們與回教有關聯，是故國土安全與移民政策之改革關係不大。他認為安全工作應該要著重在兩方面，其一乃是針對那些易遭攻擊的目標；另一是針對那些會造成大規模死傷的目標。[37]總之，有些論者認為非法移民不是個大問題；然而反對論者卻認為，合法移民都是個問題了，更何況是非法移民，因而移民可能正摧毀著人類的文明。因此聯邦機關遇到上述之棘手議題與爭議，因為其同時扮演著維護國境安全維護，以及移民機關的雙重任務與角色。故而處此兩大議題之間，必須有更周全的政策規劃，才能兩全其美的達成此雙重之職責。

　　然而，在美國國土安全部下屬之美國公民與移民署（US Citizen and Immigration Services, USCIS）的公民辦公室（Citizen Office）所負責之「新美國移民專案小組」（Task Force on New Americans）。該小組之功能乃為跨機關的工作小組，協助新的美國移民學習英語，並接受美國的民主文化，使其成為真正的美國人。[38]足見美國於 911 之後對於移民之管理與輔導，以進入一個更多元之模式，亦即不再僅從嚴格之邊境管制與雷厲風行的非法移民取締著手，更從文化與國家認同的層面來將新移民者融入美

---

[37]　White(2012),op. cit., p.518.

[38]　US Citizen and Immigration Services, USCIS, Overview of Task Force on New Americans,http://www.uscis.gov/outreach/overview-task-force-new-americans. ,retrived Jan. 1, 2016.

國之社會；而我國之移民署推動之新住民火炬計畫亦有異曲同工之效用。

第四節　我國移民管理演進與國境執法之概述

壹、我國對移民管理之政策演進

　　移民政策是解決移民問題的基本原則或方針，然而我國尚無所謂的全盤性的「移民政策」，原因在於自 1950 年中華人民共和國成立以後，我國人口的移入、移出，都受到嚴格限制，幾乎成為封閉狀態，再加上我國政府認為臺灣地狹人稠，非移民國家，所以即使 1987 年解除戒嚴，逐漸開放出入境的管制，我國的移民政策仍以「移入從嚴、移出從寬」為原則，並以吸引專技人才居留為目標。

　　然我國之行政院曾於 1990 年 5 月 22 日修正核定為《我國現階段移民輔導措施》，惟該項措施之目的係為輔助有意移居國外發展之本國人，並協助移入國之開發，增進移入國政府與人民對我國的聯繫與了解，以開展國民外交，加強雙邊關係，然其輔導對象並未包括移入我國之人口。之後行政院亦曾於 2003 年 9 月召集研商內政部所報《中華民國移民政策綱領（草案）》相關事宜會議，決議由經建會負責研擬經濟性移民部份、陸委會負責大

陸地區人民移民部份、內政部負責非經濟性移民部份；同年 10
月內政部彙整後，邀請國家安全局等機關成立專案小組及相關領
域專家學者分別召開 3 次會議研商完竣《現階段移民政策綱領(草
案)》，其內容分別為：前言、目標、策略、措施、附則，並訂定
5 大策略、11 項措施，以及建議成立移民專責機關以統合辦理入
出國及移民業務。[39]之後內政部遂於 2004 年草擬《現階段人口政
策綱領》，其重要之論述與內容為，我國十幾年來『移入從嚴，
移出從寬』之移民政策必須重新調整修正。因此 2004 年當時之
移民政策綱領草案中所載之五大策略則為：1.建立移入人口適量
調節機制；2.創造包容多元文化社會機制；3.完善移入人口管理
機制；4.建立婚姻媒合及強化移民業務機構管理機制；5.建立移
出人民諮詢、協助與保護之輔助機制。[40]

　　又於 2004 年內政部亦曾委請專家學者撰擬《移民政策白皮
書》，分別對：1.臺灣與各國移民政策比較；2.多元種族社會；3.
大陸配偶；4.外籍配偶；5.外籍勞工；6.專業技術人才與投資移民；
7.移民法制與行政等七項提出建議。[41]內政部並於 2004 年 12 月
14 日公布該移民政策白皮書。因而亦有移民學者認為，移民政策
白皮書作為《現階段移民政策綱領》的具體說明，白皮書屬於正
式公文，其公布亦表示我國新移民政策之確立。[42]然而筆者以為
透過法制之立法程序，明文規範移民相關之策略與執行之機制，
可能為未來我國移民政策釐定與落實執行的根本之道。

　　之後，內政部入出國移民署於 2007 年 1 月 2 日正式成立運

---

[39]　謝立功、邱丞爗（2005），〈我國移民政策之前瞻規劃〉，頁 30。

[40]　內政部（2004），「現階段移民政策綱領草案」。

[41]　蔡青龍、謝立功、曾嬿芬等（2004），移民政策白皮書。

[42]　吳學燕(2004)，〈我國移民政策與輔導之探討〉，國境警察學報，頁 73-74。

作之後，在移民之輔導、照顧與協助等方面，確實在法制與措施作為方面有很大之革新改進，並且能整合各部會相關資源，來更有效的處理移民管理之相關事務。近年來我國行政院曾於 2008年 3 月函頒《人口政策白皮書》，其中移民部份，依據現階段我國人口政策綱領之內涵，規劃「掌握移入發展趨勢」、「深化移民輔導」、「吸引專業及投資移民」、「建構多元文化社會」、「強化國境管理」及「防制非法移民」等 6 大對策 32 項重點措施，並持續滾動檢討修正。[43]後又於 2013 年 6 月 4 日修正該《人口政策白皮書——少子女化、高齡化及移民》，其中計有 18 項對策，107 項具體措施，232 項績效指標。其內容包括人口變遷趨勢、問題分析、因應對策、期程分工、預期效益及願景等。[44]該政策白皮書綜合考量我國經濟性與非經濟性移入人口分布現況，歸納其對我國社會、經濟與文化產生以下幾大面向之挑戰：1.經濟性移民誘因不足，2.社會調適與互動，3.整合就業條件與人力運用，4.新移民第二代養育與教育，5.非法停居留、工作及人口販運等等新議題與困境。[45]至於我國移民事務，其認為乃經緯萬端，為執簡馭繁，規劃一套可長可久的移民政策，故依據現階段我國人口政策綱領之內涵，規劃掌握移入人口發展動態、深化移民輔導、吸引所需專業人才及投資移民、建構多元文化社會、完備國境管理及深化防制非法移民等各項對策，期建構一個兼容並蓄、多元繁榮之社會等多項的移民管理措施。[46]然而，本次《人口政策白皮書》之修定，亦如 2008 年之人口政策一般，僅止於

---

[43] 內政部入出國及移民署（2013），101 年年報，頁 37-38。
[44] 行政院（2013），人口政策白皮書，搜尋日期：2016 年 1 月 1 日。
[45] 行政院（2013），同前註，頁 44-46。
[46] 行政院（2013），同前註，頁 116-129。

總體人口政策之規劃,對於我國移民之政策亦僅是附帶之說明,並無整體移民政策之規劃。

審視國內外總體環境,在世界愈趨國際化、自由化之際,政府亟須確立產業發展及人力需求方向,建構國際友善移民環境,使各國新移民均能在自由、安全、平等的環境中適性發展及實現自我;此外,政府亦應肯定並推廣移民帶來的多元文化,並在保障人權、族群和諧及維護民主價值等廣泛目標中,讓一般國人有更多的接觸機會,進而理解及尊重新移民為這塊土地帶來的種種益處,而此終將成為國家發展之原動力。爰於 2012 年 5 月 25 日修正移民政策小組設置要點,將移民政策小組之層級由署提升至部,並由內政部長兼任召集人,次長兼任副召集人,移民署長兼任執行秘書,委員人數由 13 人增加至 27 人,包括機關代表 17 人及專家學者 10 人,就移民政策相關議題進行深入切廣泛之討論。[47]

而為了落實《人口政策白皮書》之移民對策,入出國及移民署亦曾於 2010 年邀集人口、經濟、社會福利、法律、醫療、勞工及人權等領域之學者專家及相關機關代表,共同組成移民政策小組,協助對我國移民政策進行滾動式檢討,使政策內涵更符合我國經濟、社會及文化發展所需。而內政部移民政策小組之任務則包括:1.移民政策及其執行策略之諮詢、推動方向或相關議題之擬議。2.提供專業諮詢意見,協助內政部進行移民政策之檢討、研議、撰擬、推動與遊說等政策制訂相關作為。3.落實督導移民政策及各項具體措施。4.促進移民政策之研究與發展。而更有鑑於移民政策涉及勞動、教育、產業等多個面向,爰必須透過跨部會協調與整合,以凝聚共識。基此,內政部移民政策小組於 2012

---

[47] 內政部入出國及移民署(2014),102 年年報,頁 48。

年 8 月 27 日召開第 1 次會議，由內政部長親自主持，並邀集外交部、教育部、經濟部、銓敘部、文化部、衛生署、大陸委員會、勞工委員會、經濟建設委員會、國家科學委員會、中央選舉委員會及僑務委員會等相關部會代表列席，共同討論研訂《移民政策綱領（草案）》，以作為未來執行移民政策之指導方針。

　　綜上我國之移民政策規劃，因為政治因素早期並無較完整之關注與規劃，至近期雖因為解嚴與社經之快速發展，以及與兩岸關係改善與全球接軌發展的催化下，逐漸有移民政策綱領與移民政策白皮書的產出。唯在政策、法制規劃面的全方位開展、政策面的落實執行與組織運作面的全力配套推展等方面，並不若移民之先進國家的落實而見其成效。質言之，我國雖因社會之快速變遷與發展，而具體之移民政策似乎已漸具其雛形，唯比照先進之移民大國，則在移民法制立法、移民政策規劃與移民組織之確立，以及落實管理與執行等等方面，則仍有相當大的成長與努力之空間。

　　唯，為了延攬優秀外籍人才，行政院 2015 年 12 月 3 日決定於 2015 年底前大幅鬆綁限制，刪除外籍人士在臺工作的工作年資、薪資門檻限制，改採評點制，新制 2016 年 1 月上路，預估一年可多留六千至七千名外籍人才。行政院在行政院專案會議中決議，為了延攬白領階級、僑外生及高階藍領外籍人才，將大幅鬆綁限制，不牽涉修法的部分，希望在 2015 年底修正相關政策，牽涉修法部分責成相關部會到立法院溝通。[48]此移民政策之調整，乃是為了因應臺灣的少子化、人才流失等問題，我國勞動部擬鬆綁白領外勞專業來臺工作條件，以吸引優秀外國人才來臺。

---

[48] Yahoo 奇摩新聞，延攬外籍人才大鬆綁，搜尋日期：2016 年 1 月 1 日。

行政院召開專案會議，決議三大攬才策略，包括延攬外籍白領專業人才、留用藍領專業技術人力、僑外生留才工作等。由於大都不涉及修法，預定 2015 年底完成作業，2016 年初開始實施。其中涉及修法的部分，包括而得申請歸化等法制相關規定之《國籍法》、《就業服務法》等，希望明年能順利完成，預估每年共可吸引 6、7 千名外籍人才留臺工作。因此我國之移民政策亦如先進之移民大國一般，在經濟的發展、國內勞動人口之消長與社會安全與安定的考量之下，適時的調整移民之策略與作為。

貳、我國國土安全、國境執法與相關措施之概述

一、我國國土安全發展之概述

911 事件後，全球力言共同反恐，但各地恐怖攻擊仍層出不窮，從中東等地及亞洲各地都有恐怖襲擊事件發生，如 2002 年峇里島爆炸事件、各地美國領事館受到自殺式襲擊等，面對恐怖攻擊仍無法全面防堵，因此如何反恐儼然已成為全球的共同隱憂。我國有鑑於美國 911 恐怖事件的衝擊與影響，及為增進各界對恐怖分子的了解與發展，絕不容個人或組織，以任何形式企圖危害人民與社會的安全。因此，對於聯合國安全理事會第 4385 次會議決議，以及 2003 年間在泰國曼谷召開的「亞太經濟合作會議」（Asia-Pacific Economic Cooperation, APEC）會議中所作成的反恐怖之合作議題，政府均全力配合，積極肩負起國際反恐的責任。[49]

至於我國在對應恐怖活動的策略上，則首由行政院擬定反恐行動法草案（政府提案第 9462 號），其特點乃僅針對國際恐怖主

---

[49] 楊嘉，從美國國土安全政策看我全民國防，搜尋日期：2016 年 1 月 1 日。

義之危害行動,作 20 條特別法之條列式之防處規範。至於立法委員版本(委員提案第 5623 號)之特點乃以美國愛國者法為主要參考依據並分列成四章,作 41 條之更詳盡、廣泛之規範,並將人權之保障(如比例原則、法律保留原則、目的原則、最小侵害原則等),立法院監督、審查、及接受報告反恐成果之權,及增列公務員撫卹、被害人救濟、獎勵措施等條款列入附則之中。唯其仍未如美國之愛國者法之立法規範,因其乃以補充相關之一般刑法之條文為其立法之模式,而作千餘條(1016 條)之周詳規範。[50]

　　我國之反恐行動法草案,對影響國家安全之恐怖事件之預防與應變等,尚無整體之國家戰略與防制策略,缺乏反恐之整體戰略與防制策略,政策不明之下即草草擬定《反恐怖行動法》。該草案規劃之應變處理機制仍以「任務編組」之臨時性組織形式為之,且該任務編組之決策與指揮執行系統與整合功能均集中於行政院長一人擔綱,是否負擔過重;另在恐怖事件處理之「緊急應變管理」(Emergency Management)與「災後事故處理」(Consequence Management)間之協調與分工機制也不明確,如何能於平時做好資源規劃管理、整備訓練,爆發危機時應如何發揮緊急應變與力量整合功能以維護國家安全;以及對整體反恐工作也未完整規劃設計,未能就恐怖攻擊對國家安全之影響,作嚴肅深入之審慎思考,令人懷疑擬定該《反恐怖行動法》草案僅是虛應外交或國際反恐運動之樣板故事而已。

　　若認真為整體性國家安全或國內公共安全考量,則應可從長計議,並於政府改造方案中將反恐與國家綜合安全之需求納入考

---

[50] epic.org, USA PATRIOT Act(H.R. 3162). ,retrived Jan. 1, 2016.

量，參考美國國土安全部之設置，於政府再造工作中推動國內公共安全機構重組改造，俾能有效整合國家安全資源與功能，真正能發揮反恐應變，維護國家安全與國土安全之功能。

總之，建構我國完整之反恐法制，不應只是強調快速立法，更應與其他現行法律一併檢視，整體檢討，在達到防範、追緝、及制裁恐怖主義分子目的以維護國家與公共安全之時兼顧人權保障，並能符合我國現實社會條件之需求，適法可行；否則理想過高或逾越人權保障之藩籬，恐非制定反恐法制之本旨。[51]

然整體而言，我國制定反恐怖行動法，除達到向國際社會宣示我國重視恐怖主義活動之效果外，究竟有無立法之急迫性，各界看法可能不盡相同。我國反恐怖行動法草案，並未明確規範主管機關為何，未來可能形成爭功諉過現象，該草案雖參考若干現行法規範，但其中顯有諸多令人不解之不當類比模式，恐有侵犯人權之虞。綜上所述，就我國現階段而言，釐定一個反恐之專法，在整個國內政治與社會環境的發展進程，及國際社會中吾國之地位與反恐的角色定位上，似乎未達到有其急迫性與必要性的階段。然立法院版似乎在人權保障、公務員撫卹、被害人救濟、立法院之監督及反恐之法條規範上較為全面與深入。不過，在過去數年中，政府與相關之學術社羣，針對此專法之立法基礎與其內涵，進行了優劣利弊及跨國性之比較研究，對我國反恐法制的準備與其法理基礎之釐清，確實作了最充實的準備與事前規劃。故而，目前僅要在現有之法制基礎之下，及在恐怖事件達到一定程度時，運用前述跨部會之臨時組織，以個案危機處理之模式加以

---

[51] 蔡庭榕（2003），〈論反恐怖主義行動法制與人權保障〉，中央警察大學國境安全與刑事政策學術研討會。

處置，應屬最適宜之措施。

　　因應國際恐怖活動增加及國內災害防救意識提升，整備因應國土安全相關之災害防救、邊境安全、移民犯罪、恐怖主義等有關議題，以達成「強化安全防衛機制，確保國家安全」的目標，近年來政府已陸續完成《災害防救法》、《民防法》、《全民國防教育法》及《全民防衛動員準備法》等相關法案的立法，行政院並已草擬「反恐怖行動法草案」送立法院審議之中，主要就是希望更全面的加強整合政府與民間資源，致力於提升整體安全防衛能力。[52]行政院「反恐怖行動辦公室」，也在 96 年 8 月 16 日召開之行政院國土安全（災防、全動、反恐）三合一政策會報後，正式更名為「國土安全辦公室」，作為我國未來發展國土安全政策擬定、整合、協調與督導運作機制的基礎。而後，行政院又將 95 年 6 月 3 日訂定之「我國緊急應變體系相互結合與運作規劃」案中之「行政院反恐怖行動政策會報」修正為「國土安全政策會報」，其中所設置之「反恐怖行動管控辦公室」根據其設置要點亦一併修正為「國土安全辦公室」。至於我國之「國土安全辦公室」之發展過程，可分為：1.2004 至 2007 年之「反恐怖行動管控辦公室」任務編組時期；2.2007 至 2012 年之「國土安全辦公室」任務編組時期；3.2012 年至今的「國土安全辦公室」正式編制時期。依據行政院於 100 年 10 月 27 日發布院臺人字第 1000105050 號令，頒訂組織改造後之《行政院處務規程》，依據第十八條規程「國土安全辦公室」正式成為行政院編制內業務幕僚單位。

---

[52] 中央警察大學國土安全研究中心（2008），國土安全研發計畫、國土安全科技研發中程計畫。

二、我國國境執法與相關措施之概述

（一）邊境的安全檢查方面

基於國家安全之防衛、國家主權之彰顯、社會秩序之維護以及人民法益之保障等為我國國境安全檢查之法理基礎；至其法律性質與處理基本原則，概述如下：

1. 僅發生事實效果之檢查行為：

   警察機關依據國家安全法實施之安全檢查，此種檢查行為，如指導行為，屬於典型之事實行為。例如檢查人員對進出航站或碼頭等管制區之人，引導其接受金屬探測門或 X 光儀器檢測之作為，或其非隨身行李經由輸送帶接受 X 光儀器檢測。

2. 具行政處分性質之檢查行為：

   此類檢查行為，或以罰則間接擔保其檢查生效，或直接以實力強制檢查，兩者皆屬強制檢查，具有行政處分之性質。

3. 至於檢查人員對受檢人之人身檢查，及其隨身攜帶行李的開啟檢查，此等檢查之法律性質則有下列二說：

   (1) 檢查人員經受檢查者同意或協力之下的人身檢查，開啟包裹、行李袋檢查，若受檢者不自動受檢，即無法入出國。此檢查行為需受檢者同意方得實施，似具有任意性，然受檢者不受檢則無法入出國，其任意性背後存有強制性，故為公權力措施。

   (2) 一開始對受檢者之檢查只是事實行為，若受檢者不自動受檢，即無法入出國，其是否入出國乃當事人之自主性所可決定。若檢查時發現危安物品，則轉化為行政處分，給予裁罰。

（二）合法入境後之移民輔導方面

　　至於我國在移民輔導方面之政策與努力，亦有一定之著力。此乃因交通工具的進步，各國間交流愈趨頻繁，移民也成為主要交流的方式之一。世界人權宣言認為移民為人類之基本權利，同時我國《憲法》第十條也明文規定，人民有居住遷徙的自由。故在移民事務的發展上，國家應有充分之法規範以保護人民權益，並適時提供關於移民諮詢之服務。

（三）新住民火炬計畫

　　內政部與教育部曾經於 2012 年 6 月 21 日會銜函頒「全國新住民火炬計畫」。其乃於 2012 年，全國選定 304 所新住民重點學校，分為 60 萬元、40 萬元、20 萬元 3 類補助，藉由跨部會與跨區域合作方式，提供新住民及其子女全方位服務，使多元文化素養及族群和諧共處觀念從小紮根，共創繁榮公義社會；並藉由公部門，尤其是教育、移民與警政等之執法部門的多元移民治理策略，期更能幫助新移民融入社區，藉此更能促進社會之安寧、安全與共榮、和諧。[53]

---

[53] 內政部移民署，103 學年度全國新住民火炬計畫，搜尋日期：2016 年 1 月 1 日。

第五節　結語

綜上所述，首先筆者認為我國處理移民與涉外執法之政策方向，應建立人權與社會安寧兼容並蓄的人口移動政策，以便於有效執法與結合外來之人力資源。在全球化（globalization）的過程中，人口移動本是自然的現象。人口移動包括「移民」、「國內移民」、「國際移民」、「非法移民」等類型，其中「非法移民」指的是沒有合法證件、或未經由必要之授權，而進入他國之人民。但是如何保障合法之移民與結合其資源，以及取締非法人口之移動，則必須建立我國人口移動的政策，兼容並蓄著人權與社會安寧的兩項原則。因為，聯合國全球移民委員會曾經公布全球移民報告指出，2005 年全球近兩億移民人口前往其他國家工作，總共貢獻兩兆美元收益，並匯出兩千四百億美元回到母國，成為推動全球經濟成長的重要引擎。擁有十九名成員的該獨立委員會說，各國承接移民人口少則數千，有時甚至達數百萬，但國際社會並未掌握移民帶來重大之契機，也無法因應控管移民形成的挑戰。

而先進民主國家則亦重新考慮移民問題；因為例如：德國、日本、意大利和其他一些發達國家的絕對人口數量預計將急劇下降，另一個原因乃是技術人員短缺。在這樣的背景下，一些國家開始重新考慮對待移民的態度。它們都想要從其它國家吸引最好和最聰明的人才。

至於防處人口販運之道，則有下列之結論與建議：1.人口販運之防治，可以被歸納成國內與國際或全球的防治策略兩大類；2.其策略又可分為短期的立即的關懷被害者之方法，例如：提供必要的資源或司法協助；以及長期的策略，例如訂定新的防制法

規、建立國際或跨機關間的簽定協議或合作之計畫、對於特殊之國家或地區提供針對根本的人口販運之肇因，如貧窮或傳統文化再造等之各類防治之計畫或資助。

因此在處理移民之相關事務時，必須透過教育與訓練使其理解全球在此人口移動的議題上所持之態度與策略、我國相關的人口移動之法制規範與政策、以及前述各節所論，對於人權與法律程序的恪遵，才能更圓滿與有效的處理此進退兩難 21 世紀新的社會問題。

其次，在兩岸之刑事司法互助方面，或宜調整人口移動的策略模式，以社區治安協力合作之概念，共維兩岸地區性之治安。在臺海兩岸間經濟水平尚未趨於一致的情況下，居於弱勢的一方仍將會千方百計的進行偷渡或非法移入，渠等為了避免掏金夢碎，勢必刻意避開警方的查緝，由此衍生的色情、詐欺、擄人勒贖等等犯罪問題、性病傳播問題、國家安全難以維護等問題，都將衝擊到國內的治安。以往的研究對於了解大陸人民非法來臺的管道，或是被查緝收容之偷渡犯個人背景因素之了解，確有所助益，亦可透過上述研究發現，調整我國防堵走私偷渡的因應策略，對於確保臺灣治安將會有極大的貢獻。

自 1987 年我方開放赴大陸探親後，由於兩岸地理位置相近、語言文化相通，復因交通、資訊科技便捷，民間互動漸趨頻繁，兩岸間跨境犯罪已從量增而質惡，加上因兩岸政治現實，司法互助合作無法實現，不法分子洞悉此種空隙，遂勾結串聯，進行跨境擄人勒贖、偽造貨幣、詐欺洗錢及走私毒品等重大犯罪，嚴重危害人民生命、財產安全。多年來，兩岸間最具代表性的刑事司法互助協定，就是 1990 年的《金門協議》。該協議係針對雙方偷渡犯與刑事（嫌疑）犯之海上遣返事宜所達成之協議，隨著政治

情勢的改變、社會狀況的多元發展，如今顯已無法因應兩岸間各式各樣的犯罪現象。惟在 2009 年當時的海基會董事長江丙坤和海協會會長陳雲林，於大陸舉行的第三次江陳會中，協商共同打擊犯罪的議題，建立兩岸司法和刑事犯罪情資的交換平臺。兩岸兩會終於在 2009 年 4 月 26 日簽署共同打擊犯罪及司法互助協議，今後兩岸民、刑事案件已漸可透過正式管道請求對方協助調查。

然而在人權的考量方面，當今國際法上要求對待外國人應合乎國際之最低標準，在有關外國人之基本權與法律之平等保護方面，國家應遵守不歧視原則，亦即，一個有文化的民族至少應如此對待外國人：1.承認每一外國人皆為權利主體；2.外國人所獲得之私法權利，原則上應予尊重；3.應賦予外國人重要之自由權；4.應給予外國人有法律之救濟途徑；5.應保護外國人之生命、自由、財產、名譽免受犯罪之侵犯。因之執法機構在執行相關移民之規範時，除了依法執行與效率的考量之外，亦應從國際相關移民之法制規範中注意到人權程序的著重；例如：警察或移民署人員在處理外國人已取得居留、永久居留許可，而有違反移民相關法規時，移送請移民署於強制驅逐其出國前應依法召開審查會，並給予當事人陳述意見之機會。此項審查會之組成、審查要件、程序等事宜，由主管機關定之。至其之規範原因與目的，從法條及立法意旨以觀，即為重視當事人之權益而給予陳述意見之機會；然從審查會之程序設計以觀，即為求公允、透明，並顯示出我國對於國際人權之重視與彰顯。而此亦為處理涉外執法的程序正義的重要原則（Due Process of Law）必須遵守之。

另外，宜建構移民社區資源整合之社區治安新概念。如前所述，美國亞利桑納州之新移民法對於社區警政之推展，容或與移民者或移民之社區間，產生執法人員與社區間之緊張關係，而有

害於移民社區資源之整合，影響到社區安全維護。而從英國劍橋郡（Cambridgeshire）為了與大量增加的移民人口相處，故推展與移民社區的聯繫與合作的新社區治安維護之策略，來解決其移民與犯罪問題。而南非亦有相當多的外國人居住在其邊界內，其發展已影響到治安的維護，也已構成多元化的社區之警務工作，面臨嚴峻的挑戰。因此南非警方之對應策略乃：1.應增加有關移民社區問題執法策略之培訓；2.執法機構和社區應更廣泛的和移民社區聯繫，例如：將其融入更為廣泛的社區警政網絡之內（the broader community policing net）；3.提高南非警政署、社區安全部門以及內政部之間的協調與合作。其中例如：此協調工作可協助警方，提升對於移民者之資料檔案的查證與核實之效率。又例如：對於非法移民之遞解出境、遣返、以及一般行政程序與移民有關的核心職能工作之了解，能使警方更有效的達成治安維護之任務。

而加拿大皇家騎警（Royal Canadian Mounted Police, RCMP）之原住民的警務工作計畫中的「原住民警務工作」核心（Aboriginal Policing），乃與原住民警務單位（First Nations Police Services）、安大略省警察、社區領袖以及各社區組織結合成伙伴關係，以便提供給原住民社區優質的服務，並滿足原住民社區之真正需求。至於美國國土安全部下轄之美國公民與移民署（US Citizen and Immigration Services, USCIS），所主導之新美國移民專案小組（Task Force on New Americans），其乃為跨機關的工作小組，協助新的美國移民學習英語，並接受美國的民主文化，使其成為真正認同其國家之美國人。以上各國執法機構的經驗，即強力說明人口之移動對於國內之治安利弊互見，但若能成功的整合移民社區之資源並且重視人權與程序的公正執法，亦必能驅吉避

凶並建立起 21 世紀移民社會的新社區治安之策略。

　　最後建構國境安全情資整合與分享平臺，以及情資導向的新治安策略，或可為人口移動或移民之事務提升其效益。參酌美國 911 之後，整合刑事司法系統之情資的經驗，我國似可創造一個政府機關間的情資整合、共享的平臺之系統，改善以往情資分享必須進入其他單位系統查詢，程序繁複且不易掌握時效之缺點。設定各級政府組織情資整合之標準作業程序與資料存取（含安全性、隱密性、與避免濫用之程序保障）、系統規劃之方法等，以便於能相互支援與運用，而降低機關間情資運用的界限與藩籬，確保國境之安全暨人口移動的機先、有效的推展與掌握。

參考資料

中文資料

BBC CHINESE.com，分析：發達國家的移民問題，news.bbc.co.uk/chinese/trad/hi/newsid_1420000/newsid_1423000/1423032.stm，搜尋日期：2016 年 1 月 1 日。

DW 在線報導（2008），三千億移民匯款：靜靜的發展援助，www.dw-world.de/ dw/article/0,2144,3806129,00.html，搜尋日期：2016 年 1 月 1 日。

Pchome 個人新聞臺，全球移民 2050 年破 4 億，http://mypaper.pchome.com.tw/thecaiyi/post/1321856097，搜尋日期：2016 年 1 月 1 日。

Yahoo 奇摩部落格，引述網路新聞（法新社馬尼拉二日電），亞洲開發銀行：外勞有助改善亞洲貧窮狀況，http://tw.myblog.yahoo.com/jw!zYCKfwCLHwC6xy3XjhnJ94KH/article?mid=1056，搜尋日期：2013 年 12 月 11 日。

Yahoo 奇摩新聞，延攬外籍人才大鬆綁，https://tw.news.yahoo.com/%E5%BB%B6%E6%94%AC%E5%A4%96%E7%B1%8D%E4%BA%BA%E6%89%8D-%E5%A4%A7%E9%AC%86%E7%B6%81-160000144.html，搜尋日期：2016 年 1 月 1 日。

刁仁國（2000），〈論外國人入出國的權利〉，中央警察大學學報，第 37 期，2000 年 10 月。

大紀元，發達國家應重新考慮移民問題，http://www.epochtimes.com/b5/1/7/5/n106500.htm，搜尋日期：2016 年 1 月 1 日

大紀元，轉載 2005 年 1 月 22 日中央社報導「中國人口問題存在高度風險」，網址 http://www.dajiyuan.com/b5/5/1/22/n789595.htm，搜尋日期：2016 年 1 月 1 日。

大紀元，轉載 2004 年 8 月 5 日自由時報報導「50 萬中國非法移民　散居世界各國」，http://www.dajiyuan.com/b5/4/8/5/n617555.htm，搜尋日期：2016 年 1 月 1 日。

中央通訊社，敘利亞懶人包：2 百萬難民悲歌，http://www.cna.com.tw/
　　news/FirstNews/201403145005-1.aspx，搜尋日期：2016 年 1 月 1 日。

內政部（2004），《現階段移民政策綱領（草案）》，2004 年 10 月 14 日。

內政部入出國及移民署（2013），101 年年報。http://www.immigration.
　　gov.tw/public/Data/37211562629.pdf，搜尋日期：2016 年 1 月 1 日。

內政部入出國及移民署（2014），102 年年報。http://www.immigration.
　　gov.tw/public/Data/4122410252729.pdf，搜尋日期：2016 年 1 月 1 日。

內政部移民署，103 學年度全國新住民火炬計畫。http://www.immigration.
　　gov.tw/lp.asp?ctNode=29712&CtUnit=16443&BaseDSD=7&mp=1，搜
　　尋日期：2016 年 1 月 1 日。

內政部移民署，全國新住民火炬計畫，http://www.immigration.gov.tw/ct.asp?
　　xItem=1192408&ctNode=33977&mp=1，搜尋日期：2016 年 1 月 1 日。

內政部移民署，外籍配偶 100 年統計表，http://www.immigration.gov.
　　tw/lp.asp?ctNode=32419&CtUnit=17279&BaseDSD=7&mp=1，搜尋
　　日期：2016 年 1 月 1 日。

內政部統計處，104 年第 4 週內政統計通報（103 年結婚登記概況），
　　http://www.moi.gov.tw/stat/news_content.aspx?sn=9169，搜尋日期：
　　2016 年 1 月 1 日。

中央警察大學國土安全研究中心（2008），國土安全研發計畫。

中央警察大學國土安全研究中心（2008），國土安全科技研發中程計畫。

世界新聞網-洛杉磯，美國的南非，April 26, 2010, http://la.worldjournal.
　　com/view/full_la/7199190/article-%E7%BE%8E%E5%9C%8B%E7%
　　9A%84%E5%8D%97%E9%9D%9E?instance=la_news2，搜尋日期：
　　2016 年 1 月 1 日。

行政院（2013），人口政策白皮書。行政院 102 年 7 月 12 日院臺法字第
　　1020138245 號函核定修正，http://www.ris.gov.tw/zh_TW/c/document
　　_library/get_file?uuid=6ef3e274-b225-4b21-bcb2-5a24a03f562f&group
　　Id=10157，搜尋日期：2016 年 1 月 1 日。

楊子葆（2007），「如何防制跨國人口販運及改善面談機制」，外交部。

李明峻（2006），〈針對特定對象的人權條約〉，新世紀智庫論壇，第 34
　　期，2006 年 6 月。http://www.taiwanncf.org.tw/ttforum/34/34-08.pdf，
　　搜尋日期：2016 年 1 月 1 日。

李震山（2000），《人性尊嚴與人權保障》學術論文集，臺北：元照出版公司。

吳學燕（2004），〈我國移民政策與輔導之探討〉，國境警察學報，第3期。

高玉泉、謝立功等（2004），我國人口販運與保護受害者法令國內法制化問題之研究，內政部警政署刑事警察局委託研究報告，臺灣終止童妓協會執行。

陳明傳（2009），全球情資分享系統在人口販運上之運用與發展，2009年11月防制人口販運國際及兩岸學術研討會，中華警政研究學會、中央警察大學移民研究中心。

陳明傳、駱平沂（2010），國土安全之理論與實務，中央警察大學印行。

陳明傳、駱平沂（2013），國土安全專論，五南圖書出版公司。

陳明傳，2014.06，移民與社區警政之研究，執法新知論衡10卷2期，第1-25頁，中央警察大學出版。

楊嘉，從美國國土安全政策看我全民國防，http://www.youth.com.tw/db/epaper/es001001/eb0249.htm，搜尋日期：2016年1月1日。

廖千瑩、邵心杰報導「32萬外勞2萬非法，『陸勞』都是偷渡來的」，2006年3月4日自由電子報，http://www.libertytimes.com.tw/2006/new/mar/4/today-fo7.htm，搜尋日期：2016年1月1。

蔡青龍、謝立功、曾嬿芬等（2004），移民政策白皮書，於2004年12月14日公布。

蔡庭榕（2003），「論反恐怖主義行動法制與人權保障」，中央警察大學國境安全與刑事政策學術研討會，2003年6月。

謝立功、邱丞爆（2005），〈我國移民政策之前瞻規劃〉，中央警察大學《我國入出國與移民法制之變革與挑戰》研討會論文集，2005年5月5日。

韓傑，世界新聞網，面對移民苛法　華人怎麼辦？May 30, 2010.http://www.worldjournal.com/view/full_weekly/7720054/article-%E2%98%85%E5%B0%88%E9%A1%8C%E5%A0%B1%E5%B0%8E%E2%98%85%E9%9D%A2%E5%B0%8D%E7%A7%BB%E6%B0%91%E8%8B%9B%E6%B3%95-%E8%8F%AF%E4%BA%BA%E6%80%8E%E9%BA%BC%E8%BE%A6%EF%BC%9F?instance=wjwb，搜尋日期：2013年12月11日。

英文資料

American Civil Liberty Union, Law Will Poison Community Policing Efforts, retrieved Jan. 1, 2016 from
http://www.aclu.org/immigrants-rights/arizona-immigration-law-threatens-civil-rights-and-public-safety-says-aclu?amphttp://www.aclu.org/immigrants-rights/arizona-immigration-law-threatens-civil-rights-and-public-safety-says-aclu?amp=

Cambridgeshire Constabulary, Migrant Community, retrieved Dec. 12, 2013 from http://www.cambs.police.uk/about/policingInCambs/migrantCommunities.asp，epic.org, USA PATRIOT Act (H.R. 3162), retrieved Jan. 1, 2016 from http:// epic. org/ privacy/terrorism/hr3162.html

Immigration Policy Center, The Legal Challenges and Economic Realities of Arizona's SB 1070 , retrieved Jan. 1, 2016 from http://www.immigrationpolicy.org/just-facts/legal-challenges-and-economic-realities-arizonas-sb-1070

International Police Executive Symposium, 2004 Canada Annual Meeting Summary, Criminal Exploitation of Women and Children, Vancouver, 17 May 2004, retrieved Jan. 1, 2016 from http://www.ipes.info/summaries/canada.asp

RCMP, The "O" Division Fact Sheet, retrieved Jan. 1, 2016 from http://www.rcmp- grc.gc.ca/on/about-apropos/fs-fd-eng.htm ,

SodaHead News, Will Judge's Ruling Kill Arizona Immigration Law?, Posted July 29, 2010，retrieved Jan. 1, 2016 from http://www.sodahead.com/united-states/will-judges-ruling-kill-arizona-immigration-law/question-1124835/

South African Government Information, Gauteng focuses on policing migrant communities, retrieved Dec. 10, 2013 from http://www.info.gov.za/speeches/2005/05082312151002.htm,.

Supreme Court of the United States, Arizona et al v. United States 567 U.S. ___ (2012), retrieved Jan. 1, 2016 from http://www.supremecourt.gov/

opinions/11pdf/11-182b5e1.pdf

United Nations Department of Economic and Social Affairs, Population Division, International Migration, retrieved Jan. 1, 2016 from http://www.un.org/en/development/desa/population/migration/data/estimates2/estimatestotal.shtml

UNODC(2007)，" UNODC launches Global Initiative to Fight Human Trafficking, retrieved Jan. 1, 2016 form www.unodc.org/newsletter/en/perspectives/no03/page009.html

US Citizen and Immigration Services, USCIS , Overview of Task Force on New, Americans, retrieved Jan. 1, 2016 from http://www.uscis.gov/outreach/overview-task-force-new-americans

US Department of State, Trafficking in Persons Report 2015, Tier Placements, retrieved Jan. 1 2016 form http://www.state.gov/j/tip/rls/tiprpt/2015/index.htm

Ward，Richard H.，Kiernan，Kathleen L.，Mabery，Daniel. (2006). Homeland Security-An Introduction， CT.: anderson publishing， a member of the LexisNexis Group.

Wikipedia, Arizona SB 1070, retrieved Jan. 1, 2016 from https://en.wikipedia.org/wiki/Arizona_SB_1070

CHAPTER **2**

移民與國境管理：
入出國證照查驗概念之探討

王寬弘

中央警察大學國境警察學系警監教官

前言

　　國境管理對象主要是人流與物流管理，國境管理乃彰顯國家主權的重要象徵之一，各國莫不重視，均列為是國家行政施政的重點之一，尤其在地球村的時代，配合交通工具的進步，國與國之間人流、物流的數量高速成長，來往比以往更加密切。有關我國國境人流情形，觀諸入出我國人數，從 2003 年一年約 1 千 6 百萬人次，到 2014 年約 4 千 3 百萬人次（如下表 1）[1]，約為 3 倍的成長。

表 1　2003 年至 201 年 4 入出我國人數表

年份	總入國人數（人次）	總出國人數（人次）	總入出國人數合計（人次）
2003 年	8,138,248	8,133,856	16,272,104
2004 年	10,699,122	10,679,246	21,378,368
2005 年	11,557,175	11,548,332	23,105,507
2006 年	12,148,694	12,160,919	24,309,613
2007 年	12,639,948	12,641,682	25,281,630
2008 年	12,297,825	12,293,887	24,591,712
2009 年	12,513,288	12,500,538	25,013,826
2010 年	14,980,936	14,909,299	29,890,235
2011 年	15,648,884	15,567,386	31,216,270
2012 年	17,491,283	17,463,534	34,954,817
2013 年	19,072,276	18,960,224	38,032,500
2014 年	21,707,379	21,614,937	43,322,316

（作者整理）

---

[1]　2015 年 12 月 07 日取自移民署網站，網址：http://www.immigration.gov.tw/ct.asp?xItem=1309099&ctNode=29699&mp=1

另 2010 年 3 月英商林克穎（Zain Dean），撞死送報生黃俊德後肇事逃逸，經臺灣高等法院判處 4 年徒刑，服滿刑期後驅逐出境。林員應於 2012 年 9 月 21 日到案發監執行，但發現他早一步在 2012 年 8 月 14 日持白人友人護照矇騙潛逃出境[2]。2014 年 8 月臺中施姓富商撕票案主嫌謝源信，上午綁票勒索，當天晚間六點，拿著黃姓表哥的變造護照，冒名表哥身份矇混潛逃出境[3]。2014 年 5 月 57 歲的紐西蘭籍男子馬克，因辦手機時不慎打破櫥窗玻璃，遭手機行報警究辦，但馬克不服取締涉嫌毆警，臺北市警方以妨害公務移送，臺北地方法院限制他出境，但開庭前一天他變裝前往澳洲駐臺辦事處申請緊急護照後，意圖持用矇騙搭機出境，遭眼尖移民官識破阻止[4]。

---

[2] 2014 年 04 月 20 日取自 ETtoday 新聞雲「英商林克穎撞死人，膚色黑卻持白人護照潛逃出境」，http://www.ettoday.net/news/20130129/158757.htm .2014 年 04 月 20 日取自中時電子報「助林克穎潛逃　英籍友人被逐出境」，http://www.chinatimes.com/newspapers/20131121000413-260102

[3] 2014 年 08 月 29 日取自台視新聞「上午綁架傍晚出境　主嫌潛逃畫面曝光」網站，網址：http://www.ttv.com.tw/103/08/1030825/10308250014200I.htm?from=573
2014 年 08 月 29 日取自自由時報「中部富商遭綁架撕票　主嫌竟是身邊親信」http://news.ltn.com.tw/news/society/breakingnews/1089342

[4] 因紐、澳二國有互相協處機制，這名原持紐西蘭護照的男子，為了掩人耳目以便矇騙過關，故意蓄鬍、戴眼鏡，並頂著牛仔帽的造型，於開庭前一天前往澳洲駐台辦事處，申請核發緊急護照，以為這樣就可矇混出境。但是他 2014 年 8 月 21 日從桃園國際機場出境時，移民官認為可疑，於是核對簽名筆跡、駕照相片，並調閱涉案人的入境影像後，赫然發現這名貌似老態龍鍾的澳洲大叔，其實就是入境時外貌英俊瀟灑、意氣風發的紐西蘭男子，這名老外當下啞口無言，只能低頭默認並接受事實，繼續留在台灣等候開庭。
2014 年 08 月 28 日取自中時電子報「紐西蘭男限制出境　企圖變裝落跑」網站，網址：http://www.chinatimes.com/realtimenews/20140822004957-260402

顯然，隨著各國交流愈趨頻繁，各國旅客入出境人數呈現爆炸性成長，如前統計入出我國人數，最近 10 年成長約 3 倍多。國境管理乃國家主權的重要象徵之一，而負責國境人流管理主要係透過「證照查驗」查驗身分，在國境線上把關。以達「讓不該入境者無法入境，讓不該出境者無法出境」之國境安全管理之攔阻於國境線上目的。而上述案例正說明著有時能適時於國境線上查獲，但有些極少數情形也可能卻讓旅客潛逃出境。這也考驗著證照查驗人員如何正確、無誤的確認通關人員身分的能耐？

　　本文試從各面向探討入出國證照查驗的意涵並與相關職權比較。首先敘述證照查驗意義而後分析證照查驗之法律性質，是行政處分或事實行為，進而探討證照查驗之法律效果與罰則及查獲偽變照證件之處理與我國目前之新制度。入出國移民署建置新一代證照查驗系統完成後，能對入出國人流管理三道防線之第二道防線「攔阻於國境線上」的證照查驗工作在效果、效率有所增進，發揮提升維護國境人流管理的功能。最後，就證照查驗與安全檢查、海關檢查、刑事搜索及交通臨檢等做比較。希望藉此解構、分析證照查驗的輪廓，進一步釐清入出國證照查驗意涵，期有助於對入出國證照查驗有認識了解，對執法行為功能有所提升。

第一節　入出國證照查驗的意涵

壹、證照查驗意義

所謂「證照查驗」乃是查驗入出國旅客之簽證、護照等旅行證件，以確定其身分與所持證照是否相符，以為准許或限制、禁止其入出國之依據[5]；亦即，證照查驗乃是於國境線上進行人別核對以及證照之真偽辨認，以防杜未經我國同意許可入國者入國，危害我國安全及社會秩序。在入出國的程序上，入出國旅客除須持有入出國所需之證件外，仍須由證照查驗單位之核驗後，始完成入出國的程序。

貳、入出國證照查驗功能

若以國境管理的時程為區分，可為入出國前、入出國時及入國後的三階段管理。此乃因維護國家社會安全秩序所為縱深防線，所以國境人流管理，便有入出國前、入出國時及入國後三道防線。有關國境入出國的人流管理，主要是對人民入國及出國的管理事項；入國前乃著重於事前申請許可，為國家初步在境外把關；入國時則為線上證照查驗，為第二層在國境線上的把關；入國後的查察乃第三層之境內把關。至於此三階段的管理機關，由

---

[5] 刁仁國，〈證照查驗工作之探討〉，收錄於蔡庭榕編，《警察百科全書（九）外事與國境警察》，（台北：正中書局，2000），頁 202。

外交部掌理廣義的境管事權，包括本國人護照與外國人簽證之核發；另由國境警察移民機關掌理狹義境管事權，包括入出國證照查驗、境內居停留管理及入出國許可證件之核發。為方便說明，以外國人入國的人流管理三階段說明，如下表2：

表2　外國人入國人流管理三階段表

三道防線	入國前之申請	入國時之查驗	入國後之查察
職權事項	護照6、簽證	證照查驗	停留居留
事務屬性	外交事務	內政事務	內政事務
管理機關	外交機關	國境警察移民機關	國境警察移民機關

（作者整理）

　　由國境入出國人流的管理，可以了解入出國證照查驗是國境人流管理一道重要的防線，透過對入出國旅客的證照上核驗與身分確認，以過濾、遏阻不法人員之潛逃入出國，甚可阻絕不受我國歡迎的外國人入國，進而維護國家安全、社會秩序之目的。亦即，入出國旅客除須持有入出國所需之證件外，仍須由證照查驗單位之核驗後，始完成入出國的程序。所以，可謂入出國前之申請證照程序，是國境人流管理之「第一道防線」；證照查驗工作則為國境人流管理之「第二道防線」。足見證照查驗在國境人流管理的重要性，具有維護國家社會安全秩序的功能。

6　外國人之護照係由外國政府核發，但該外國人入國需具備護照，因此入國前即應向該國政府外交機關申請護照，特此敘明。

參、入出國證照查驗法令依據

依《入出國及移民法》第 4 條第 1 項:「入出國者,應經內政部入出國及移民署查驗;未經查驗者,不得入出國。」第 2 項:「入出國及移民署於查驗時,得以電腦或其他科技設備,蒐集及利用入出國者之入出國紀錄。」第 3 項:「前二項查驗時,受查驗者應備文件、查驗程序、資料蒐集與利用應遵行事項之辦法,由主管機關定之。」另由於《入出國及移民法》第 4 條授權入出國及移民署,得蒐集及利用入出國者之入出國紀錄;入出國及移民法第 91 條規定,外國人、臺灣地區無戶籍國民、大陸地區人民、香港及澳門居民於入國(境)接受證照查驗時,入出國及移民署得運用生物特徵辨識科技,蒐集個人識別資料後錄存。

是故,證照查驗法律依據主要為入出國及移民法;執行的行政命令依據有入出國查驗及資料蒐集利用辦法、個人生物特徵識別資料蒐集管理及運用辦法等授權命令及執行外來人口入出國(境)辨識個人生物特徵作業要點等職權命令。又因證照查驗須核對旅客入出境旅行證件,亦即查驗時會涉及到護照、簽證等相關旅行證件。所以護照條例、外國護照簽證條例等,亦是證照查驗之相關法律。

肆、入出國證照查驗程序與實體內容

有關入出國證照查驗程序與內容,以外國人入出國為例說明。依《入出國及移民法》第 4 條授權訂定之《入出國查驗及資料蒐集利用辦法》第 10 條規定,「外國人入國,應備下列證件,

經入出國及移民署查驗相符，且無本法第 18 條第 1 項、第 2 項禁止入國情形者，於其護照或旅行證件內加蓋入國查驗章戳後，許可入國⋯⋯」。次查入出國查驗及資料蒐集利用辦法第 11 條規定，「外國人出國，應持憑護照或旅行證件，經入出國及移民署查驗符合下列各款情形之一，且無本法第 21 條第 1 項、第 2 項禁止出國情形者，於其護照或旅行證件內加蓋出國查驗章戳後出國⋯⋯」。易言之，外國人入我國要件，除有積極條件：有效護照或旅行證件及有效入國簽證或許可等證件外；另須有消極條件：無《入出國及移民法》第 18 條第 1 項、第 2 項禁止入國情形。至於外國人出國要件亦是如是，除有積極條件：有效護照或旅行證件等證件外；另須具消極條件：無《入出國及移民法》第 21 條第 1 項、第 2 項禁止出國情形。依此有關入出國證照查驗程序與內容，分述如下：

一、入國證照查驗之程序：

（一）首先，入出國及移民署對入國者『應備證件』查驗是否相符；

（二）其次，入出國及移民署審查入國者是否為『無入出國及移民法第十八條第一項、第二項禁止入國情形者』；

（三）最後，入出國及移民署對符合上述二點入國者，於其護照或旅行證件內加『蓋入國查驗章戳後，許可入國』。反之，對不符合上述二點入國者，禁止其入國。

二、出國證照查驗之程序：

（一）首先，入出國及移民署對出國者『應備證件』查驗是否相符；

（二）其次，入出國及移民署審查出國者是否為『無本法第二十
　　　一條第一項、第二項禁止出國情形者』；
（三）最後，入出國及移民署對符合上述二點出國者，於其護照
　　　或旅行證件內加『蓋出國查驗章戳後出國』。反之，對不
　　　符合上述二點出國者，禁止其出國。

三、入出國證照查驗之內容

　　入出國及移民署之證照查驗工作內容，從上述可歸納為如下：
（一）對入出國者查驗證件；
（二）審查入出國者有無禁止入出國情形；
（三）對入出國者為許可或禁止入出國之處分。[7]

四、入出國證照查驗得蒐集個人資料

（一）得蒐集個人入出國紀錄資料

　　查《入出國及移民法》第 4 條規定，入出國者，應經內政部
入出國及移民署查驗；未經查驗者，不得入出國。入出國及移民
署於查驗時，得以電腦或其他科技設備，蒐集及利用入出國者之
入出國紀錄。前項查驗時，受查驗者應備文件、查驗程序、資料
蒐集與利用應遵行事項，依主管機關訂定《入出國查驗及資料蒐
集利用辦法》為之。次查《入出國查驗及資料蒐集利用辦法》第
18 條規定，入出國及移民署基於入出國管理之目的，得蒐集、處
理及利用個人入出國資料，並永久保存。前項入出國及移民署蒐
集之個人入出國資料之處理及利用應指定專人辦理安全管理及

---

[7]　有關證照查驗相關實務，詳請參閱：吳學燕，《「入出國及移民法」逐條
　　釋義》，（台北，文笙書局出版，2009），頁 40-44。

維護事項。是故，入出國及移民署於查驗時，得蒐集及利用入出國者之入出國紀錄。

（二）得蒐集個人識別資料

查《入出國查驗及資料蒐集利用辦法》第 18-1 條第 1 項規定，外國人、臺灣地區無戶籍國民、大陸地區人民、香港及澳門居民應於每次入出國查驗時接受個人生物特徵識別資料之辨識[8]。次查，依《入出國及移民法》第 91 條第 1 項規定，外國人、臺灣地區無戶籍國民、大陸地區人民、香港及澳門居民於入出國（境）接受證照查驗或申請居留、永久居留時，入出國及移民署得運用生物特徵辨識科技，蒐集個人識別資料後錄存。

未依前述規定接受生物特徵辨識者，入出國及移民署得不予許可其入國（境）、居留或永久居留。有關個人生物特徵識別資料蒐集之對象、內容、方式、管理、運用及其他應遵行事項之辦法，由主管機關定《個人生物特徵識別資料蒐集管理及運用辦法》為之。

五、入出國證照查驗的新方式——自動通關系統

（一）自動通關系統內涵

證照查驗通關方式，往昔均以人工查驗通關方式，現行則除

---

[8] 《入出國查驗及資料蒐集利用辦法》第 18-1 條第 2 項規定，有《入出國及移民法》第 91 條第 2 項各款情形之一，不適用之。而《入出國及移民法》第 91 條第 2 項規定：「有下列情形之一者，不適用前項得運用生物特徵辨識科技，蒐集個人識別資料後錄存之規定：
（一）未滿十四歲。
（二）依第二十七條第一項規定免申請外僑居留證。
（三）其他經入出國及移民署專案同意。」

有原本的人工查驗外，另有自動查驗通關系統方式。所謂自動查驗通關系統是採用電腦自動化的方式，結合生物辨識科技，讓旅客可以自助、便捷、快速的入出國，旅客只要完成自動通關申請註冊後，就可以使用。未來一旦完成註冊，即可快速通行有自動查驗通關系統之機場、港口。本項系統可以疏解查驗櫃檯等候時間，目前美國、澳洲、日本、韓國、新加坡、香港等也有類似自動查驗通關的服務。本系統可提供民眾自助、快速、便捷的入出國通關服務，由原來查驗時間 30 秒縮短為 12 秒，並可以臉部或指紋等生物科技過濾旅客身分，讓查驗工作更有效率且落實。系統亦可解決現行查驗人力不足問題，以科技取代人工查驗，有效提升國家形象。[9]

（二）國民自動通關系統

如何申請自動通關系統，我國國民只須持「中華民國護照」或「臺灣地區入出境許可證（金馬證）」及政府機關核發之證件（如身分證、健保卡、駕照等）至申請櫃檯即可免費辦理註冊（持金馬證者，僅限金門水頭商港使用）。申請時電腦會錄存申請人臉部影像或雙手食指指紋（指紋為自願錄存項目，非必要項目），申請人再於申請書上簽名確認即完成程序，整個流程大約需要 2 分鐘即可完成。申請書由系統自動印出，申請人簽名即可，節省民眾填表時間。要注意的是，申請人必須年滿 14 歲，身高要 140 公分以上，且未受禁止出國處分之有戶籍國民。[10]

---

[9] 2015 年 12 月 24 日取自移民署網站，網址：http://www.immigration.gov.tw/ct.asp?xItem=1302322&ctNode=36092&mp=1

[10] 2015 年 12 月 24 日取自移民署網站，網址：http://www.immigration.gov.tw/ct.asp?xItem=1302321&ctNode=36092&mp=1

（三）外來人口自動查驗通關系統

自 2012 年 9 月 3 日起，自動查驗通關系統將可提供下列身分使用：

1. 外國人經核發多次重入國許可，且持有下列證件之一者：
   (1)外僑居留證、(2)外僑永久居留證、(3)就業 PASS 卡。
2. 外國人持有外交部核發之外交官員證。
3. 臺灣地區無戶籍國民經核發臺灣地區居留證，且持有與臺灣地區居留證相同效期之臨人字號入國許可。
4. 香港或澳門居民具居留身分且取得臺灣地區居留.出境證。
5. 大陸地區人民經核發長期居留證及多次出入境證、依親居留證及多次出入境證。

符合上述資格之外來人口申請自動通關後，使用自動通關方式如下：

1. 持居留證之外國人（含外交官員證）或無戶籍國民：
   (1)持「晶片護照」或「居留證」通關，透過護照機讀取辨識。
   (2)生物特徵識別（臉部辨識與指紋辨識）。
2. 持居留證之港澳居民或大陸地區人民：
   (1)持「多次入出境證」通關，透過護照機讀取辨識。
   (2)生物特徵識別（臉部辨識與指紋辨識）。[11]

---

[11] 2015 年 12 月 24 日取自移民署網站，網址：http://www.immigration.gov.tw/ct.asp?xItem=1302320&ctNode=36092&mp=1

伍、入出國證照查驗的法律性質

入出國證照查驗的法律性質如何？其與簽證、護照之關係如何？以外國人入國為例，證照查驗是否具有審查許可其入國之效力？亦即是否為一入國的許可行政處分？或僅為執行之單純的事實行為？上述問題涉及證照查驗與入出國許可之關係如何？其究竟僅為執行簽證許可之入國核對而已，並無更改簽證之單純事實行為？或能實質審查入出國者之要件進而為入出國許可之處分行為？

上述問題學者間有不同之見解。有學者以簽證為「入國許可」，證照查驗之移民官員無權更改[12]，其之見解顯然認為證照查驗是執行簽證許可的事實行為。亦有學者認為，簽證並非等同入國許可，也不具許可效力，證照查驗始具入國許可效力，具有「行政處分」之法律性質[13]，其見解顯然認為簽證非入國許可，證照查驗始為入國許可之行政處分。本文認為上述以簽證為「入國許可」，證照查驗之移民官員無權更改入國許可；或以簽證非入國許可，證照查驗才為入國許可之行政處分等意見均恐過於簡約。由證照查驗之程序、入出國之要件及證照查驗工作內容等面向分析，本文認為簽證與證照查驗均為入國許可之一環，二者具有前後連結關係（先簽證後證照查驗）。

換言之，本文認為可將「入國許可」分為二階段：簽證為第一階段（初核審查），證照查驗為第二階段（複核審查）。在入出

---

[12] 劉進幅，《外事警察學》（桃園：中央警察大學，1997），頁 53。

[13] 刁仁國，〈證照查驗工作之探討〉，收錄於蔡庭榕編，《警察百科全書（九）外事與國境警察》（台北：正中書局，2000），頁 202-203。

國的程序上，入出國旅客除須持有入出國所需之證件外，仍須由證照查驗單位之核驗後，始完成入出國的程序[14]。亦即，入出國境之旅客，無論本國人或外國人，也就是無論臺灣地區有戶籍國民、外國人、臺灣地區無戶籍國民、大陸地區人民、香港及澳門居民，入出國境除須持有效入出國所需之證件外，仍須由證照查驗單位之核驗後，始完成入出國的程序。

　　因此，歸納證照查驗性質如下：

（一）簽證與證照查驗均為「入國許可」之一環，二者具有前後連結關係，亦即先簽證後證照查驗。

（二）入出國旅客持有入出國所需之證件，不必然就一定得以入出國，必須經證照查驗單位之核驗後，始得以入出國。證照查驗得更改簽證之許可，進行實質審查，非僅單純執行簽證之事實行為。

（三）證照查驗官於入出國旅客護照或旅行證件內加蓋入國查驗章戳後，許可入國之行為，為一具發生法律效果之行政處分。

---

[14] 簽證與證照查驗均為入國許可之一環具有前後連結關係（先簽證後證照查驗），二者前後連結關係，如朋友到家來訪之情形：首先，朋友要來之前，先以電話詢問主人：「等會兒，來訪是否方便？」，主人回「方便」表示「核發簽證」給予同意意思；若回「不方便」即表示「不核發簽證」給予拒絕意思。之後，得到「方便」回覆的朋友，來到家大門按門鈴，主人聽到門鈴除要「了解」按門鈴者的「身分」外，也對來客是究竟是「善者或惡者」進行「查察」，以決定是否「開門歡迎」或「閉門不歡迎」來客。簽證如前往之前的「電話詢問」；證照查驗則宛如對「按家門鈴者」的「身分瞭解與善惡查察」以決定「歡迎或不歡迎」入門。

陸、證照查驗之法律效果與罰則

證照查驗為入出國許可的一環，另查入出國及移民法第 22 條規定，外國人持有效簽證或適用以免簽證方式入國之有效護照或旅行證件，經入出國及移民署查驗許可入國後，取得停留、居留許可。前述若持有效簽證方式入國之外國人，則其入出國許可的行政處分，可分為前後二個階段。前階段為有效簽證等行政行為，後階段則是證照查驗等行政行為。若適用以免簽證方式入國之外國人則入出國證照查驗則為其入出國許可的行政處分。

以入國證照查驗為例說明入出國證照查驗之法律效果與罰則如下：

（一）有經查驗方式入國者

1. 查驗許可：則得予入國並取得停留居留許可。
2. 查驗不予許可：則不得入國[15]。

（二）未經查驗方式入國者

未經查驗入國者違反入出國及移民法第 4 條第 1 項入出國者應經證照查驗之義務，依入出國及移民法第 84 條規定，「違反第四條第一項規定，入出國未經查驗者，處新臺幣一萬元以上五萬

---

[15] 實務上內政部入出國及移民署通知受處分人禁止入國，並於通知單上主文說明禁止入國之法律依據，並說明違法事實及救濟方式。其中救濟方式乃受禁止入國之處分人如不服該行政決定，得依訴願法第 14 條第 1 項及地 58 條第 1 項規定，於處分書送達之次日起 30 日內，繕具訴願書經由入出國及移民署向內政部提起訴願。

元以下罰鍰。」但未經查驗方式入國者，不僅有違反入出國應經證照查驗之義務，且會涉及是否有未經許可入國之法律責任。此乃由於證照查驗為入出國許可的一環，未經查驗入國，即有未經許可入國嫌疑。又入出國及移民法對入國規定，有不須經申請許可及須經申請許可之分。因此，不需經許可之入國者，未經證照查驗入國，其法律責任則單純依《入出國及移民法》第 84 條處罰行政罰；若需經許可之入出國，未經證照查驗者，另涉及有未經許可入國之法律責任，此時有《入出國及移民法》第 74 條刑事罰及第 84 條行政罰處罰之適用競合。依《行政罰法》第 26 條刑事優先處罰原則規定[16]，以《入出國及移民法》第 74 條刑事罰之，並依《入出國及移民法》第 36 條第 1 項第 1 款規定，應對未經查驗入國之外國人，強制驅逐出國。上述入出國未經證照查驗之罰則法律效果，整理如下：

1. 入國不需經許可者，處行政罰：不需經許可之入國者，如居住臺灣地區設有戶籍國民，入出國未經查驗者，即依《入出國及移民法》第 84 條，處新臺幣 1 萬元以上 5 萬元以下罰鍰。

2. 入國需經許可者，處刑事罰及得驅逐出國：需經許可之入國者，如臺灣地區無戶籍國民、外國人、大陸、港澳地區人民等，入出國未經查驗者，即以未經許可入國論處，依《入出國及移民法》第 74 條處三年以下有期徒刑、拘役或科或併

---

16 入出國及移民法第 74 條規定，「違反本法未經許可入國或受禁止出國處分而出國者，處三年以下有期徒刑、拘役或科或併科新臺幣九萬元以下罰金。違反臺灣地區與大陸地區人民關係條例第十條第一項或香港澳門關係條例第十一條第一項規定，未經許可進入臺灣地區者，亦同。」
行政罰法第 26 條第一項規定：「一行為同時觸犯刑事法律及違反行政法上義務規定者，依刑事法律處罰之。但其行為應處以其他種類行政罰或得沒入之物而未經法院宣告沒收者，亦得裁處之。」

科新臺幣九萬元以下罰金。另依入出國及移民法第 36 條第 1 項第 1 款規定應強制驅逐出國。

柒、查獲偽造證件者之處理

若於國境線上證照查驗時，發現有持偽造證件之情事者，如何處理？則依對象之不同而異，分述如下：

（一）有戶籍國民

1. 入國：依相關國際公約規定，擁有該國國籍者，即具返國之絕對權利，不得以任何理由加以限制，僅國境內自由移動及出國之權利得在特殊情況下方得加以限制[17]。又由大法官釋字 558 號解釋之意旨，人民為構成國家要素之一，從而國家不得將國民排斥於國家疆域之外。於臺灣地區設有住所而有戶籍之國民得隨時返回本國，無待許可。因此，有戶籍國民即便持用偽造證件入國，亦不得拒絕本國有戶籍國民之返鄉權，但其若持偽造我國護照證件入境，得依我國《護照條例》第 29 條處理[18]。

---

[17] 相關國際公約如：（1）《世界人權宣言》第 13 條第 1 項：「人人在一國境內有自由遷徙及擇居之權」，第 2 項：「人人有權離去任何國家，連其本國在內，並有權歸返其本國」。（2）《公民與政治權利國際公約》第 12 條第 4 項：人人進入其本國之權，不得無理褫奪。

[18] 依《護照條例》第 29 條規定，「有下列情形之一，足以生損害於公眾或他人者，處 1 年以上 7 年以下有期徒刑，得併科新臺幣 70 萬元以下罰金：
一、買賣護照。
二、以護照抵充債務或債權。
三、偽造或變造護照。
四、行使前款偽造或變造護照。」

2. 出國：依照入出國及移民法第 6 條之規定，國人持有偽造證件者出國，應不予許可或禁止其出國，並得依我國護照條例第 29 條處理。

（二）在臺無戶籍國民

1. 入國：依《入出國及移民法》第 7 條第 1 項第 4 款之規定，在臺無戶籍國民持用偽造證件入國，應不予許可或禁止其入國，並原機遣返。

2. 出國：依照《入出國及移民法》第 6 條 1 項 8 款之規定，持用偽造證件出國者，應不予許可或禁止其出國。此時尚得認定其先前入國係屬未經許可入國，故依《入出國及移民法》第 74 條處罰，處 3 年以下有期徒刑、拘役或科或併科新臺幣 9 萬元以下罰金，依《入出國及移民法》第 15 條得暫予收容逕行強制其出國。此時應注意，若其先前入國所行使之偽照或變照護照係我國護照者，則有一行為觸犯《入出國及移民法》第 74 條未經許可入國罪及《護照條例》第 29 條行使偽照、變照護照罪，從一重處斷，依《護照條例》第 29 條行使偽照、變照護照罪，處一年以上七年以下有期徒刑，得併科新臺幣七十萬元以下罰金。

（三）外國人

1. 入國：依入出國及移民法第 18 條之規定，外國人有持用偽造證件者，得禁止其入國，並原機遣返。

若持用偽造、變造外國護照入境，則非依護照條例處罰，係犯《刑法》第 216 條、第 212 條之行使偽造特種文書罪。

2. 出國：持用偽造證件出國部份，認定當初其入國係行使偽照護照入境，並屬未經許可入國，偽造、變造外國護照入境，係犯《刑法》第216條、第212條之行使偽造特種文書罪，及《入出國及移民法》74條未經許可入國罪等罪，屬一行為觸犯數罪為想像競合犯，從重處罰依《入出國及移民法》74條未經許可入國罪處罰，處3年以下有期徒刑、拘役或科或並科新臺幣9萬元以下罰金。另依入出國及移民法第36條應強制驅逐出國，且有入出國及移民法第38條情形時，得暫予收容，並禁止其入國十年[19]。

（四）大陸人士

1. 入國：依《臺灣地區與大陸地區人民關係條例施行細則》第15條之規定，持用偽造證件視為未經許可入境[20]，故於入境前被查獲持用偽造證件，若查無其他不法情事，則逕行遣返。
2. 出國：若於出國被查獲持用偽造證件，認定當初其入境係屬未經許可，與外國人相同責任，而依《入出國及移民法》74條處罰，處3年以下有期徒刑、拘役或科或並科新臺幣9萬元以下罰金。另依《臺灣地區與大陸地區人民關係條例》第18條規定得逕行強制出境，有《臺灣地區與大陸地區人民關係條例》第18條之1規定情形時，得暫予收容。

---

[19] 禁止外國人入國作業規定二：（二）持用不法取得、偽造、變造之護照或簽證者，禁止入國十年。（三）冒用護照或持用冒領之護照者，禁止入國十年。

[20] 《台灣地區與大陸地區人民關係條例施行細則》第15條規定：「本條例第18條第1項第1款所定未經許可入境者，包括持偽造、變造之護照、旅行證或其他相類之證書、有事實足認係通謀虛偽結婚經撤銷或廢止其許可或以其他非法之方法入境者在內。」

（五）偽造證件入出境是否涉及刑法第 214 條使公務員登載不實罪之爭議

外國人有持用偽造證件者入出境，係涉嫌《刑法》第 216 條、第 212 條之行使偽造特種文書罪。若以此而入境後查獲則除涉嫌《刑法》第 216 條、第 212 條之行使偽造特種文書罪外，另違反《入出國及移民法》第 18 條第 1 項第 2 款規定而涉嫌同法第 74 條前段之未經許可入國罪，上述刑責一般實務上並無多大爭議。較有爭議是持用偽造證件入出境之行為是否構成涉嫌刑法第 214 條之使公務員登載不實罪刑責？

此爭議乃由於依 73 臺上 1710 判例，使公務員登載不實罪須一經他人的聲明或申報，公務員即有登載的義務，並依其所為的聲明或申報予以登載，而登載的內容又屬不實的事項，使足以構成。若其所為聲明或申報，公務員尚須為實質的審查，以判斷其真實與否，使得為一定的登載者，即非本罪所稱使公務員登載不實，而無由成立本罪[21]之見解所致。

持用偽造證件入出境之行為是否構成涉嫌《刑法》第 214 條之使公務員登載不實罪刑責？實務判決則有不同見解爭議：持否定說者依此認為，國境線上證照查驗應審查護照真偽，依 73 臺上 1710 判例之見解，故不構成本罪[22]。但亦有持肯定說者，其認

---

[21] 林山田，《刑法各罪論（下）》（台北：元照出版，2006），頁 450。

[22] 如臺灣臺北地方法院 103 年度易字第 100 號、103 年度易字第 727 號刑事判決足資參考。

上述判解意見略以：「……二、按《刑法》第 214 條所謂使公務員登載不實事項於公文書罪，須一經他人之聲明或申報，公務員即有登載之義務，並依其所為之聲明或申報予以登載，而屬不實之事項者，始足構成；若所為聲明或申報之事項，公務員尚須為實質之審查，以判斷其真實與否，始得為一定之記載者，即非本罪所稱之使公務員登載不實，最高法院 73

為使不知情之內政部入出國及移民署將不實資料輸入登載於職
務上所掌管之移民署電腦（內含旅客入出境紀錄表）作成紀錄之

年台上字第 1710 號判例意旨參照。三、經查，移民署國境事務大隊證照
查驗之法令依據為入出國查驗及資料蒐集利用辦法，該辦法係由《入出
國及移民法》第 4 條第 3 項規定授權而訂定。且移民署國境事務大隊執
行職務人員於入出國查驗時，有事實足認當事人所持護照或其他入出國
證件顯係無效、偽造或變造等情形，得暫時將其留置於勤務處所進行調
查；有相當理由認係非法入國者，入出國及移民署執行職務人員於執行
查察職務時，尚得進入相關之營業處所、交通工具或公共場所，並得查
證其身分；若外國人持用偽造之護照者，入出國及移民署得禁止其入國，
《入出國及移民法》第 64 條第 1 項第 1 款、第 67 條第 1 項第 4 款及第
18 條第 1 項第 2 款分別定有明文。再依《入出國查驗及資料蒐集利用辦
法》第 10 條第 1 款規定，外國人入國，應備有效護照或旅行證件，申請
免簽證入國者，其護照所餘效期須為 6 個月以上，經入出國及移民署查
驗相符，且無本法第 18 條第 1 項、第 2 項禁止入國情形者，於其護照或
旅行證件內加蓋入國查驗章戳後，始可許可入國。復依《入出國及移民
法」第 89 條規定，入出國及移民署所屬辦理入出國及移民業務之薦任職
或相當薦任職以上人員，於執行非法入出國及移民犯罪調查職務時，分
別視同《刑事訴訟法》第 229 條、第 230 條之司法警察官。其委任職或
相當委任職人員，視同《刑事訴訟法》第 231 條之司法警察。準此，可
見移民署查驗人員對於外國人入境時之證照查驗，有權審查外國人所持
用之護照真偽、查證其身分以查察有無冒名情事，並得拒絕其入境（包
括暫時留置處理或逮捕送辦等），因此移民署查驗人員對於外國人持用護
照入境之證照查驗具有實質審查權限，且審查事項，除所持用之護照是
否真偽外，尚包含查證身分之有無冒名情事。再者，相當職等之查驗人
員，並視同司法警察官或司法警察具有犯罪調查職務，自得為相當方式
之調查，並非僅只於一經外國人提出護照要求入境而從形式上觀察無誤
即須准許入境並鍵入電腦檔案之形式上審查而已（臺灣高等法院 102 年
度上訴字第 342 號、101 年度上訴字第 2157 號判決同此見解）。本案被
告持用上開偽造之護照申請入境，使移民署查驗人員於審查後一時未
察，致將護照內不實之事項鍵入電腦檔案並在該護照上核蓋准予入境及
出境之戳章，然上開公務員既係實質審核入境、出境申請，並有准、駁
之權，尚非一經申請即當然准許入境或出境，揆諸前揭說明，被告此部
分行為，不該當《刑法》第 214 條之使公務員登載不實罪之構成要件，
尚難遽以此罪相繩。」

公文書上，足以生損害於該署對外國人入出境管理之正確性，因此構成本罪[23]。上述是否構成使公務員不實登載罪爭議？實務的見解漸漸有朝向否定說之趨勢。但有學者認為持否定的實務見解，最令人困惑的是，為何承辦公務員須為實質審查時，行為人所為不實聲明或申報即不該當該罪？而所謂實質的審查與形式的審查就應如何區分？[24]

　　本文認為，姑且不論以承辦公務員為實質的審查或形式的審查作為該罪之構成要件是否妥適？實務上，證照查驗移民官員確實須對入出國境旅客所持用旅行證件作真偽辨別，之後並將之輸入電腦做成入出境資料。但真偽辨別若可以慢慢以較長久時間為之，則尚且可以期待證照查驗移民官員得無誤地辨別真偽。可是事實上，移民官員在證照查驗時的情境是，查驗時後面有排著一大排旅客等候查驗，況且每天需要查驗入出旅客證件數量很大。顯然很難期待移民官員在旅客急著要入出境時，很短時間內需要完成證照查驗整個工作，能有真正做到滴水不漏、無誤式的實質審查之能力。基於對證照查驗移民官之無期待可能性，且為維護入出境旅客資料正確，以確保國境安全管理，若實務堅持否定說見解，本文建議可於入出國及移民法增訂相關處罰冒用或使用偽變照證件入出國之較重罪責條款，以防止入出境安全管理的漏洞問題。

---

[23] 如臺灣臺北地方法院刑事簡易判決 102 年度簡字第 1902 號。

[24] 吳耀宗，〈使公務員登載不實罪〉，《月旦法學》（97 期，2003 年 6 月），頁 260。

第二節　入出國證照查驗與相關職權概念比較

壹、入出國證照查驗與安全檢查的區別

　　入出國證照查驗與國境安全檢查皆係入出國境線上重要程序，但兩者之目的、法律依據、範圍、執行機關與強制效果均有不同，分述如下：

（一）執法目的

1. 入出國證照查驗之目的則在查驗入出國旅客之證照，以確定其身份與所持證照是否相符，以為准許或限制入出國之依據。
2. 國境安全檢查之目的係為確保境管法令之貫徹、預防危害國家安全之人、物進出國境。

　　易言之，國境「證照查驗」則著重於國境的「人流」安全管理，而國境安全檢查著重於國境的「物流」安全管理。

（二）執法依據

1. 入出國證照查驗之法律依據為入出國及移民法。
2. 國境安全檢查之法律依據為國家安全法、民用航空法。

（三）執法範圍

1. 入出國證照查驗則是對入出國境人民，進行人證核對及證件、文件真偽確認檢查，並為准許或限制入出國之處分。入

出國及移民署於查驗時，得以電腦或其他科技設備，蒐集及利用入出國者之入出國紀錄。

2. 國境安全檢查之範圍，入出境或航行境內之人、物品及運輸工具。依《國家安全法》第4條規定得實施檢查對象有：「一、入出境之旅客及其所攜帶之物件。二、入出境之船舶、航空器或其他運輸工具。三、航行境內之船筏、航空器及其客貨。四、前二款運輸工具之船員、機員、漁民或其他從業人員及其所攜帶之物件。」

（四）執法機關

1. 入出國證照查驗之執行人員依《入出國及移民法》之規定，為內政部入出國及移民署。
2. 國境安全檢查依《國安法》之規定，執行機關為警察及海岸巡防機關。

（五）執法效果

1. 入出國者，未經入出國及移民署查驗者，依入出國及移民法第4條規定，不得入出國。證照查驗人員得要求旅客出示有關證件，以便審核、檢查，若當事人拒不提供證件，除有犯罪嫌疑，並不得強制檢查，僅得禁止該旅客入出國。單純入出國未經查驗者，依《入出國及移民法》第84條處新臺幣一萬元以上五萬元以下罰鍰。未經查驗入國之外國人依《入出國及移民法》第36條應強制驅逐出國，但其涉有案件已進入司法程序者，應先通知司法機關。有《入出國及移民法》第38條情形時，得暫予收容，並禁止其入國十年。
2. 單純拒絕接受國境安全檢查，其所承擔之不利後果應為無法

通過登機、登船放棄入出國，此時尚非《國家安全法》第 6 條之制裁對象。若拒絕後而仍執意欲入境或出境則可能構成《國家安全法》第 6 條之犯罪構成要件。《國家安全法》第 6 條之規定，拒絕或逃避檢查者，處 6 月以下有期徒刑、拘役或科或併科新臺幣一萬五千元以下罰金。

貳、入出國證照查驗與海關稅務檢查之區別

入出國證照查驗與海關稅務檢查，兩者均在國境線上執行，但二者在現行法制上有其區別，分述如下：

（一）執法目的

1. 入出國證照查驗：入出國證照查驗之目的則在查驗入出國旅客之證照，以確定其身份與所持證照是否相符，以為准許或限制入出國之依據。
2. 海關稅務檢查：海關稅務檢查之目的在查緝偷漏關稅、逃避管制之走私活動，以確保關稅法令貫徹。財政收入增加及稅賦公平。

（二）執法依據

1. 入出國證照查驗之法律依據為《入出國及移民法》。
2. 海關稅務檢查之法律依據為《海關緝私條例》、《關稅法》。

（三）執法範圍

1. 入出國證照查驗則是對入出國境人民，進行人證核對及證件、文件真偽確認檢查，並為准許或限制入出國之處分。入

出國及移民署於查驗時，得以電腦或其他科技設備，蒐集及利用入出國者之入出國紀錄。

2.海關稅務檢查之範圍為進出口貨物、通運貨物、轉運貨物、保稅貨物、郵包、行李、運輸工具、存放貨物之倉庫與場所及在場之關係人。

（四）執法機關

1.入出國證照查驗之執行人員依入出國及移民法之規定，為內政部入出國及移民署。

2.海關稅務檢查之執行機關為海關，屬於財政部。

（五）執法效果

1.入出國者，未經入出國及移民署查驗者，依《入出國及移民法》第4條規定，不得入出國。證照查驗人員得要求旅客出示有關證件，以便審核、檢查，若當事人拒不提供證件，除有犯罪嫌疑，並不得強制檢查，僅得禁止該旅客入出國。單純入出國未經查驗者，依《入出國及移民法》第84條處新臺幣一萬元以上五萬元以下罰鍰。未經查驗入國之外國人依《入出國及移民法》第36條應強制驅逐出國，但其涉有案件已進入司法程序者，應先通知司法機關。有《入出國及移民法》第38條情形時，得暫予收容，並禁止其入國十年。

2.違反海關稅務檢查相關規定者，得依《海關緝私條例》第10條第1項、第11條及第12條實施勘驗、搜索關係場所、搜索身體或詢問嫌疑人、證人及其他關係人，並得處罰鍰。

參、入出國證照查驗與刑事司法搜索的區別

入出國證照查驗與刑事司法搜索皆係對人身自由之限制，但兩者之目的、法律依據、實施程序、執行機關與強制效果均有不同，分述如下：

（一）執法目的

1. 入出國證照查驗：入出國證照查驗之目的則在查驗入出國旅客之證照，以確定其身份與所持證照是否相符，以為准許或限制入出國之依據。
2. 刑事搜索之目的則在發現犯罪之被告及犯罪證物。

（二）執法依據

1. 入出國證照查驗之法律依據為入出國及移民法。
2. 刑事搜索之法律依據為刑事訴訟法。

（三）執法程序

1. 入出國證照查驗是一種例行性、全面性、普遍性檢查，受檢查對象不一定違法，故採不具強制力之任意檢查為原則，強制檢查為例外，實施之行為係非要式行政行為。
2. 刑事搜索則是以強制力為實施，並要求有充分證據支持之正當理由，取得法院核發之搜索票，方得對人、物或處所進行強制性進入與搜查，實施之行為係要式刑事司法行為。

（四）執法機關

1. 入出國證照查驗之執行人員依入出國及移民法之規定，為內政部入出國及移民署。
2. 刑事搜索之執行人員依刑訴法之規定，為檢察官或法官；或司法警察或司法警察官。目前具有司法警察身分者，包括警察、憲兵及其他法令特別規定之人。

（五）執法效果

1. 入出國者，未經入出國及移民署查驗者，依入出國及移民法第 4 條規定，不得入出國。證照查驗人員得要求旅客出示有關證件，以便審核、檢查，若當事人拒不提供證件，除有犯罪嫌疑，並不得強制檢查，僅得禁止該旅客入出國。單純入出國未經查驗者，依入出國及移民法第 84 條處新臺幣一萬元以上五萬元以下罰鍰。未經查驗入國之外國人依入出國及移民法第 36 條應強制驅逐出國，但其涉有案件已進入司法程序者，應先通知司法機關。有入出國及移民法第 38 條情形時，得暫予收容，並禁止其入國十年。
2. 刑事搜索之強制效果係採「直接強制型」。亦即對「抗拒搜索者，得用強制搜索之。但不得逾越必要程度。」

肆、入出國證照查驗與交通盤查的區別

（一）執法目的

1. 入出國證照查驗：入出國證照查驗之目的則在查驗入出國旅客之證照，以確定其身份與所持證照是否相符，以為准許或

限制入出國之依據。

2. 交通盤查之目的則在保障人民權益，維持公共秩序，保護社會安全，進一步防止危害、犯罪，或處理重大公共安全或社會秩序事件之必要而為之。

（二）執法依據

1. 入出國證照查驗之法律依據為入出國及移民法。
2. 交通盤查之法律依據為警察職權行使法。

（三）執法範圍

1. 入出國證照查驗則是對入出國境人民，進行人證核對及證件、文件真偽確認檢查，並為准許或限制入出國之處分。入出國及移民署於查驗時，得以電腦或其他科技設備，蒐集及利用入出國者之入出國紀錄。

2. 交通盤查則是依警察職權行使法第 8 條規定：「警察對於已發生危害或依客觀合理判斷易生危害之交通工具，得予以攔停並採行下列措施：一、要求駕駛人或乘客出示相關證件或查證其身分。二、檢查引擎、車身號碼或其他足資識別之特徵。三、要求駕駛人接受酒精濃度測試之檢定。警察因前項交通工具之駕駛人或乘客有異常舉動而合理懷疑其將有危害行為時，得強制其離車；有事實足認其有犯罪之虞者，並得檢查交通工具。」進一步得依該法第 6、7 條對駕駛人或乘客為人的身分查證。

（四）執法機關

1. 入出國證照查驗之執行人員依入出國及移民法之規定，為內

政部入出國及移民署。

2. 交通盤查之執行人員依警察職權行使法之規定，為警察機關。

（五）執法效果

1. 入出國者，未經入出國及移民署查驗者，依入出國及移民法第 4 條規定，不得入出國。證照查驗人員得要求旅客出示有關證件，以便審核、檢查，若當事人拒不提供證件，除有犯罪嫌疑，並不得強制檢查，僅得禁止該旅客入出國。單純入出國未經查驗者，依入出國及移民法第 84 條處新臺幣一萬元以上五萬元以下罰鍰。未經查驗入國之外國人依入出國及移民法第 36 條應強制驅逐出國，但其涉有案件已進入司法程序者，應先通知司法機關。且有入出國及移民法第 38 條情形時，得暫予收容，並禁止其入國十年。

2. 警察人員執行交通盤查依警察職權行使法第 7 條第 2 項規定：「依前項第二款、第三款之方法顯然無法查證身分時，警察得將該人民帶往勤務處所查證；帶往時非遇抗拒不得使用強制力，且其時間自攔停起，不得逾三小時，並應即向該管警察勤務指揮中心報告及通知其指定之親友或律師。」若民眾無故拒絕接受交通盤查，將可能構成社會秩序維護法第 67 條第 1 項第 2 款「於警察人員依法調查或查察時，就其姓名、住所或居所為不實之陳述或拒絕陳述者。」處三日以下拘留或新臺幣一萬二千元以下罰鍰。

第三節　結語

　　國境管理主要對象，亦是重點：一為「人」，一為「物」。前者稱之為「國境人流管理」，不同於後者之「國境物流管理」。國境管理有三道防線：入國前、入國時及入國後。國境人流管理之三道防線即：第一道防線「阻絕於國外」，故入國前重點在於申請許可與否的審查，為國家安全初步在境外把關。第二道防線「攔阻於國境線上」，故入國時重點在於證照查驗核對身分，為國家安全在國境線上把關。第三道防線「查察於國內」，故入國後重點在於查察查證等，為國家安全在境內把關。

　　在入出國的程序上，入出國旅客除須持有入出國所需之證件外，仍須由證照查驗單位之核驗後，始完成入出國的程序。亦即，入出國旅客除須持有入出國所需之證件外，仍須由證照查驗單位之核驗後，始完成入出國的程序。所以，入出國證照查驗為入出國許可之一環，具有行政處分性質。入出國應經證照查驗，未經證照查驗者而入國者，將依其入國是否需許可而有處行政罰或刑事罰之別。另建議於入出國及移民法增訂相關處罰冒用或使用偽變照證件入出國之條款，防止入出境安全管理的漏洞問題，維護入出境旅客資料正確，以確保國境安全管理。

　　透過與其他相關職權比較，了解各個職權不同，進而讓我們對入出國證照查驗更清楚其定位及功能。與同樣於國境線上執行的職權有國境安全檢查與海關稅務檢查等比較，國境證照查驗是國境人流管理，而國境安全檢查是著重於物流之安全檢查，另海關稅務則著重於查緝偷漏、逃避關稅管制之檢查。與同樣有身分查證的職權有刑事司法搜索與交通盤查等比較，國境證照查驗是

為准許或限制入出國之行政處分，而刑事司法搜索是著重於發現被告的司法警察權，另交通盤查重點則是預防、發現違反秩序（人）或犯罪（人）的行政警察權。

　　國境人流管理在世界各國均相當重視，尤其在地球村的時代。一方面希望吸引外國人來國內投資、觀光等增進該國經濟，一方面又不希望不利於我國之外國人來臺，破壞秩序安全。由於入出國也涉及人民遷徙自由權，因此國境人流管理必須要顧及人民基本權利保障。亦即，在自由與秩序、經濟與安全中，找一個平衡點是國境人流管理隨時要面對與思考的問題，亦是國境人流管理之重點。另目前自動化查驗過關系統之建置，對整個入出國證照查驗工作在效果、效率有相當增進。本文相信在健全法制、優質素養執法人員及完備設備，對提升我國維護國境人流管理有相當助益。希望透過入出國證照查驗的把關，防止不利我國之不法者入國，並防止限制出境者潛逃出境，以維護國土安全及社會秩序。

參考資料

刁仁國,〈證照查驗工作之探討〉,收錄於蔡庭榕編,《警察百科全書(九)外事與國境警察》(臺北:正中書局,2000),頁 202。

王寬弘(2013),〈國家安全法上國境安檢之概念與執法困境〉,《國土安全與國境管理學報第 20 期》(桃園:中央警察大學國境警察學系出版,2013),頁 222-224。

李震山,《入出國管理及安全檢查專題研究》(桃園:中央警察大學印行,1999),頁 1-12。

李震山,〈入出國管理之一般法理基礎〉,收錄於蔡庭榕編,《警察百科全書(九)外事與國境警察》(臺北:正中書局,2000),頁 153。

吳學燕,《入出國及移民法逐條釋義》(臺北:文笙書局,2009),頁 40-44、59。

許義寶,《入出國法制與人權保障》(臺北:五南圖書公司,2012),頁 8。

蔡震榮,《警察職權行使法概論》(桃園:中央警察大學出版社,2004),頁 75-82。

劉進幅,〈簽證〉,收錄於蔡庭榕編,《警察百科全書(九)外事與國境警察》(臺北:正中書局,2000),頁 12-53。

CHAPTER 3

我國非法人口移動之
現況與犯罪偵查

黃文志

中央警察大學國境警察學系專任助理教授,曾擔任警政署刑事
警察局國際刑警科國際刑事偵查隊隊長、警政署駐越南警察聯
絡官。

前言

　　人類歷史以來即有人口移動，遷徙是人類為求生存從一居住地點移往另一居住地點的自然現象，在全球化浪潮的推波助瀾下，人口移動無疑地是一項攸關各國政治、經濟與社會發展的重要指標。

　　人口移動在空間上依據是否跨越國界區分為國內移動與跨國移動，在個人意願上可區分為自願與被強迫，雖然一般遷徙途徑大多合法，但亦透過非法管道進行大規模人口移動。根據「未具有合法旅行證件移民者（遷徙者）之國際合作論壇組織」（The Platform for International Cooperation on Undocumented Migrants, 簡稱 PICUM）於 2013 年向聯合國《保護所有移工及其家庭成員權利國際公約》委員會（the UN Committee on the Protection of the Rights of All Migrant Workers and Members of their Families）提交之統計資料顯示，全球超過 70 億的人口中，移民約為 2 億 1 千 4 百萬，其中，非法移民比例約為 2500 萬，占 10% 至 15% 之間，會隨著各國與各地區之變動情勢而有非常大之差異[1]。

　　2015 年以來地中海難民船難頻頻，許多難民爭先恐後想要從地中海南岸，逃到歐盟地區，希望尋求更好的生活條件與經濟基礎，但也因為是非法偷渡，乘坐的船舶破損十分嚴重，造成預估已有超過 2000 名偷渡客不幸葬身地中海。其實不止歐盟地區，在美墨邊界，或者是東南亞海面，也都一而再再而三出現眾多偷渡客，在難民潮驅使下，有越來越多國家面臨嚴重的偷渡客問

---

[1] 柯雨瑞、高珮珊，〈非法移民與人口販運〉，《移民的理論與實務》，（桃園：中央警察大學，103 年），頁 196-197。

題，但反觀臺灣，依據海巡署統計資料顯示，2014 年的偷渡客人數 168 人，與 2006 年超過 400 人相比，明顯減少超過五成，從這個角度來說，可以說我國海巡署在處理與防堵偷渡客方面的政策奏效，但是也可能是臺灣對於偷渡客而言，已不具經濟或生活條件的吸引力[2]。

本研究著重探討人口移動中的三種非法類型，分別是：非法入境與偷渡、人口販運、非法移民等[3]，並介紹我國非法人口移動現況與最新犯罪偵查策略。

第一節　非法人口移動類型與定義

壹、非法入境（Illegal Entry）與偷渡（Stow Away）

一個主權國家為保護國家安全與社會安定秩序，對於外來人口之入國管制，乃係一個國家之當然權利[4]，除非條約另有約定，

---

[2] 呂姿穎，2015-08-07，〈臺灣不再是偷渡者天堂？〉，Knowing，http://news.knowing.asia/news/7f63cfcc-6740-4756-85ae-e7f8a12ea2b8。

[3] 同註 2，頁 189。非法移民、偷渡及人口販運三者之關係密切，根據聯合國毒品與犯罪辦公室（United Nations Office on Drug and Crime, UNODC）2010 年出版之「Smuggling of Migrants」一書中所載，在不正常人口移動中，遷徙（移居）偷渡之行為，扮演一個決定性之角色，以利非法移民者能從甲國偷渡至乙國。

[4] 許義寶，〈人民入出國境許可與執法〉，《國境執法》，（台北：元照出版公司，2014 年 1 月），頁 89。

外來人口之入境必須持有其本國政府所核發的護照（passport），且護照須經入境國駐外領事的簽證（visa）。每一個國家對於外來人口的入境均立法管理，任何違反該國管理法令之入境或滯留行為，即稱之為「非法入境」。

雖然國際間對於非法入境並無明確定義，在美國布萊克法律辭典中，將非法入境解釋為：「外國人於下列情形，係屬非法入境：一、外國人入境之時間及地點不合法者；二、逃避民官員之檢查而入境者；三、以詐欺方式取得入境許可者；四、藉締結婚姻方式，以規避相關移民法令之入境限制規定者」[5]。上述說明歸納一般國家國內法律所規定之非法入境事由，可視為通則性定義。至於實質定義與構成要件，應視各國入出境管理法規所規定之內容而定。

偷渡與非法入境的概念相近，但兩者皆非我國法律用語，我國法律用語為《入出國及移民法》規範之「非法入出國」。依據1957年《布魯塞爾偷渡公約》（Brussels Convention Relating to Stowaways），「偷渡者」（stowaway）之定義為：「未得船東或船長（或其他主管船舶之人）之允許，潛入船上並隨船離開登船地點或港口之人」，此一定義與「國際海洋組織」所訂的「尋求有效解決偷渡案件責任分配的綱領」相同[6]；因此，「偷渡」之概念意涵可通則表示為「凡未持有合法入出境證件，且未經主管機關許可，而企圖入出境者」，若依法律上之用語與概念而言，

---

5 曾華新，《越南偷渡犯於台灣地區上岸時空與海象關係之研究》，（高雄：國立中山大學海洋環境及工程學系碩士論文，102年1月），頁1。
王寬弘，〈人口販運與偷渡〉，《跨國（境）組織犯罪理論與執法實踐之研究分論》，（台北：元照出版公司，2012年2月），頁237-238。

90 國土安全與移民政策——人權與安全的多元議題探析

應以「非法入出國」或「非法移民潛越國境的犯罪行為」稱之，較能符合現今各國對「偷渡」內容之詮釋。

依據我國《入出國查驗及資料蒐集利用辦法》第 10 條規定，外國人入國要件有二：一、積極條件：有效護照或旅行文件及有效入國簽證或許可等證件；二、消極條件：無入出國及移民法第 18 條第 1 項、第 2 項禁止入國情形；外國人出國亦須持有效護照或旅行證件（同積極條件），且無入出國及民法第 21 條第 1 項、第 2 項禁止出國情形（同消極條件）。[7]我國《入出國及移民法》第 4 條第 1 項規定：「入出國者，應經內政部入出國及移民署查驗，未經查驗者，不得入出國」，違反查驗義務，如係外國人、

---

[7] 參閱王寬弘，〈移民與國境管理〉，《移民的理論與實務》，（桃園：中央警察大學，103 年），頁 181-182。入出國及移民法第 18 條禁止入國之規定如下：「外國人有下列情形之一者，入出國及移民署得禁止其入國：一、未帶護照或拒不繳驗。二、持用不法取得、偽造、變造之護照或簽證。三、冒用護照或持用冒領之護照。四、護照失效、應經簽證而未簽證或簽證失效。五、申請來我國之目的作虛偽之陳述或隱瞞重要事實。六、攜帶違禁物。七、在我國或外國有犯罪紀錄。八、患有足以妨害公共衛生或社會安寧之傳染病、精神疾病或其他疾病。九、有事實足認其在我國境內無力維持生活。但依親及已有擔保之情形，不在此限。十、持停留簽證而無回程或次一目的地之機票、船票，或未辦妥次一目的地之入國簽證。十一、曾經被拒絕入國、限令出國或驅逐出國。十二、曾經逾期停留、居留或非法工作。十三、有危害我國利益、公共安全或公共秩序之虞。十四、有妨害善良風俗之行為。十五、有從事恐怖活動之虞。外國政府以前項各款以外之理由，禁止我國國民進入該國者，入出國及移民署經報請主管機關會商外交部後，得以同一理由，禁止該國國民入國。第一項第十二款之禁止入國期間，自其出國之翌日起算至少為一年，並不得逾三年。」入出國及移民法第 21 條禁止出國之規定如下：「外國人有下列情形之一者，入出國及移民署應禁止其出國：一、經司法機關通知限制出國。二、經財稅機關通知限制出國。外國人因其他案件在依法查證中，經有關機關請求限制出國者，入出國及移民署得禁止其出國。禁止出國者，入出國及移民署應以書面敘明理由，通知當事人。前三項禁止出國之規定，於大陸地區人民、香港或澳門居民準用之。」

大陸、港澳地區人民、臺灣地區無戶籍國民可依同法第 74 條處以罰則：「未經許可入國或受禁止出國處分而出國者，處三年以下有期徒刑、拘役或科或併科新臺幣九萬元以下罰金。違反臺灣地區與大陸地區人民關係條例第十條第一項或香港澳門關係條例第十一條第一項規定，未經許可進入臺灣地區者，亦同。」臺灣地區設有戶籍之國人入出國境亦須查驗，違反者將依同法第 84 條處新臺幣 1 萬元以上 5 萬元以下罰鍰。

依據行政院海岸巡防署（以下簡稱海巡署）業務績效名詞解釋[8]，偷渡犯在我國之定義指「未持有合法入出境之證件，且未經主管機關許可，利用船舶、航空器或其他運輸工具，非法偷渡進出臺灣、澎湖、金門、馬祖與政府統治權所及其他地區之人民」。依據海巡署 2006 年至 2014 年查獲非法入出國偷渡犯人數的統計（如表 1），偷渡我國之情形以 2006 年達到高峰，全年查獲 413 人，其中，大陸地區人民占所有查獲人數之 89.1%（368 人），臺灣地區人民占 5.8%（24 人），外國人占 5.08%（21 人）。之後，人數逐年下降，偷渡犯的生態也因為兩岸關係和緩產生巨大變化（如圖 1）。2012 年查獲偷渡人數最低，僅有 107 人，不僅下降幅度達到 74%，偷渡犯反以外國人為主。2014 年查獲 168 人，其中，大陸地區人民僅占所有查獲人數之 27.3%（46 人），臺灣地區人民占 16%（27 人），外國人躍升為第一位占 57.1%（96 人）。

---

[8]　http://www.cga.gov.tw/GipOpen/wSite/public/Data/f1367826973106.pdf。

表 1　2006 年至 2014 年我國海巡署查獲

非法入出國偷渡犯人數統計

	臺灣地區人民		大陸地區人民		外國人		小計		
	男	女	男	女	男	女	男	女	總計
2006	24	0	342	26	18	3	384	29	413
2007	10	3	189	9	124	8	323	20	343
2008	27	0	99	16	112	12	238	28	266
2009	41	0	74	15	56	7	171	22	193
2010	44	0	55	9	84	14	183	23	206
2011	35	0	31	6	79	17	145	23	168
2012	26	1	11	2	51	16	88	19	107
2013	46	0	22	11	137	43	205	54	259
2014	23	3	38	8	80	16	141	27	168

資料來源：海巡署

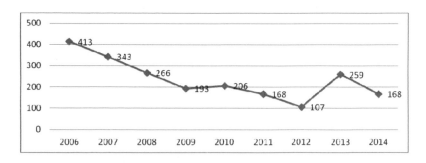

圖 1　2006 年至 2014 年海巡署查獲非法入出國偷渡犯統計

貳、人口販運（Human Trafficking）

　　根據 2003 年《聯合國打擊跨國有組織犯罪公約關於預防、禁止和懲治販運人口特別是婦女和兒童的補充議定書》第 3 條（a）之規定[9]，我國《人口販運防制法》第 2 條第 1 項第 1 款將「人

---

[9]　「為剝削目的而通過暴力威脅或使用暴力手段，或通過其他形式之脅

口販運」定義為：「意圖使人從事性交易、勞動與報酬顯不相當之工作或摘取他人器官，而以強暴、脅迫、恐嚇、拘禁、監控、藥劑、催眠術、詐術、故意隱瞞重要資訊、不當債務約束、扣留重要文件、利用他人不能、不知或難以求助之處境，或其他違反本人意願之方法，從事招募、買賣、質押、運送、交付、收受、藏匿、隱避、媒介、容留國內外人口，或以前述方法使之從事性交易、勞動與報酬顯不相當之工作或摘取其器官」。此一定義係針對 18 歲以上之被害人，其法律構成要件包含剝削目的、不法手段和人流處置等三項，且各個不法要素間必須存有因果上的關聯。

另根據上述聯合國議定書第 3 條（b）之規定，被害人最初的同意並不能因此而使販運者阻卻違法，認為被害人對於販運者剝奪其自由權之同意已非屬社會共同倫理所能容許之正當理由。至於被害人若為 18 歲以下，我國《人口販運防制法》第 2 條第 1 項第 2 款規定，客觀構成要件僅須具備人流處置即可，此為保護兒童福利的特別法律設計。也因此，依據我國人口販運防制法第 2 條第 1 項第 3 款之定義，人口販運罪係指從事人口販運，而犯本法、刑法、勞動基準法、兒童及少年性交易防制條例或其他相關之罪。

此外，我國《入出國及移民法》第 3 條第 11 款定義跨國（境）人口販運係指：「以買賣或質押人口、性剝削、勞力剝削或摘取器官等為目的，而以強暴、脅迫、恐嚇、監控、藥劑、催眠術、

迫，通過誘拐、詐欺、欺騙、濫用權力或濫用脆弱情境，或通過接受酬金或利益，取得對另一人有控制權之某人之同意等手段，而招募、運送、轉移、窩藏或接收人員。剝削應至少包括利用他人賣淫進行剝削，或其他形式之性剝削、強迫勞動或服務、奴役或類似奴役之做法、勞役或切除器官。」

詐術、不當債務約束或其他強制方法，組織、招募、運送、轉運、藏匿、媒介、收容外國人、臺灣地區無戶籍國民、大陸地區人民、香港或澳門居民進入臺灣地區或使之隱蔽之行為。」

在《聯合國打擊跨國有組織犯罪公約關於預防、禁止和懲治販運人口特別是婦女和兒童的補充議定書》第四條以及「消除海陸空人口走私補充議定書」第四條都明定具備「跨國性」及「組織犯罪集團」才得以適用。對照海上偷渡活動，偷渡犯罪與人口販運的「過程（process）」，不論是在徵募、運送、匿藏或是接收方面，可說是相同的，但在「方法（Way/Means）」與「目的（Goal）」上則有所出入，一則因為偷渡人士屬自願或同意來臺居多，有別於人口販運者運用強制、威脅、誘拐、詐騙等手段，運送至目的地；再者，偷渡犯在到達目的地後的工作選擇較具自主性，不若人口販運者對其販運的對象可以用買賣的方式並且採用高壓或強制性的控制。[10]

由於人口販運嚴重侵犯人權，已被視為當代奴役亂象，臺灣為民主自由與開放的國家，無法免於國際人口移動潮流之外。我國與世界各國均極為重視人口販運相關防制工作，以期澈底杜絕人口販運案件發生。美國針對人口販運、人權等相關報告指出，由於來自對岸與東南亞國家的婦女，透過虛偽婚姻、虛假工作機會與偷渡的方式被販運到臺灣，以進行商業性剝削及勞力剝削，因此認定臺灣是人口販運主要目的國，但同時又稱臺灣也是人口販運至美、加、日、英等國的輸出國。

依據內政部移民署「各司法警察機關查緝人口販運案件」的統計資料顯示（如表2），2007年勞力剝削占當年度查緝案件197

---

[10] 同註6，頁242-243。

件的 28.9%（53 件），性剝削占 73%（144 件）。我國立法院於 2009 年 1 月 23 日通過《人口販運防制法》，並於同年 6 月 1 日施行後，2009 年勞力剝削反占當年度查緝案件數 88 件的 52.27%（46 件），性剝削則占 47.72%（42 件），性剝削比例大幅下降，勞力剝削比例大幅上升，兩者的查緝成果有逆轉趨勢（如圖 2），而 2010、2011、2012 連三年的查緝數字更出現勞力剝削比性剝削多出 20%，直到 2013 年才恢復各占 50%。2014 年勞力剝削查獲 51 件，占所有查獲總數 138 件之 36.9%，性剝削查獲 87 件，占所有查獲總數之 63%。2015 年截至 11 月的統計，勞力剝削查獲 44 件，占所有查獲總數 137 件之 32.16%，性剝削查獲 93 件，占所有查獲總數之 67.88%，主要影響兩者案件數消長的因素係內政部警政署查緝政策的改變，從過去的案件數可知，警政署以查緝性剝削案件為主，人口販運主管機關——內政部移民署以查緝勞力剝削案件為主。

表 2　2007 年至 2015 年 11 月我國各司法警察機關
查緝人口販運案件統計表

年度	警政署			移民署			海巡署			法務部調查局			總計		
	勞力剝削	性剝削	計	勞力剝削	性剝削	計	勞力剝削	性剝削	計	勞力剝削	性剝削	計	勞力剝削	性剝削	計
2007	45	109	154	4	12	16	2	13	15	2	10	12	53	144	197
2008	19	41	60	15	3	18	4	6	10	2	9	11	40	59	99
2009	18	25	43	16	6	22	6	5	11	6	6	12	46	42	88
2010	36	30	66	26	6	32	5	5	10	10	5	15	77	46	123
2011	37	42	79	22	4	26	7	3	10	7	4	11	73	53	126
2012	47	49	96	30	6	36	4	3	7	5	4	9	86	62	148
2013	50	58	108	22	12	34	4	4	8	8	8	16	84	82	166
2014	37	69	106	10	9	19	2	1	3	2	8	10	51	87	138
2015年1-11月	26	80	106	14	7	21	0	0	0	4	6	10	44	93	137

資料來源：內政部移民署

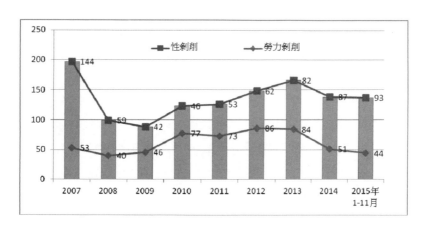

圖 2　2007 年至 2015 年 11 月我國司法警察機關
查緝人口販運案件數統計圖

參、非法移民（Illegal Immigration）

「非法移民」在國際社會上漸漸較為人廣泛使用的意思是「不正常人口移動」（irregular migration）。國際移民組織（International Organization for Migration, IOM）認為「不正常人口移動」的定義應包含非法入國、非法（逾期）停留及非法工作等 3 個概念。[11]「非法移民」跨越國界，在未取得他國審核同意下非法進入他國，大致可分為三類：

（一）第 1 類為非法入境者，俗稱偷渡客，此類外國人沒有經過合法途徑進入本國，如第 1 節所介紹；

---

[11]　同註 2，頁 193。

（二）第 2 類則是因人口販運或其他非法途徑而來，絕大多數屬於犯罪被害人，法律對此類非法移民具有較周密之保護措施，在一定條件下，亦可取得滯在國身分；我國《人口販運防制法》第 28 條第 3 項即規定：「人口販運被害人因協助偵查或審判而於送返原籍國（地）後人身安全有危險之虞者，中央主管機關得專案許可人口販運被害人停留、居留。其在我國合法連續居留 5 年，每年居住超過 270 日者，得申請永久居留。專案許可人口販運被害人停留、居留及申請永久居留之程序、應備文件、資格條件、核發證件種類、撤銷或廢止許可及其他應遵行事項之辦法，由中央主管機關定之。」亦即，如果是從境外移入的人口販運被害人，往往並非其自願透過非法方式前來我國，但是其屬於非法移民之身分，在法律上並未改變，因此，《人口販運防制法》第 28 條第 3 項的特別規定，也是屬於使得非法移民能夠取得身分之一種例外規定。

（三）第 3 類為逾期居留者，俗稱「跳船」或「跳機」。此類外國人循合法管道入境，但入境後非法逾期滯留。以我國來看，第 1 類的移民大多付出相當金額的偷渡費用，目的通常是為了賺錢。此類的移民通常被所在地更好的生活所吸引，但如果是外籍勞工，亦須付出高額的仲介費用，與臺灣早年因嚮往美國生活而以觀光旅遊名義前往美國跳機或跳船的情況截然不同。通常移民的原因是追求更好的生活，從一個貧窮的國家移往另一個較為富有的國家，但值得注意的是，非法移民在移出國並非是最窮的人民。

非法入境與偷渡、人口販運、非法移民在定義上常令人混淆，謹以下列表 3 將三者區分說明如下：[12]

表 3　「非法入境」、「人口販運」與「非法移民」之區別

類別	非法入境（偷渡）	人口販運	非法移民
我國法律用語否	正式法律用語為非法入出國	是	否
犯罪意圖	運輸、人口移動	性剝削、勞力剝削、器官摘除	追求更好的生活
涉案人身分	臺灣地區設有戶籍國民、外國人、大陸、港澳地區人民、臺灣地區無戶籍國民	臺灣地區設有戶籍國民、外國人、大陸、港澳地區人民、臺灣地區無戶籍國民	外國人、大陸、港澳地區人民、臺灣地區無戶籍國民
入境方式	非法	合法／非法	合法／非法
發生地點	機場、港口或其他國境線上	中華民國領域內	機場、港口、國境線上、中華民國領域內
行為樣態	單次	反覆／多次	單次或反覆多次
侵害法益	國家法益	被害人個人法益	國家及被害人個人法益
違反法令	入出國及移民法、海岸巡防法、臺灣地區及大陸地區人民關係條例	入出國及移民法、人口販運防制法	入出國及移民法、人口販運防制法、就業服務法、國籍法」、外國人停留居留及永久居留辦法、外國人臨時入國許可辦法、臺灣地區及大陸地區人民關係條例
組織性質	具備跨國性質及組織犯罪集團	具備跨國性質及組織犯罪集團	具備跨國性質及組織犯罪集團

（作者整理）

---

[12]　參考王寬弘，〈人口販運與偷渡〉，《跨國（境）組織犯罪理論與執法實踐之研究分論》，（台北：元照出版公司，2012 年 2 月），頁 243。

我國目前非法移民以行蹤不明之外籍勞工為大宗。依據內政部移民署統計（如表4），截至2015年11月30日止，行蹤不明之外勞人數以越南最多，達到24,785人，印尼次之，亦有22,650人，菲律賓、泰國則分屬第3、第4，人數有2580以及877人，總計目前在臺行蹤不明外勞人數仍有50,893，約占所有外勞人數57萬9千人之10%。

表4　我國行蹤不明外勞人數統計

國籍	性別	累計行蹤不明人數			已查處出境人數			目前在臺仍行蹤不明總人數	目前在所收容人數
		上月累計人數	本月新增人數	累計總數	上月累計人數	本月新增人數	累計總數		
印尼	男	14,274	177	14,451	10,367	242	10,609	3,797	45
	女	72,951	557	73,508	53,771	789	54,560	18,853	95
	計	87,225	734	87,959	64,138	1,031	65,169	22,650	140
馬來西亞	男	26	0	26	25	0	25	1	0
	女	5	0	5	5	0	5	0	0
	計	31	0	31	30	0	30	1	0
蒙古	男	12	0	12	12	0	12	0	0
	女	14	0	14	14	0	14	0	0
	計	26	0	26	26	0	26	0	0
菲律賓	男	3,308	19	3,327	2,950	16	2,966	354	7
	女	14,681	51	14,732	12,463	39	12,502	2,226	4
	計	17,989	70	18,059	15,413	55	15,468	2,580	11
泰國	男	15,587	18	15,605	14,828	28	14,856	742	7
	女	3,227	6	3,233	3,092	6	3,098	135	0
	計	18,814	24	18,838	17,920	34	17,954	877	7
越南	男	48,594	680	49,274	32,171	960	33,131	15,950	193
	女	45,907	211	46,118	36,882	356	37,238	8,835	45
	計	94,501	891	95,392	69,053	1,316	70,369	24,785	238
總計	男	81,801	894	82,695	60,353	1,246	61,599	20,844	252
	女	136,785	825	137,610	106,227	1,190	107,417	30,049	144
	計	218,586	1,719	220,305	166,580	2,436	169,016	50,893	396

資料截止日期：2015年11月30日
資料資料來源：內政部移民署

第二節　非法人口移動態樣分析

　　鑑於人口流動國際化、產業與社福外勞引進、及自 2008 年起陸續放寬大陸地區人民來臺觀光限制、推動兩岸大三通及陸客自由行等四項理由，外來人口入出我國境人數日益增加，其在臺期間所衍生之違法（規）情事隨之而生，例如：行方不明、逾期停（居）留、非法工作、虛偽結婚等，我國內政部統計 2015 年 1-11 月查處違法外來人口及其違法態樣分析如下[13]：

壹、查處違法外來人口

　　2015 年 1-11 月外來人口經合法方式入境我國逾期停（居）留、假藉事由申請來臺（如利用與國人結婚、或從事專業、商務、觀光等活動及其他方式）從事違法行為或未經查驗入出境等，經各治安機關（警政署、移民署、海巡署、法務部調查局）查獲交由移民署收容遣送者計有 2 萬 7,980 人（女性 1 萬 4,905 人占 53.27%，男性 1 萬 3,075 人占 46.73%），較 2014 年同期增加 4,120 人或 17.27%。查獲之違法外來人口之國籍（地區），以外國籍 2 萬 5,269 人占 90.31%最多，主要以外勞引進居多之越南籍、印尼籍分別為 1 萬 1,201 人、1 萬 939 人合占外國籍者 8 成 8 較多；大陸地區人民 2,211 人占 7.90%次多，香港澳門居民及無戶籍國民僅分別占 1.34%及 0.45%；如與 2014 年同期比較，大陸地區人

---

[13]　內政統計通報 105 年第 1 週。2016 年 1 月 2 日。內政部統計處，http://sowf. moi.gov.tw/stat/week/list.htm

民減少 758 人，外國籍者增加 4,626 人（以印尼籍增加 2,308 人最多），香港澳門居民及無戶籍國民則分別增加 167 人及 85 人。

貳、違法外來人口之違法態樣

2015 年 1-11 月查處外來人口違法態樣計有 2 萬 8,233 人次，較 2014 年同期增加 4,129 人次或 17.13%；外來人口主要違法態樣，以行蹤不明外勞占 54.84%最高、單純逾期停留占 22.38%次之、非法工作占 14.61%居第三。按性別分：男女性均以行蹤不明外勞分別占 51.01%、58.21%最高，單純逾期停留分別占 23.85%、21.09%次之，非法工作分別占 16.37%、13.06%居第三。按國籍（地區）分，外國籍以行蹤不明外勞占 60.73%最高、單純逾期停留占 17.57%次之、非法工作占 15.79%居第三。大陸地區人民以單純逾期停留占 65.31%最高、虛偽結婚占 12.66%次之、單純逾期居留占 8.68%居第三。

第三節　犯罪偵查

壹、非法入境與偷渡

非法入出國案件之查緝，涉及法律層面廣泛，如《國家安全法》第 4、6 條、《刑事訴訟法》第 75 條至 91 條、《入出國及移

民法》第 4、5、6、7、18、21、73、74、77、84 條及其施行細則第 2 條、《海岸巡防法》第 2、4、5、6、7、8、9 條、《臺灣地區與大陸地區人民關係條例》第 2、10、15、18、28、28 條之 1、29、32、79、80 條、《海岸巡防機關與警察移民及消防機關協調聯繫辦法》第 2、5 條等[14]，條文內容詳如附件。[15]

　　我國政府於 2000 年 1 月 28 日納編原國防部海岸巡防司令部、內政部警政署水上警察局及財政部關稅總局緝私艦艇等任務執行機關，成立部會層級的海域執法專責機關「行政院海岸巡防署」，確立岸海合一之執法機制。「行政院海岸巡防署」職司海上治安維護，依《海岸巡防法》第 4 條第 1 項規定，負有海域、海岸、河口與非通商口岸之查緝走私、防止非法入出國、執行通商口岸人員之安全檢查及其他犯罪調查事項。轄下海洋巡防總局負責海上偵巡、登檢、查察，而海岸巡防總局則肩負岸際監控任務，除以高科技偵蒐器材重點部署於沿海地區，並配合地區機動查緝隊、河道搜檢組，進行內陸、沿岸、河道及出海口之全面監控，防杜偷渡等不法情事。

一、海上偷渡

　　臺灣海峽上窄下寬，北界寬約 93 浬（1 浬=1,852 公尺），南界約 200 浬，海峽兩地最短距離不到 80 浬，平均寬約 103 浬，扣除兩岸各自主張之領海寬度，即為兩岸專屬經濟海域與大陸礁層重疊之海域，臺灣海域遼闊且西部沙岸地形等因素，此一特殊地理環境，造成臺灣海峽海上偷渡事件層出不窮，尤其臺灣周遭

---

[14]　同註 12，頁 90。
[15]　同註 12，頁 93。

海岸線綿長，亦增偷渡有利條件，使執法單位執法作為愈形困難。兩岸海上偷渡案件之查緝，依據偷渡管道不同而有所區別，就現階段曾經查獲偷渡之案件觀之，偷渡管道概分為兩大類：（一）利用本國籍或大陸籍漁船載運偷渡犯入出境；（二）大陸偷渡犯以其他身分來臺後再偷渡入出境。兩岸偷渡的模式，從早期搭（漁）船偷渡、持偽變造護照（證件）入境、「假漁工、真偷渡」、「真漁工、真偷渡」等方式外，還有利用海、空兩階段中轉等方式偷渡，進入臺灣本島，其偷渡手法說明如下[16]：

1. 搭船自海上直接偷渡：係自大陸搭乘船舶偷渡來臺，此部分包含直接航抵臺灣，或先行乘大陸漁船行駛至外（公）海後，再轉搭臺灣漁船接駁抵臺，並在接近臺灣沿岸時，由舢舨、膠筏接駁上岸，或直接自漁港港口偷渡上岸。偷渡犯亦利用夾藏於漁船密艙方式，方便海上機動接駁或岸邊點放，可分散被查緝風險，提高偷渡成功機率。

2. 以漁工身分偷渡：近年來因兩岸強力執行查緝，且海上偷渡仲介費用不低、風險又高，人蛇集團遂改利用合法管道招攬大陸地區人民入境，如假借大陸漁工名義載運男性大陸地區人民來臺，抵臺後再伺機跳船或自岸置中心脫逃，從事不法行為。

3. 兩階段海空中轉偷渡：此種手法先搭船到中轉地（如金門、澎湖等地），再換乘其他交通工具二階段偷渡，例如：2008年6月查獲1名大陸偷渡犯於該年2月以3萬8,000元人民幣代價，由人蛇集團安排漁船載運到澎湖後，再讓他持變造汽車駕駛執照購買機票搭機來臺。

---

[16] 阮文杰，〈兩岸海上偷渡問題之探討〉，《展望與探索》，第6卷第8期，中華民國97年8月，頁91。

海巡署執行「安海專案」，將檢肅黑槍、掃蕩毒品及打擊偷渡犯罪等列為工作重點，特別要求所屬瓦解「計畫性」、「組織性」及「跨國性犯罪」。人蛇集團在兩岸海上偷渡犯罪的歷程中，扮演相當重要的活動環節，蛇頭（snakehead）利用各種不同的手法，將偷渡犯送至目的地——臺灣，且因其層層切割及講求隱密，匿藏幕後而不易被查獲，因此應重視集團組織犯罪，將瓦解組織性仲介集團列為偵查重點，加強仲介偷渡集團、組織偵辦，並從中發現線索，逆向追查。偷渡集團之嫌犯包括直接或間接獲取金錢或其他利益，協助偷渡犯非法入出境之犯罪嫌疑人，組織成員之角色分別有仲介、蛇頭、藏匿、運輸、雇主及其他等 6 項，說明如下：

1. 仲介：指在非法入出國犯罪行為中，擔任偷渡犯與蛇頭間之居間人。
2. 蛇頭：指利用船舶、航空器或其他運輸工具，非法運送人民進出臺灣地區之犯罪組織主持人。
3. 藏匿：指提供偷渡犯藏身處所之人。
4. 運輸：指受僱以交通工具載運偷渡犯之人。
5. 雇主：指僱用偷渡犯從事工作之人。
6. 其他：無法歸類於仲介、蛇頭、藏匿、運輸、雇主之其他嫌犯均屬之。

海巡署近年來查獲大陸偷渡犯於 2003 年達到最高峰計有 1,299 人，其後依序遞減，及至 2012 年查獲 13 人、2013 年 33 人、2014 年 46 人，兩岸政府的努力對仲介偷渡集團產生相當嚇阻效果，有下列因素可說明大陸偷渡犯減少原因：

1. 中國大陸沿岸嚴打嚴查，及地區經濟成長快速與內地工作機會大量增加；

2. 我國強化查緝作為、大幅提高刑度並對涉案船筏處以停航、廢止有關證照之處分及沒入船舶等相關規定；

3. 我國於 2008 年政黨第 2 次輪替後，政府對於兩岸交流採取積極開放態度，隨著「陸客來臺觀光」、「直航包機」、「大三通」與「陸客自由行」等政策實施，大陸人民來臺管道日趨暢通及多樣；

4. 再加上中國大陸經濟起飛，大陸偷渡客人數銳減。

此時，越南偷渡客透過仲介集團安排，取道中國大陸並使用大陸漁船，自廣東、福建等沿海漁港偷渡至我國之案例卻逐漸取而代之[17]。渠等以每人 5,000 元美金之代價，接受人蛇仲介集團安排，自越南循陸路通過中越邊境到達廣東後，集資購買大陸木質漁船並出海航向臺灣，預備到達臺灣近海後，伺機偷渡上岸。另一偷渡模式則自中國大陸沿海搭乘漁船，行使至公海後再轉搭臺灣漁船偷渡來臺。以 2008 年 6 月 5 日年發生 9 名越南人士偷渡來臺案件為例，渠等因大陸距離臺灣地理位置較近，在降低偷渡成本之下，先行前往大陸搭乘已安排好之漁船後，再偷渡來臺，考量距離、金錢、時間及海上航行安全等因素後，決定採取越南—廣東—臺灣這一路線，直接穿越臺灣海峽來臺，在苗栗縣通霄附近海域上岸。[18]此一現象造成近年來查獲外

---

[17] 同註 5，頁。

[18] 此一現象未見減緩，2014 年 11 月 6 日海巡署第三（桃竹）巡防區南寮雷達於新竹外海 8 浬發現可疑目標，即分別通報第十二（新竹）海巡隊及二四大隊實施追蹤查察及勤務佈署，成功於新豐外海 4.5 浬處成功攔截乙艘大陸木殼船，查獲 32 名越南籍偷渡犯（29 男、3 女）窩擠在破舊甲板上，船艙底層滲水情況危急，台中海巡隊 10035 艇前往取締並協助救援，偵防查緝隊、新竹、桃園查緝隊及岸巡第二三、二四大隊等協助戒護、偵訊及押解至移民署收容所進行後續處理。海巡署網頁，

國偷渡犯的人數急遽攀升，恰與大陸偷渡犯減少的現象形成強烈對比。

在防止國人偷渡出境方面，2004 年 7 月海巡署訂定《強化查緝要犯偷渡勤務指導要點》及《防逃專案勤務驗證實施要點》，全面強化查緝偷渡作為，並加強海上巡邏勤務密度、雷達偵蒐，全面嚴格安檢等各項工作，期能有效防制國人非法潛逃至中國大陸。除此之外，2006 年我國成立「查緝走私偷渡聯繫會報」平臺，由海巡署擔任秘書單位，整合各部會查緝能量，積極查緝槍、毒、走私、非法入出國等犯罪。在海上偷渡的偵查工作上，精益求精，尤其在與對岸之偵查合作上，已逐漸建立通案標準作業程序或制度化聯繫協調窗口，結合兩岸執法能量，有效處理海上偷渡犯罪事件。當前防制海上偷渡之偵查重點工作如下[19]：

1. 透過 2009 年簽署之《海峽兩岸共同打擊犯罪及司法互助協議》，建立偵查合作模式，進行偷渡犯罪情資交流與管制，強化通報機制與案件進度掌握，務期在有限的犯罪線索當中，掌握潛在犯罪活動，並進而加以追緝。

2. 對於臺灣遼闊的海域地理環境，除增補對應之岸巡人力外，更應注重查緝系統整體能量之提升，包含查緝人員專長訓練、偵辦案件經驗傳承、查緝體系士氣維護以及情報查緝體系幹部應具備情報或偵查犯罪專長等。

3. 高科技裝備的研置亦不可或缺，應當精進雷情傳遞運用，加強相關動態偵測與資料蒐集，目前已建構岸際雷達系統，全天候掌握海面即時動態資訊，並可針對來自海上威脅，發揮

http://www.cga.gov.tw/GipOpen/wSite/public/Data/f1432285477976.pdf。瀏覽日期：2015 年 11 月 15 日。
[19] 同註 17。

早期預警功能。又如船位自動回報系統、先導型海岸監控系統、低光度影像設備等，均可做為協助查緝海上犯罪之利器，建議持續強化人員裝備整建，以提升執法效能。

二、機場偷渡

自美國九一一恐怖事件發生之後，各國莫不重視機場航空安全，尤其是境外恐怖分子藉由機場偷渡管道非法入境是各國嚴密防範的重要議題。在一項機場偷渡的實證研究中，李權龍（2008）發現，以往的偷渡事件，多由「陸路」或「海路」進行，但隨著時代變遷，新穎的「空路」手法，除了提供安全、迅速的交通，並擁有以合法掩護非法犯罪之優勢，成功率大幅提高，使得偷渡行為更加猖獗囂張。該研究從相關文獻探討機場偷渡行為，並分析人蛇集團常見手法，進而導入線上即時分析處理（OLAP）架構及資料探勘（data mining）的技術，針對機場偷渡行為以及查緝人員實務上之需求，進行資料探勘分析[20]。其重要發現如下：

1. 東南亞偷渡客（如印尼、菲律賓等國）喜歡持用自己國籍護照偷渡，且在目的國選擇上有其特定喜好。
2. 人蛇集團在臺安排偷渡活動的特性有:(1)一個擁有愈多連結的特定航班，代表多個抵臺的航班會在同一個時間內往此航班移動，可以提供查緝人員擬定查緝策略，於特定航班組合的到、離臺登機門沿線，搜尋於機場管制區游移的外國偷渡客;(2)抵臺及離臺航班屬於一個公司或代理公司會增加人蛇

---

[20] 李權龍，《機場偷渡犯罪分析之資料探勘應用》，（新竹：國立交通大學管理學院資訊管理學程碩士論文，97 年 6 月），頁 1。

集團喜好度，且若抵離臺航班屬於同一航廈登機，也會增加人蛇集團的選擇；(3)以往偷渡犯經由臺灣飛往美、加拿大、日本等三國的情形較多，在「航空代理公司」部分，也呈現集中在主要負責這些航線的三個公司，此一情形對於人蛇集團是否已買通該特定航空代理公司地勤人員持保留態度；(4)國外特定、連結航線多的機場，可能已有多組國際性的人蛇集團在當地營運；(5)偷渡行為除了以經濟為主要的因素外，國家曾被殖民之歷史背景亦為考量之重點；（6）特定國籍的偷渡客在選擇假證件時，對於同文同種之國籍證件有其優先考量，其次才是該國之經濟背景。

3. 該研究以分群演算法對於偷渡客犯罪手法以及目的地機場趨勢分析如下：(1)在偷渡手法分析結果得知，以大陸籍偷渡客為主要成員，原因是大陸占地理位置、航班時段之趨勢，進行偷渡較有效率，選擇「海路」、「空路」之搭配較有彈性，與其他不同族群偷渡客所持用的證件種類與偽變造手法皆有明顯差異，可說明偷渡行為可能分屬不同的人蛇集團所安排。(2)不同群集之偷渡客選擇偷渡目的地有其語言、文化之差異，例如：菲律賓與大陸籍偷渡客就南轅北轍。不過，從整體來看，各國偷渡客採行偷渡之手法、路線不同，難以令人察覺出各國人蛇集團在臺有跨國合作之情形。

4. 研究發現，特定的偷渡行為集中在機場旅客運量高峰期，搭配經濟及失業率數據尚不足以完整解釋偷渡人數之成長趨勢，仍需搭配偷渡目的國之歷史、語言、文化、社會福利制度等因素，分析效益才會顯著。

　　未來在資料探勘技術運用在機場偷渡犯罪偵查方面，該研究也提出三項建議：

1. 運用文字探勘處理龐大筆錄資料：由於偷渡犯移送至司法機關，查緝人員軍需製作筆錄，而筆錄內容除詳細記錄犯罪者之身分資料、犯罪之過程、法律適用等，是極佳之探勘寶庫，資料分析人員可利用文字辨識軟體加上文字探勘方式，將過去之筆錄資料進行建檔，轉入以架構好之資料倉儲系統，輔助決策人員制定勤務政策。次外，網路上媒體所報導之偷渡新聞事件，亦可採用文字探勘方法加上事件等級，給予不同的權重，例如：經濟景氣、移民政策等，建立檢索資料庫，以供作為偷渡趨勢之參考。

2. 研究犯罪手法等細節，輔助查緝決策：機場偷渡有別於陸、海路偷渡，皆以合法交通工具掩護非法行為，故證件查驗是整個查緝作為中最重要的一環，可從旅客所持有之證件決定旅客之意圖及身分。但在臺入出境或轉機的外國旅客眾多，所持有之護照種類及防偽功能設計亦不一，在現今偷渡手法愈來愈多變的情況下，查緝人員很難對所有犯罪手法和證件特性都能掌握，若能將歷年查獲之犯罪否法及證件偽變造特徵等資料加入探勘分析，分析出之結果透過專家解析後，將有用之資訊歸納透過 add-in 的方式附加於現有的證照查驗系統內，可協助查緝人員以固定式主機或手持式行動設備查驗旅客身分時，輸入對方證件之國籍或所持有之證件等條件資料，系統可從輸入之條件自動判斷可能的犯罪手法，並提示查緝人員應加以注意的部分，可有效減少查緝上漏誤及查驗之時效。

3. 運用社交網路分析技術，打擊人蛇集團犯罪：以往查緝機場偷渡犯時，很難將其背後之人蛇集團其他成員揪出，也導致偷渡犯罪層出不窮。如能多加蒐集並運用各航空公司的航班

艙單（此資料會記錄來臺轉機不入出國之乘客資料）、機場通關時間（停留機場管制區之時間）等資料，以社交網路分析（social network analysis）技術，可有效過濾疑似人蛇集團成員，並了解其於組織內所扮演之角色為何？若經查證確認後，可搭配跟監、通聯記錄分析、機場區域監視錄影機資料，有效鎖定人蛇集團成員（含航空公司人員、不肖執法人員等）犯罪之動向，將人蛇集團成員一網打盡。

貳、人口販運

人口販運活動創造巨額利潤幫助了犯罪組織的擴張，也引發更多的犯罪和暴力，成為全球安全的巨大威脅。此種最原始的犯罪，因其利潤高、風險低，已成為世界上增長最快的犯罪行業，據悉有一些亞洲國家販毒集團，已放棄偷運毒品，改為販運婦女兒童。通常窮人、教育程度低的女子容易成為被害人，被害人通常是販運者的朋友及親戚，很多年輕女性變成家庭幫傭、娼妓或被迫結婚，但人口販運的範疇並非只僅局限於性產業，這項成長中的跨國境犯罪也包括了非自願苦役，男性被害人大多被強迫勞工，嚴重地違反世界的勞工、公共衛生，以及人權指標。

當前人口販運之特色為跨國犯罪手法多樣化，例如：非法勞務輸出、非法出入境、非法收養、跨國婚姻、組織旅遊、傳教和網路等，有些契約關係從偷渡開始，後來變成人口販運。因人口販運常與國際犯罪集團有關而呈現國際化與跨國化，但其組織更加嚴密、分工更加精細。為能成功完成販運，犯罪集團需要販運人口的提供、偽造文件（含護照及簽證）、藏身處、周全的交通聯繫、具備網路名片行銷和洗錢的人頭公司等人際網路的支持，

販運集團內的分工也包含投資者、招募者、運送者、貪腐的政府官員或保護者、線民、領隊和船員、管理人、收債人等 8 種角色。除此之外，公寓及建築公司老闆、計程車司機、卡車司機或老闆、酒吧及飯店侍者、會計師、律師、銀行行員、網路服務供應商等從事合法經濟活動的人都有可能是人口販運的幫兇。如此看似複雜的分工其實反映了合法商業的貿易模式，且各大洲的販運者通常互有關聯，美國喬治麥遜大學恐怖主義、跨國犯罪及貪腐中心的創辦人 Louise Shelly 教授即依美國人口販運的模式與各大洲的關聯做出下列分類[21]：

（一）超級市場模式：此一類型主要發生在美國和墨西哥之間。特色為人口販運數量大、販運的進入成本低，獲利高低憑藉運送的人口數量。因為只在乎數量，不在乎人，所以死亡率很高，很多是勞力剝削，但也有性剝削。美國近年來加強邊境安全管制措施，導致販運成本增加，人口販運和貪腐、武器及毒品交易有關，許多販毒集團轉而從事人口販運。

（二）自然資源模式：此一類型主要是從前蘇聯國家販運到美國。把女性當成木材及石油般販賣，不在乎販運人口的未來。由於不須仰賴過去的受害者招攬新的人，受害者的人權受到嚴重侵害，利潤通常移轉到海外。

（三）貿易發展模式：此一類型主要是從中國販運到世界各地。依據對被害人及其家庭的了解來招聘，多數受害人是男性，但也有少部分女性，販運採取一條龍的整合方式，利

---

[21] Louise Shelly，2015 年 7 月 29 日。〈人口販運國際性發展之探討及防制策略〉，2015 防制人口販運國際工作坊，台北：內政部移民署。

潤最高。販運的利潤透過地下管道洗錢回中國，影響中國的形象。

（四）皮條客模式：此一類型主要在美國境內販運。被害人通常是青少年，透過彼此常合作的小型個體企業形成鬆散的網絡，以心理戰術和毒品操控受害者，根據美國聯邦調查局的分析，被害人被迫賣淫 7 年，每個皮條客控制的女性可能每晚至少賺 1000 美元，利潤雖豐富，但賺的錢都沒有儲蓄，形成消費高、儲蓄率低的情形。

（五）西非奴隸型：此一類型乃新形式的傳統奴隸。通常透過僑民，連結歐洲和奈及利亞的國際網絡，很多招募者過去曾經是販運的被害人，被害人獲利後，與販運集團簽約並被送回家鄉，「強制執行」販運招攬和協助的工作，也投資其他非法活動，販運集團利用相同的路線販運毒品及人口，特殊的是，販運集團以巫毒操控被害人。

（六）北非難民型：此一類型最近出現大規模販運，被害人來自撒哈拉沙漠以南之非洲國家，人民試圖逃離貧窮和戰亂，前往歐洲。死亡率是所有人口販運類型中最高，義大利新的跨國犯罪集團彼此合作，包含黑手黨、貪腐的政府官員、前右翼恐怖分子與販運集團合作，以獲得額外收入。

綜合以上 6 種人口販運類型，Louise Shelly 教授人口販運罪具有以下共同特徵：

（一）進入成本低；

（二）受害者流動性高；

（三）開發中國家的性販運受害者多為未成年，但已開發國家不是如此，美國例外；

（四）很多外國受害者的販運發生在自己種族的族群中，例如：
　　　拉丁族裔妓院，華人和亞裔則發生在同族群的社區中；
（五）勞工販運主要發生在亞洲大規模的製造業，其他地區則是
　　　建築業。

　　美國 2015 年人口販運問題報告指出[22]：臺灣是勞力剝削和性
販運受害男女及兒童被送往的目的地；雖較為少見，但也有一些
勞力剝削和性販運的被害人來自臺灣。臺灣的人口販運被害人多
數是來自印尼、菲律賓、泰國、和越南的外籍勞工，少數來自中
國大陸和柬埔寨。臺灣逾 55 萬的外籍勞工多數透過招聘機構及
仲介掮客在母國被僱用，有些招聘機構和仲介掮客是來自臺灣，
招攬這些外籍勞工來臺在農漁業、製造業、和營造業從事低技術
工作，或充當家庭看護和家庭幫傭。有些外籍勞工被收取高額的
招募費用，導致其債臺高築，仲介或僱主因此得以用債務相威
脅，以獲得或留住外勞為其勞動。有些在臺灣的外勞在被扣除需
償還的招募費用後，剩餘的所得遠低於法定最低薪資。由於家庭
幫傭和看護通常都與僱主同住，難以追蹤他們的勞動條件與生活
環境，讓他們特別容易淪為剝削的受害者。臺灣的勞力仲介經常
幫助僱主強制遣送提出申訴的「問題」外勞，以其缺額引進新的
外勞，並繼續以債務控制外勞。來自中國大陸、印尼、和越南等
地在臺灣漁船上工作的外籍勞工，無論是否登記在案，許多都有
遭到販運的跡象，如僱主未給薪或薪資給付不足、工時過長、身
體虐待、供餐不足、及生活條件惡劣。有些來自中國大陸和東南
亞國家的婦女與女童因為假結婚或不實受僱機會而受騙來臺，實

---

[22] 美國在台協會網頁，〈http://www.ait.org.tw/zh/2015-trafficking-in-persons
-report-taiwan.html〉，瀏覽日期：2015 年 11 月 15 日

則進行性販運。部分來自臺灣的男女遭到不法企業的剝削，淪為海外人口販運的受害者。有些臺灣婦女透過分類廣告的招募而到日本、澳洲、英國、和美國尋找工作機會，到了當地則被迫賣淫。

我國於 2006 年 11 月由行政院頒布「防制人口販運行動計畫」，並於 2007 年成立「行政院防制人口販運協調會報」，由移民署負責整合各部會資源，積極協調落實推動人口販運防制工作。2009 年 1 月《人口販運防制法》完成立法，同年 6 月施行，該法訂定對加害人從重處罰及提供被害人保護協助之規定，使我國防制人口販運工作獲得良好成效，自 2010 年起已連續 6 年獲美國國務院人口販運問題報告評等為第 1 級國家，顯示我國在推動防制人口販運的整體作為持續獲得國際社會肯定。在人口販運防制工作上，我國與國際同步，目前採取 4P 面向包括查緝起訴、保護、預防以及夥伴關係執行各項工作[23]，說明如下：

（一）查緝起訴（Prosecution）：各檢察及司法警察機關指定專責單位負責統籌規劃查緝人口販運犯罪之相關業務，加強執行查緝起訴工作。

（二）保護（Protection）：落實被害人保護，提供被害人適當安置處所、生活照顧、心理輔導、醫療協助、通譯服務、法律協助、陪同偵訊、提供被害人臨時停留許可與工作許可，以及安全送返原籍國等保護措施。

（三）預防（Prevention）：透過媒體及活動宣導等多元管道，以增進民眾對防制人口販運內涵及工作之了解；每年並持

---

[23] 移民署網頁，〈https://www.immigration.gov.tw/ct.asp?xItem=1090261&CtNode=31435&mp=1〉。瀏覽日期：2015 年 11 月 15 日。

續辦理跨部會防制人口販運通識教育訓練及防制人口販運研習營，以強化第一線實務工作人員之專業知能及辦案能力。

（四）夥伴關係（Partnership）：辦理「防制人口販運國際工作坊」，邀請各相關國家官方及國際非政府組織（NGO）專家學者共同與會，以汲取他國防制人口販運新知與訊息，並納入 NGO 力量，與國際社會接軌，同時與相關國家簽訂《移民事務與防制人口販運合作了解備忘錄（MOU）》，強化國際夥伴合作關係。

雖說我國防制人口販運成效卓著，美國國務院於 2015 年人口販運問題報告中，對我國提升人口販運工作成效提出以下建議[24]：

（一）以防制人口販運立法為本，增加對人口販運罪犯的起訴和定罪；使用新建立的程序積極調查並起訴涉嫌在遠洋漁船上虐待或販運漁工的臺灣船公司或臺灣籍漁船；

（二）藉由簡化直接聘僱外籍勞工的程序，以及向大眾推廣直接聘僱聯合服務中心，進一步減少外籍勞工被仲介剝削的情況，其中包括臺灣的招募機構和僱主；

（三）在臺灣的執法與司法部門中指定防制人口販運的專責訓練人員，以提升防制人口販運的訓練成效，以及縮小檢察官和法官對人口販運犯罪的認知落差；確保人口販運罪犯得到夠嚴厲的刑罰；建立系統化的資訊共享程序，以進一步強化打擊人口販運的跨部會合作；解析案件情報，確保被舉報的販運案件皆獲得正確的判別；

---

[24] 同註 22。

（四）強制規定海外派駐單位接受人口販運防制訓練；積極落實
　　　資訊共享的合作備忘錄，包括那些犯下兒童性剝削罪名的
　　　個人旅遊紀錄；

（五）將家庭看護和幫傭納入基本勞工權益的保障範圍；

（六）持續提升公眾對於各種形式人口販運的認識。

　　我國政府將持續在執法、司法、外交、勞動平權上力求改善，
提高社會各階層對於人口販運的認識，以求降低人口販運案件發
生。另外一方面，人口販運議題卻在國際上受到更大的矚目。2015
年8月29日71位難民被發現集體窒息在奧地利公路的一輛廂型
車裡，幾天後，9月2日3歲敘利亞男孩Alan Kurdi與其他家人
被發現溺斃在土耳其海邊，其屍體趴臥在海邊遭海浪無情拍打的
畫面經由媒體放送震撼了全球。當奧地利慘案發生，奧地利和匈
牙利當局合作逮捕了3名保加利亞籍和1名阿富汗籍嫌犯，但奧
地利警方坦承，那些在奧地利被逮捕的嫌犯都是低階的執行人
員，並非販運集團幕後的老闆，歐洲與北非的跨國區域合作，其
重要性顯得非常急迫。本文即以當前歐盟各國戮力打擊人口販運
之偵查策略與方向，提供國內各司法警察機關參考：

（一）加強社群媒體監控、瓦解組織犯罪：歐洲各國的警察將原本
　　　針對恐怖分子的社群媒體（social media）監控範圍擴大到人
　　　口販運分子（traffickers）。他們在網路上搜尋人口販運集團
　　　散佈的廣告訊息，執法人員驚訝地發現，許多集團過去從事
　　　毒品走私，現在紛紛轉向走私北非移民或難民至歐洲，這些
　　　犯罪組織從逃離戰亂的敘利亞、伊拉克和阿富汗難民中獲得
　　　暴利，但其組織運作仍讓外界難以一窺究竟。由於偷渡人口
　　　帶來的龐大利益，已與走私毒品和黑市軍火的利潤相當，吸
　　　引了許多犯罪組織加入爭奪的行列。歐洲警察組織（Europol）

主席 Rob Wainwright 於 2015 年 9 月接受一家愛爾蘭電臺訪問時強調，預估有 3 萬名犯罪集團成員涉入人口走私，多數集團成員是合法經濟活動的幫兇（facilitators），而目前歐洲警察組織在調查 1400 件人口販運的案子。在利比亞，走私集團可自一艘擠滿 150 位非法移民的手中賺取 15 萬美金，有些木製拖網漁船可搭載的人數甚至是一倍 300 人。[25]

（二）加強打擊電腦與洗錢犯罪：人口販運集團也利用網站、即時通訊軟體（如 Line、App、微信）、電子郵件、社群網站等新型態通訊科技招攬被害人以及性剝削和勞力剝削的買主。由於網路的隱匿性，真偽難辨，電腦助長兒童色情影像、兒童性觀光及性人口販運的成長，也有專門廣告女性性交交易的網站，戀童癖或者買春者透過電匯、西聯匯款以及信用卡與網路掛勾。調查人員必須加強已執行之調查工作，透過網路搜尋，尋找人口販運可能加害人，並透過跨國合作分享網路犯罪情資，進一步展開偵查與犯罪證據之保存[26]。比起其他組織犯罪，例如：毒品走私，執法單位追蹤人口販運集團的獲利較不成功，沒收充公的亦有限，所以販運集團有暴利可圖。

（三）加強各國情報蒐集與分享：2015 年 5 月維基解密揭露一份 10 頁的機密文件，歐盟各國的警察首長警告政治領袖，「打擊走私集團最需要的是情報，包括走私的商業運作模

---

[25] 美國之音，2015 年 9 月 8 日，〈Europe's Migration Crisis a Boon for Organized Crime〉，〈http://www.voanews.com/content/europe-migration-crisis-a-boon -for-organized-crime/2952482.html〉，瀏覽日期：2015 年 11 月 15 日。

[26] 李相臣，2015 年 7 月 29 日，〈我國查處網路犯罪面臨的挑戰及解決—從人口販運性剝削之角度談起〉，2015 防制人口販運國際工作坊，台北：內政部移民署。

式、金流、走私路徑、上岸地點、犯罪工具和歹徒的身分」。歐洲各國應該加強情報交流，並針對走私集團的組織網絡進行全面監控，尤其應該與中東和北非的第三國加強情報合作，以瓦解集團組織，並儘速起訴和凍結犯罪所得的資產。歐盟自 2015 年 7 月開始加強地中海的軍事任務，藉以打擊人口販運組織，許多情報蒐集的工作也緊鑼密鼓的展開，做為打擊利比亞沿岸人口販運船隻的依據，但是釐清犯罪組織的全般網絡確實極為困難，尤其是帶領敘利亞難民經由陸路土耳其進入歐洲，和那些安排難民跨越地中海進入歐洲的犯罪組織，原本即難以分辨。販運集團的活動從最西邊的摩洛哥一直延伸到巴爾幹半島和土耳其，調查人員需要掌握非洲幾個主要輸出國的販運集團組織，更要了解操控海路自利比亞到土耳其和自土耳其到希臘的販運集團，還有當難民或移民上岸後，安排他們經由陸路前往北歐國家的販運集團。這些販運集團，集結了義大利、賽爾維亞、阿爾巴尼亞和土耳其的傳統黑道幫派，因為販運過程牽涉到地中海兩端，範圍因而更加寬闊，販運的困難度也愈高，地中海北岸情報分享的戰情室設置在義大利的西西里島（Sicily）和希臘的比雷埃夫斯港（Piraeus）。在地中海南端，涉入人口販運的犯罪組織早已行之已年，經驗豐富，組織成員散佈在非洲人口輸出的幾個主要國家，包括查德、馬利、索馬利亞、奈及利亞、尼日、厄利垂亞、甘比亞、迦納和賽納加爾等國，由幕後義大利黑手黨大老闆操控，在販運的路線中，必須分階段賄賂當地的幫派首領和政府官員，就像美墨邊界的販毒集團。當敘利亞發生內戰後，敘利亞的警察和海巡均無力打擊人口販運

集團，尤其缺乏偵查資源和人力。敘利亞的海巡發現，義大利的漁船會駛近敘利亞海邊，協助販運船隻導引航路，通訊監察組織成員的電話亦發現義大利的罪犯與販運集團共同合作，其模式就像過去以石油交換威士忌酒的方法。人口販運成員也透過已經抵達歐洲的難民建立人際網路，2015 年 6 月義大利警方逮捕 44 名黑手黨成員和政府公務員，控告他們協助人口販運，從一開始的難民營登記，逐步到經營難民營，最後安置這些難民前往義大利各地的城鎮和村落。警方也控告黑手黨強迫難民女子賣淫，更令人擔心的是 2015 年有 5000 名難民兒童消失，人權團體擔心這些兒童會被販運至犯罪深淵，遭強迫性剝削或勞力剝削[27]。

參、非法移民

非法移民，是指非本國公民透過非法的方式跨越邊境的「移民」，泛指一個人在不具備目的國法律允許的前提下居住，生活以及工作，除了包括那些以非法管道進入的偷渡客，也包括那些以合法管道進入然後「不知去向」的人。一般來說，非法移民從事低下工作，收入比本地人低，但這低收入也遠比他們本國收入要高很多。男性多數從事苦力工作，有手藝技能的人以自己的手工藝品非法擺賣來謀生，部分人無法謀生而選擇偷盜或搶劫，也有以同鄉組成的黑社會團體；女性多數是從事性工作。[28]

---

[27] 同註 23。

[28] 經濟學人，2014 年 11 月 24 日，〈非法移民問題，重點不在邊界〉，〈http://www.cw.com.tw/article/article.action?id=5062596〉。瀏覽日期：2015

學者汪毓瑋（2007）從非法移民案例中，歸納出非法移民具有以下特色[29]：

（一）大部分的非法移民是犯罪集團所控制；

（二）大部分的非法移民均是向有錢的西方國家移動；

（三）大部分的非法移民造成被束縛的勞工與事實上的奴隸；

（四）非法移民對於目的地國家造成薪資壓低與工作條件變差；

（五）大部分非法移民是由於貧窮與面對不能忍受之條件，而離開原先居住的國家；

（六）有相當比例的非法移民，涉及了綁架與強迫剝削，特別是婦女與兒童；

（七）非法移民造成目的國之犯罪率升高；

（八）在國際性之非法移民行動中，中國幫會常扮演重要角色。

　　由於臺灣地區地狹人稠，容納外來移民之能力原本即有一定之飽和度，且當前我國外籍勞工人數約 58 萬 6 千人，外籍配偶將近 51 萬人，共計已超過 100 萬人，約占全國總人口數的 4.7%，呈現逐年遞增的現象，外籍勞工與配偶的管理在我國防制非法移民的問題上顯得格外重要。

　　現階段與外籍勞工有關的政府機構，約可分為管理（勞動部）、健康（健檢指定醫院）與治安（移民及警察機關）三大部分。外籍勞工管理相關法令主要為：《就業服務法》、《就業服務法施行細則》、《雇主聘僱外國人許可及管理辦法》。依據《就業服務法》所制定的《外國人聘僱許可及管理辦法》，對外籍勞工的聘僱與工作設置了多重限制與檢查，主要是為了防止藍領外勞

年 11 月 15 日。

[29] 汪毓瑋，〈人口移動與移民控制政策之研究〉，《中央警察大學國境警察學報》，第 8 期，2007 年 6 月，頁 14。

變相移民，其中，第 24 條規定受聘僱外國人不得有下列情形：
（一）攜眷居留。（二）工作專長與原申請許可之工作不符。（三）
未依規定期限接受雇主安排之健康檢查。（四）受聘雇期間結婚。
（五）其他據以取得聘僱許可之文件或事實有虛偽。上述規定皆
以防堵藍領外勞成為長期居留移民之可能。[30]

　　目前臺灣招募外籍勞工的方式有三種：一、逕洽各國駐華機
構，按照各國的規定自行引進。二、委託勞動部許可的國內人力
仲介公司代為招募。三、委由勞動部許可的外國人力仲介公司代
為招募。由於引進過程中的業務繁雜，導致雇主基於交易成本或
是其他因素考量，寧願請仲介公司代為引進外勞，而不願意利用
其他管道。因此，就市場的需求面而言，可以說是法令規章提供
了仲介業成立的基礎和進入市場的機會結構。值得注意的是，從
引進外勞的作業流程中發現，外勞仲介所能提供外勞雇主在申
辦、取得核准名額、下單給海外勞工招募公司、安排廠商海外挑
工以及後續的外勞入境接機與體檢等手續服務，甚至提供廠商定
期的外勞輔導建議。也就是說，引進外勞的流程冗長且相當繁雜
的制度設計中，不僅取得外勞配額的雇主尋求外勞仲介代辦的機
會，而且希望來臺工作的外籍勞工也必須在仲介公司取得就業機
會，位於中間者的仲介公司有其可觀的營收利益，為了爭取廠商
的委託，不僅是對廠商的回饋金或是其他方式紛紛出籠。基本
上，外勞仲介的廣大利基也是來自於外勞引進流程的繁雜。[31]

---

[30] 康月綾，2010。〈外籍家庭看護工在台灣生活適應情形之研究—以印尼看
護工為例〉，《國立臺中教育大學區域與社會發展學系碩士論文》，頁
12-13。

[31] 朱蓓蕾，2005 年 4 月 13 日，〈外籍勞工與配偶管理問題之探討〉，財團
法人國家政策研究基金會國政研究報告，內政（研）094-003 號。

根據國內學者張添童（2010）研究訪談發現，外籍勞工發生行方不明之主要單項原因依序為：（一）無法轉換雇主、（二）即將被要求回國、（三）雇主或仲介恐嚇要遣送回國、（四）到外面工作賺的錢比較多、（五）工作量太大、（六）工作壓力太大、（七）假日無法放假、（八）每天工作時間太長、（九）睡眠時間不足、（十）來臺前支付之仲介費太高[32]。

　　當前我國警察機關查緝非法外勞實務上亦面臨一些困難[33]：

（一）非法雇（屋）主不配合：由於非法外籍勞工以看護居多，實務上常接到 110 檢舉或民眾報案，依據《就業服務法》第 62 條[34]，只限於工作場所或可疑有外國人違法工作之場所檢查，但如果是民宅，屋主如不配合的確很為難。《就業服務法》雖然規定警察機關有檢查權，但要主管機關各縣市勞工局依據《就業服務法》第 67 條才能開單，如果警察單獨前往可能就無計可施。

（二）法令規定非法雇主處罰過輕且罰鍰額度及裁量不明確：警察機關於查獲逃逸或非法外勞時，發現其雇主會雇用之原因大多為貪圖便宜及方便的勞力，且在遭查獲時多會以不知所雇用之外勞係非法身份來回應，更有甚者，如又遇雇主消極或積極不配合，導致警察機關只能查驗身份後轉報

---

[32] 張添童，2010。〈台灣外籍勞工行蹤不明之研究〉，《逢甲大學公共政策研究所碩士論文》，頁 162-163 頁。

[33] 姚嫚翎，2015。〈我國警察查緝非法外籍勞工困境與對策之研究〉，中央警察大學。

[34] 就業服務法第 62 條：「主管機關、入出國管理機關、警察機關、海岸巡防機關或其他司法警察機關得指派人員攜帶證明文件，至外國人工作之場所或可疑有外國人違法工作之場所，實施檢查。對於前項之檢查，雇主、雇主代理人、外國人及其他有關人員不得規避、妨礙或拒絕。」

縣市政府勞工局裁罰，錯失其他可追查違反相關其他法令之機會。對於雇主處罰部分，由於雇主個別財力不盡相同，如聘僱看護工照顧自家老人者與工廠老闆聘顧外勞情況不同，兩邊比較雇主自身財力自然相差甚多，而《就業服務法》第63條「違反第四十四條或第五十七條第一款、第二款規定者，處新臺幣十五萬元以上七十五萬元以下罰鍰。」罰鍰十五萬元以上對一般家庭而言似乎過重，但對工廠老闆而言該金額可能一天就賺回來，無法達到嚇阻效果，罰鍰額度及裁量似乎還可有商討空間。

（三）國外仲介費過高及行方不明外勞處罰過輕：就其外勞逃逸根本主因還是在於錢，最重要的其實是外勞仲介問題，外勞來臺工作所需付給仲介金額仍然過高，外勞於合法引進後，如該原雇用公司遇冷淡期無法提供加班，而外勞賺不到期盼之工資以支付龐大之仲介費用，再加上外界利誘之訊息與不肖非法仲介之引誘，非法外勞大多就是在此因素下決定逃逸，惟勞動不認為係外勞母國無法有效解決該問題所致，高額仲介費問題不解決，逃逸外勞仍只會是不斷發生的問題。現行法令規定對於行蹤不明外勞所處之罰鍰往往無法落實執行，因逃逸外勞被查獲時，身上大部分都沒有多少錢，不僅無法繳納罰鍰，有時甚至遣返機票費用，申辦旅行文件費用及伙食費用都付不出來，全由我國政府埋單。逃逸問題仍舊無法解決。

為能有效解仲介費過高所造成的問題，勞動部已建置完成「直接聘僱跨國選工管理服務網路系統」，透過網路與外籍勞工來源國人力資料庫結合，提供雇主線上直接選工機制，使雇主可透過該系統選擇合適之外籍勞工以直接聘僱方式引進。雇主如採

直接聘僱方式聘僱外籍勞工，即可免除外籍勞工所負擔之國外仲介費用及避免遭受國外仲介剝削。目前泰國已配合陸續匯入泰國勞工資料至選工系統，勞動部將持續透過雙邊聯繫管道或勞務合作會議，促請各外籍勞工來源國配合直接聘僱之推動，協助外籍勞工可透過雇主以直接聘僱方式引進來臺工作，以保障外籍勞工權益。另勞動部刻正辦理「外籍勞工申審業務系統 web 化建置案」，期透過簡化申請書表，以系統逕行勾稽相關資料，減少應備文件，提高行政效能及達便民服務之目標，提高雇主直接聘僱外籍勞工意願。同時，為減少非法媒介情事，勞動部刻修正就業服務法相關規定，對於仲介機構違反就業服務法第 45 條規定，加重罰則為 30 萬元以上 150 萬元以下罰鍰，5 年內再違反者，處 5 年以下有期徒刑、拘役或科或併科 240 萬元以下罰金；另將以案計罰改採為以人數計罰，以遏止非法媒介之情事，行政院 2014 年 7 月 11 日函送就業服務法部分條文修正草案送請立法院審議，將持續推動該修正草案通過施行。家事勞工保障法草案亦已函請行政院審查，惟因相關法案配套措施尚未健全，且需兼顧勞雇雙方權益衡平及務實可行，尚持續溝通中。在該法立法程序未完成前，勞動部研議將工資等重要勞動條件納入契約之可行性，以保障渠等勞工之權益。此外，勞動部研商訂定《我國境外僱用外來船員之遠洋漁船涉嫌違反人口販運防制法爭議訊息受理通報及後續處理標準作業》，以保障外籍漁工權益。外籍船員已成為我國不可或缺之漁業勞動力來源，特別是我國的船主與船長除與外籍船員為僱傭關係外，外籍船員亦為海上工作的重要夥伴，漁船海上作業確實較陸上工作或商船船員辛苦，我國船員與外籍船員工作環境相同，將持續宣導我漁民應以同理心對待外籍船員，並包容彼此文化差異，對於外界質疑勞力剝削或人口販運等

案件，接獲相關事證後，依程序移送司法機關偵辦，以杜絕不法情事[35]。

我國外籍配偶管理相關法規，概分為二類即：外籍配偶與大陸配偶。在外籍配偶方面，主要依據《入出國及移民法》、《國籍法》、《外國人停留居留及永久居留辦法》、《外國人臨時入國許可辦法》等。在大陸配偶方面，則主要是依據《臺灣地區及大陸地區人民關係條例》（以下簡稱《兩岸人民關係條例》）。至於外籍配偶安全管理機構方面，在大陸配偶部分，大陸地區人民安全管理機制的政策指導機關為國家安全會議、行政院大陸委員會（以下簡稱陸委會）及國家安全局等三個機關。辦理兩岸人民交流事宜的，乃是移民署；而兩岸民間交流中，涉及公權力而不便由政府出面處理的事務，由「財團法人海峽交流基金會」（以下簡稱海基會），受政府委託辦理。而外籍配偶的入出境乃由移民署負責辦理，治安管理部分為居留地的警察機關及各直轄市、縣市由移民署設置之專勤事務隊，取得身分證後由居留地的戶政機關來進行戶籍之登記。[36]

以大陸配偶為例，在移民署設立之前，大陸配偶來臺管理分散為四個體系，由海基會辦理公證書驗證、境管局辦理入出境、警政署辦理查察管理、戶政系統處理戶政登記業務。由於上述四大系統欠缺資訊整合及聯結的平臺，致使大陸配偶來臺後的安全管理產生缺失。以警政署為例，既往（2007 年 1 月 1 日前）在辦理查察管理方面，各縣市警察局均有成立陸務課，專責有關大陸地區人民合法及非法入境所牽涉之不法情事，其執掌業務內容如

---

[35] 內政部移民署，2015 年 4 月。〈2014 年防制人口販運成效報告〉。https://www.immigration.gov.tw/public/Data/5791432071.pdf

[36] 同註 31。

下：查緝大陸偷渡犯及合法入境非法打工業務。大陸地區人民合法入境逾期停留，催離、遣送業務。大陸地區人民合法入境行方不明協尋及撤銷協尋業務。大陸地區人民及港澳居民：持用偽、變造證件入出境案件之查處。持用大陸不實証書偽冒親屬關係矇混入境之查處。以虛偽結婚方入境案件之查處。來臺從事賣淫工作案件之查處。來臺違反其他法令案件之查處。兩岸大陸事務交流業務涉及警察事務。後則移撥交由移民署辦理。而以往大陸地區人民入境後，境管局機場服務站均影印其旅行證及 E/D 卡通知各相關縣市警察局轉知該轄區。入境之大陸地區人民，則應於十五日內至當地派出所申報流動人口，比照「一種戶」查察，以針對進行入境後之行蹤與狀況，實施後續追蹤與通報，期能加強監控，預防不法。戶口查察以往是警察工作最重要的項目之一，對於地方上人、事、地之狀況，均能確實了解掌握，是維護地方治安的基本工作；而依據現在之情形，則由移民署各縣市專勤事務大隊進行查察、定期訪談之勤務，在加強行政管理上已經具備一定程度之效能[37]。

為防範大陸配偶以合法掩護非法來臺從事與許可目的不相符的活動，自 2004 年 3 月 1 日由內政部公布《大陸地區人民申請進入臺灣地區面談管理辦法》，由移民署受理審查，實施全面性的面談機制。本辦法在 2009 年 8 月 20 日由內政部臺內移字第 0980916011 號令修正發布全文 17 條；並自發布日施行。依據《大陸地區人民申請進入臺灣地區面談管理辦法》第 4 條規定：「入出國及移民署受理大陸地區人民申請進入臺灣地區團聚、居留或定居案件時，應於受理申請後一個月內，訪查申請人之臺灣地區

---

[37] 同註 31。

配偶或親屬之家庭、身心、經濟等狀況,供作為審核申請案之依據。(第 1 項)申請人之臺灣地區配偶或親屬在臺灣地區者,經審認有進行訪談之必要時,入出國及移民署應以書面通知其臺灣地區配偶或親屬接受訪談。(第 2 項)」而如經面談結果,移民署認為有依法應不予許可之事項者,即應採取相關之措施;其主要乃依據該辦法第 14 條之規定:「大陸地區人民有下列情形之一者,其申請案不予許可;已許可者,應撤銷或廢止其許可」[38],對於大陸配偶虛假結婚來臺非法移民的情形產生嚇阻效果:

(一)無正當理由拒絕接受或未通過面談。

(二)申請人、依親對象無同居之事實或說詞有重大瑕疵。

(三)面談時發現疑似有串證之虞,不聽制止。

(四)無積極事證足認其婚姻為真實。

(五)經查有影響國家安全、社會安定之虞。」

第四節　結語

　　我國是一個海島國家,四面環海,雖與他國無陸地相連得以減少邊界偷渡的情形,卻面臨「海路」及「空路」非法入境與偷渡,以及日益嚴重之人口販運和非法移民的問題。本研究以「不正常人口移動」為名,即期待我國政府能以「國土安全」、「國境管理」之架構,有效整合中央各部會治安機關,包含行政院海

---

[38] 同註 31。

岸巡防署、內政部警政署、移民署、法務部調查局以及就業服務法主管機關─中央勞動部與各縣市政府等,以一個較為宏觀之角度檢視目前我國現況與各治安機關查緝所面臨之問題。

　　未來在查緝工作上,政府應嚴打犯罪嫌疑人成員達 3 人以上具有組織性、集團性之人口犯罪集團為主軸;針對人口販運集團、非法工作可能藏匿或外來人口被僱用之地點,不定期規劃勤務執行掃蕩工作,擴大查緝成效,展現政府打擊人口販運之決心;並有效運用現有之《海峽兩岸共同打擊犯罪及司法互助協議》、臺美《強化預防及打擊重大犯罪合作協定(PCSC)》及臺美《防制人口走私販運之資訊傳布與交換了解備忘錄》等合作平臺,加強「不正常人口移動」犯罪情資交換及協查,以增進跨境案件偵查合作效益。同時,應持續辦理第一線工作人員及各專業領域人員之能力建構與訓練,並於執法人員專業訓練時納入實務案例研討及強化服務技巧與敏感度等課程,務使執法人員更能掌握是類案件於文化上之多元性及特殊性,有效嚇阻並降低「不正常人口移動」對我國國土安全以及國境管理之傷害,以維護我國社會治安之衡平與穩定。

附件

名稱	條文	內容
國家安全法	第4條	警察或海岸巡防機關於必要時,對左列人員、物品及運輸工具,得依其職權實施檢查: 一、入出境之旅客及其所攜帶之物件。 二、入出境之船舶、航空器或其他運輸工具。 三、航行境內之船筏、航空器及其客貨。 四、前二款運輸工具之船員、機員、漁民或其他從業人員及其所攜帶之物件。 對前項之檢查,執行機關於必要時,得報請行政院指定國防部命令所屬單位協助執行之。
	第6條	無正當理由拒絕或逃避依第四條規定所實施之檢查者,處六月以下有期徒刑、拘役或科或併科新臺幣一萬五千元以下罰金。
刑事訴訟法	第75條	被告經合法傳喚,無正當理由不到場者,得拘提之。
	第76條	被告犯罪嫌疑重大,而有左列情形之一者,得不經傳喚逕行拘提: 一、無一定之住、居所者。 二、逃亡或有事實足認為有逃亡之虞者。 三、有事實足認為有湮滅、偽造、變造證據或勾串共犯或證人之虞者。 四、所犯為死刑、無期徒刑或最輕本刑為五年以上有期徒刑之罪者。
	第77條	拘提被告,應用拘票。 拘票,應記載左列事項: 一、被告之姓名、性別、年齡、籍貫及住、居所。但年齡、籍貫、住、居所不明者,得免記載。 二、案由。 三、拘提之理由。 四、應解送之處所。 第七十一條第三項及第四項之規定,於拘票準用之。
	第78條	拘提,由司法警察或司法警察官執行,並得限制其執行之期間。 拘票得作數通,分交數人各別執行。

名稱	條文	內容
刑事訴訟法	第79條	拘票應備二聯,執行拘提時,應以一聯交被告或其家屬。
	第80條	執行拘提後,應於拘票記載執行之處所及年、月、日、時;如不能執行者,記載其事由,由執行人簽名,提出於命拘提之公務員。
	第81條	司法警察或司法警察官於必要時,得於管轄區域外執行拘提,或請求該地之司法警察官執行。
	第82條	審判長或檢察官得開具拘票應記載之事項,囑託被告所在地之檢察官拘提被告;如被告不在該地者,受託檢察官得轉囑託其所在地之檢察官。
	第83條	被告為現役軍人者,其拘提應以拘票知照該管長官協助執行。
	第84條	被告逃亡或藏匿者,得通緝之。
	第85條	通緝被告,應用通緝書。 通緝書,應記載左列事項: 一、被告之姓名、性別、年齡、籍貫、住、居所,及其他足資辨別之特徵。但年齡、籍貫、住、居所不明者,得免記載。 二、被訴之事實。 三、通緝之理由。 四、犯罪之日、時、處所。但日、時、處所不明者,得免記載。 五、應解送之處所。 通緝書,於偵查中由檢察長或首席檢察官簽名,審判中由法院院長簽名。
	第86條	通緝,應以通緝書通知附近或各處檢察官、司法警察機關;遇有必要時,並得登載報紙或以其他方法公告之。
	第87條	通緝經通知或公告後,檢察官、司法警察官得拘提被告或逕行逮捕之。 利害關係人,得逕行逮捕通緝之被告,送交檢察官、司法警察官,或請求檢察官、司法警察官逮捕之。 通緝於其原因消滅或已顯無必要時,應即撤銷。 撤銷通緝之通知或公告,準用前條之規定。
	第88條	現行犯,不問何人得逕行逮捕之。 犯罪在實施中或實施後即時發覺者,為現行犯。 有左列情形之一者,以現行犯論: 一、被追呼為犯罪人者。 二、因持有兇器、贓物或其他物件、或於身體、衣服等處露有犯罪痕跡,顯可疑為犯罪人者。

名稱	條文	內容
刑事訴訟法	第 88-1 條	檢察官、司法警察官或司法警察偵查犯罪,有左列情形之一而情況急迫者,得逕行拘提之: 一、因現行犯之供述,且有事實足認為共犯嫌疑重大者。 二、在執行或在押中之脫逃者。 三、有事實足認為犯罪嫌疑重大,經被盤查而逃逸者。但所犯顯係最重本刑為一年以下有期徒刑、拘役或專科罰金之罪者,不在此限。 四、所犯為死刑、無期徒刑或最輕本刑為五年以上有期徒刑之罪,嫌疑重大,有事實足認為有逃亡之虞者。 前項拘提,由檢察官親自執行時,得不用拘票;由司法警察官或司法警察執行時,以其急迫情況不及報告檢察官者為限,於執行後,應即報請檢察官簽發拘票。如檢察官不簽發拘票時,應即將被拘提人釋放。 第一百三十條及第一百三十一條第一項之規定,於第一項情形準用之。但應即報檢察官。 檢察官、司法警察官或司法警察,依第一項規定程序拘提之犯罪嫌疑人,應即告知其本人及其家屬,得選任辯護人到場。
	第 89 條	執行拘提或逮捕,應注意被告之身體及名譽。
	第 90 條	被告抗拒拘提、逮捕或脫逃者,得用強制力拘提或逮捕之。但不得逾必要之程度。
	第 91 條	拘提或因通緝逮捕之被告,應即解送指定之處所;如二十四小時內不能達到指定之處所者,應分別其命拘提或通緝者為法院或檢察官,先行解送較近之法院或檢察機關,訊問其人有無錯誤。
入出國及移民法	第 4 條	入出國者,應經內政部入出國及移民署(以下簡稱入出國及移民署)查驗;未經查驗者,不得入出國。 入出國及移民署於查驗時,得以電腦或其他科技設備,蒐集及利用入出國者之入出國紀錄。 前二項查驗時,受查驗者應備文件、查驗程序、資料蒐集與利用應遵行事項之辦法,由主管機關定之。
	第 5 條	居住臺灣地區設有戶籍國民入出國,不須申請許可。但涉及國家安全之人員,應先經其服務機關核准,始得出國。 臺灣地區無戶籍國民入國,應向入出國及移民署申請許可。 第一項但書所定人員之範圍、核准條件、程序及其他應遵行事項之辦法,分別由國家安全局、內政部、國防部、法務部、行政院海岸巡防署定之。

名稱	條文	內容
入出國及 移民法	第 6 條	國民有下列情形之一者，入出國及移民署應禁止其出國： 一、經判處有期徒刑以上之刑確定，尚未執行或執行未畢。 　　但經宣告六月以下有期徒刑或緩刑者，不在此限。 二、通緝中。 三、因案經司法或軍法機關限制出國。 四、有事實足認有妨害國家安全或社會安定之重大嫌疑。 五、涉及內亂罪、外患罪重大嫌疑。 六、涉及重大經濟犯罪或重大刑事案件嫌疑。 七、役男或尚未完成兵役義務者。但依法令得准其出國者， 　　不在此限。 八、護照、航員證、船員服務手冊或入國許可證件係不法取 　　得、偽造、變造或冒用。 九、護照、航員證、船員服務手冊或入國許可證件未依第四 　　條規定查驗。 十、依其他法律限制或禁止出國。 受保護管束人經指揮執行之少年法院法官或檢察署檢察官 核准出國者，入出國及移民署得同意其出國。 依第一項第二款規定禁止出國者，入出國及移民署於查驗發 現時應通知管轄司法警察機關處理，入國時查獲亦同；依第 一項第八款規定禁止出國者，入出國及移民署於查驗發現時 應立即逮捕，移送司法機關。 第一項第一款至第三款應禁止出國之情形，由司法、軍法機 關通知入出國及移民署；第十款情形，由各權責機關通知入 出國及移民署。 司法、軍法機關、法務部調查局或內政部警政署因偵辦第一 項第四款至第六款案件，情況急迫，得通知入出國及移民署 禁止出國，禁止出國之期間自通知時起算，不得逾二十四小 時。 除依第一項第二款或第八款規定禁止出國者，無須通知當事 人外，依第一款、第三款規定禁止出國者，入出國及移民署 經各權責機關通知後，應以書面敘明理由通知當事人；依第 十款規定限制或禁止出國者，由各權責機關通知當事人；依 第七款、第九款、第十款及前項規定禁止出國者，入出國及 移民署於查驗時，當場以書面敘明理由交付當事人，並禁止 其出國。

名稱	條文	內容
入出國及移民法	第 7 條	臺灣地區無戶籍國民有下列情形之一者，入出國及移民署應不予許可或禁止入國： 一、參加暴力或恐怖組織或其活動。 二、涉及內亂罪、外患罪重大嫌疑。 三、涉嫌重大犯罪或有犯罪習慣。 四、護照或入國許可證件係不法取得、偽造、變造或冒用。 臺灣地區無戶籍國民兼具有外國國籍，有前項各款或第十八條第一項各款規定情形之一者，入出國及移民署得不予許可或禁止入國。 第一項第三款所定重大犯罪或有犯罪習慣及前條第一項第六款所定重大經濟犯罪或重大刑事案件之認定標準，由主管機關會同法務部定之。
	第 18 條	外國人有下列情形之一者，入出國及移民署得禁止其入國： 一、未帶護照或拒不繳驗。 二、持用不法取得、偽造、變造之護照或簽證。 三、冒用護照或持用冒領之護照。 四、護照失效、應經簽證而未簽證或簽證失效。 五、申請來我國之目的作虛偽之陳述或隱瞞重要事實。 六、攜帶違禁物。 七、在我國或外國有犯罪紀錄。 八、患有足以妨害公共衛生或社會安寧之傳染病、精神疾病或其他疾病。 九、有事實足認其在我國境內無力維持生活。但依親及已有擔保之情形，不在此限。 十、持停留簽證而無回程或次一目的地之機票、船票，或未辦妥次一目的地之入國簽證。 十一、曾經被拒絕入國、限令出國或驅逐出國。 十二、曾經逾期停留、居留或非法工作。 十三、有危害我國利益、公共安全或公共秩序之虞。 十四、有妨害善良風俗之行為。 十五、有從事恐怖活動之虞。 外國政府以前項各款以外之理由，禁止我國國民進入該國者，入出國及移民署經報請主管機關會商外交部後，得以同一理由，禁止該國國民入國。 第一項第十二款之禁止入國期間，自其出國之翌日起算至少為一年，並不得逾三年。

名稱	條文	內容
入出國及移民法	第 21 條	外國人有下列情形之一者，入出國及移民署應禁止其出國： 一、經司法機關通知限制出國。 二、經財稅機關通知限制出國。 外國人因其他案件在依法查證中，經有關機關請求限制出國者，入出國及移民署得禁止其出國。 禁止出國者，入出國及移民署應以書面敘明理由，通知當事人。 前三項禁止出國之規定，於大陸地區人民、香港或澳門居民準用之。
	第 73 條	在機場、港口以交換、交付證件或其他非法方法，利用航空器、船舶或其他運輸工具運送非運送契約應載之人至我國或他國者，處五年以下有期徒刑，得併科新臺幣二百萬元以下罰金。 前項之未遂犯，罰之。
	第 74 條	違反本法未經許可入國或受禁止出國處分而出國者，處三年以下有期徒刑、拘役或科或併科新臺幣九萬元以下罰金。違反臺灣地區與大陸地區人民關係條例第十條第一項或香港澳門關係條例第十一條第一項規定，未經許可進入臺灣地區者，亦同。
	第 77 條	違反第五條第一項但書規定，未經核准而出國者，處新臺幣十萬元以上五十萬元以下罰鍰。
	第 84 條	違反第四條第一項規定，入出國未經查驗者，處新臺幣一萬元以上五萬元以下罰鍰。
入出國及移民法施行細則	第 2 條	本法所稱入出國，在國家統一前，指入出臺灣地區。
海岸巡防法	第 2 條	本法用詞定義如下： 一、臺灣地區：指臺灣、澎湖、金門、馬祖及政府統治權所及之其他地區。 二、海域：指中華民國領海及鄰接區法、中華民國專屬經濟海域及大陸礁層法規定之領海、鄰接區及專屬經濟海域。 三、海岸：指臺灣地區之海水低潮線以迄高潮線起算五百公尺以內之岸際地區及近海沙洲。 四、海岸管制區：指由國防部會同海岸巡防機關、內政部根據海防實際需要，就臺灣地區海岸範圍內劃定公告之地區。

名稱	條文	內容
海岸巡防法	第4條	巡防機關掌理下列事項：一、海岸管制區之管制及安全維護事項。二、入出港船舶或其他水上運輸工具之安全檢查事項。三、海域、海岸、河口與非通商口岸之查緝走私、防止非法入出國、執行通商口岸人員之安全檢查及其他犯罪調查事項。四、海域及海岸巡防涉外事務之協調、調查及處理事項。五、走私情報之蒐集，滲透及安全情報之調查處理事項。六、海洋事務研究發展事項。七、執行事項：（一）海上交通秩序之管制及維護事項。（二）海上救難、海洋災害救護及海上糾紛之處理事項。（三）漁業巡護及漁業資源之維護事項。（四）海洋環境保護及保育事項。八、其他有關海岸巡防之事項。 前項第五款有關海域及海岸巡防國家安全情報部分，應受國家安全局之指導、協調及支援。
	第5條	巡防機關人員執行前條事項，得行使下列職權：一、對進出通商口岸之人員、船舶、車輛或其他運輸工具及載運物品，有正當理由，認有違反安全法令之虞時，得依法實施安全檢查。二、對進出海域、海岸、河口、非通商口岸及航行領海內之船舶或其他水上運輸工具及其載運人員、物品，有正當理由，認有違法之虞時，得依法實施檢查。三、對航行海域內之船舶，有正當理由，認有違法之虞時，得命船舶出示船舶文書、航海紀錄及其他有關航海事項之資料。四、對航行海域內之船舶、其他水上運輸工具，根據船舶外觀、國籍旗幟、航行態樣、乘載人員及其他異常舉動，有正當理由，認有違法之虞時，得命船舶或其他水上運輸工具停止航行、回航，其抗不遵照者，得以武力令其配合。但武力之行使，以阻止繼續行駛為目的。五、對航行海域內之船舶或其他水上運輸工具，如有損害中華民國海域之利益及危害海域秩序行為或影響安全之虞者，得進行緊追、登臨、檢查、驅離；必要時，得予逮捕、扣押或留置。巡防機關人員執行前項職權，若有緊急需要，得要求附近船舶及人員提供協助。
	第6條	巡防機關人員行使前條所定職權，有正當理由認其有身帶物件，且有違法之虞時，得令其交驗該項物件，如經拒絕，得搜索其身體。搜索身體時，應有巡防機關人員二人以上或巡防機關人員以外之第三人在場。搜索婦女之身體，應命婦女行之。
	第7條	巡防機關人員執行第四條所定查緝走私、非法入出國事項，必要時得於最靠近進出海岸之交通道路，實施檢查。

名稱	條文	內容
海岸巡防法	第8條	巡防機關人員執行第四條所定查緝走私、非法入出國事項，遇有急迫情形時，得於管轄區域外，逕行調查犯罪嫌疑人之犯罪情形及蒐集證據，並應立即知會有關機關。
	第9條	巡防機關人員執行第四條所定查緝走私，應將查緝結果，連同緝獲私貨，移送海關處理。巡防機關人員執行第四條所定查緝走私及防止非法入出國，因而發現犯罪嫌疑者，應依法移送主管機關辦理。
臺灣地區與大陸地區人民關係條例	第2條	本條例用詞，定義如下：一、臺灣地區：指臺灣、澎湖、金門、馬祖及政府統治權所及之其他地區。二、大陸地區：指臺灣地區以外之中華民國領土。三、臺灣地區人民：指在臺灣地區設有戶籍之人民。四、大陸地區人民：指在大陸地區設有戶籍之人民。
	第10條	大陸地區人民非經主管機關許可，不得進入臺灣地區。經許可進入臺灣地區之大陸地區人民，不得從事與許可目的不符之活動。前二項許可辦法，由有關主管機關擬訂，報請行政院核定之。
	第15條	下列行為不得為之：一、使大陸地區人民非法進入臺灣地區。二、明知臺灣地區人民未經許可，而招攬使之進入大陸地區。三、使大陸地區人民在臺灣地區從事未經許可或與許可目的不符之活動。四、僱用或留用大陸地區人民在臺灣地區從事未經許可或與許可範圍不符之工作。五、居間介紹他人為前款之行為。
	第18條	進入臺灣地區之大陸地區人民，有下列情形之一者，內政部移民署得逕行強制出境，或限令其於十日內出境，逾限令出境期限仍未出境，內政部移民署得強制出境：一、未經許可入境。二、經許可入境，已逾停留、居留期限，或經撤銷、廢止停留、居留、定居許可。三、從事與許可目的不符之活動或工作。四、有事實足認為有犯罪行為。五、有事實足認為有危害國家安全或社會安定之虞。六、非經許可與臺灣地區之公務人員以任何形式進行涉及公權力或政治議題之協商。內政部移民署於知悉前項大陸地區人民涉有刑事案件已進入司法程序者，於強制出境十日前，應通知司法機關。該等大陸地區人民除經依法羈押、拘提、管收或限制出境者外，內政部移民署得強制出境或限令出境。內政部移民署於強制大陸地區人民出境前，應給予陳述意見之機會；強制已取得居留或定居許可之大陸地區人民出境前，並應召開審查會。但當事人有下列情形之一者，得不經審查會審查，逕行

名稱	條文	內容
臺灣地區與大陸地區人民關係條例	第18條	強制出境：一、以書面聲明放棄陳述意見或自願出境。二、依其他法律規定限令出境。三、有危害國家利益、公共安全、公共秩序或從事恐怖活動之虞，且情況急迫應即時處分。第一項所定強制出境之處理方式、程序、管理及其他應遵行事項之辦法，由內政部定之。第三項審查會由內政部遴聘有關機關代表、社會公正人士及學者專家共同組成，其中單一性別不得少於三分之一，且社會公正人士及學者專家之人數不得少於二分之一。
	第28條	中華民國船舶、航空器及其他運輸工具，經主管機關許可，得航行至大陸地區。其許可及管理辦法，於本條例修正通過後十八個月內，由交通部會同有關機關擬訂，報請行政院核定之；於必要時，經向立法院報告備查後，得延長之。
	第28-1條	中華民國船舶、航空器及其他運輸工具，不得私行運送大陸地區人民前往臺灣地區及大陸地區以外之國家或地區。臺灣地區人民不得利用非中華民國船舶、航空器或其他運輸工具，私行運送大陸地區人民前往臺灣地區及大陸地區以外之國家或地區。
	第29條	大陸船舶、民用航空器及其他運輸工具，非經主管機關許可，不得進入臺灣地區限制或禁止水域、臺北飛航情報區限制區域。前項限制或禁止水域及限制區域，由國防部公告之。第一項許可辦法，由交通部會同有關機關擬訂，報請行政院核定之。
	第32條	大陸船舶未經許可進入臺灣地區限制或禁止水域，主管機關得逕行驅離或扣留其船舶、物品，留置其人員或為必要之防衛處置。前項扣留之船舶、物品，或留置之人員，主管機關應於三個月內為下列之處分：一、扣留之船舶、物品未涉及違法情事，得發還；若違法情節重大者，得沒入。二、留置之人員經調查後移送有關機關依本條例第十八條收容遣返或強制其出境。本條例實施前，扣留之大陸船舶、物品及留置之人員，已由主管機關處理者，依其處理。
	第79條	違反第十五條第一款規定者，處一年以上七年以下有期徒刑，得併科新臺幣一百萬元以下罰金。意圖營利而犯前項之罪者，處三年以上十年以下有期徒刑，得併科新臺幣五百萬元以下罰金。 前二項之首謀者，處五年以上有期徒刑，得併科新臺幣一千萬元以下罰金。前三項之未遂犯罰之。中華民國船舶、航空器或其他運輸工具所有人、營運人或船長、機長、其他運輸

名稱	條文	內容
臺灣地區與大陸地區人民關係條例	第 79 條	工具駕駛人違反第十五條第一款規定者，主管機關得處該中華民國船舶、航空器或其他運輸工具一定期間之停航，或廢止其有關證照，並得停止或廢止該船長、機長或駕駛人之職業證照或資格。中華民國船舶、航空器或其他運輸工具所有人，有第一項至第四項之行為或因其故意、重大過失致使第三人以其船舶、航空器或其他運輸工具從事第一項至第四項之行為，且該行為係以運送大陸地區人民非法進入臺灣地區為主要目的者，主管機關得沒入該船舶、航空器或其他運輸工具。所有人明知該船舶、航空器或其他運輸工具得沒入，為規避沒入之裁處而取得所有權者，亦同。前項情形，如該船舶、航空器或其他運輸工具無相關主管機關得予沒入時，得由查獲機關沒入之。
	第 80 條	中華民國船舶、航空器或其他運輸工具所有人、營運人或船長、機長、其他運輸工具駕駛人違反第二十八條規定或違反第二十八條之一第一項規定或臺灣地區人民違反第二十八條之一第二項規定者，處三年以下有期徒刑、拘役或科或併科新臺幣一百萬元以上一千五百萬元以下罰金。但行為係出於中華民國船舶、航空器或其他運輸工具之船長或機長或駕駛人自行決定者，處罰船長或機長或駕駛人。前項中華民國船舶、航空器或其他運輸工具之所有人或營運人為法人者，除處罰行為人外，對該法人並科以前項所定之罰金。但法人之代表人對於違反之發生，已盡力為防止之行為者，不在此限。刑法第七條之規定，對於第一項臺灣地區人民在中華民國領域外私行運送大陸地區人民前往臺灣地區及大陸地區以外之國家或地區者，不適用之。第一項情形，主管機關得處該中華民國船舶、航空器或其他運輸工具一定期間之停航，或廢止其有關證照，並得停止或廢止該船長、機長或駕駛人之執業證照或資格。
海岸巡防機關與警察移民及消防機關協調聯繫辦法	第 2 條	海岸巡防機關（以下簡稱巡防機關）與警察機關對於巡防機關管轄區內之犯罪案件調查，依下列規定辦理：一、於海域之涉嫌犯罪案件由巡防機關調查。但海上聚眾活動由巡防機關及警察機關共同處理。二、於海岸屬走私、非法入出國及與其相牽連之涉嫌犯罪案件，由巡防機關調查，其他涉嫌犯罪案件由警察機關調查。巡防機關或警察機關於巡防機關管轄區內發現應由他方調查之案件時，應為必要之處置，並立即通知他方機關。

名稱	條文	內容
海岸巡防機關與警察移民及消防機關協調聯繫辦法	第 5 條	巡防機關緝獲非法入國（境）之外國人、大陸地區人民、香港或澳門居民、臺灣地區無戶籍國民，應依規定強制出境或解送移民機關指定之收容所收容。但依法應移送司法機關偵辦或具特殊情形者，不予解送收容。巡防機關執行救難所救援之外國人，應移由移民機關當地權責單位處理。巡防機關得派員至指定之處所複訊，但應事先知會業管及管理單位。

CHAPTER 4

國土安全與移民管理：
論歐盟移民問題*

高佩珊

本文作者為中央警察大學國境警察學系助理教授，英國艾塞克斯大學政府研究所政治學博士。電子郵件：pkao@mail.cpu.edu.tw。

* 本文初次發表於 2015 年中央警察大學「人口移動與執法」學術研討會，感謝評論人給予之寶貴意見，促使本研究能更加完整。

前言

　　歐洲自成功整合並擴大為 28 國後，移民議題更顯重要、無論是區域內人口移動或來自境外移民的遷入，皆造成許多問題。由於各國經濟發達程度不一，社會生活物質條件自然不同，由此吸引移民遷入的數量大相逕庭。在境外移民進入歐洲問題上，歐洲南部國家抨擊北部國家不願負擔打擊非法移民之工作及經費，徒留南部國家自行解決，耗費龐大人力、物力及經費。北部較為富裕國家則批評南部國家把關不嚴、濫發簽證，造成大量移民進入歐盟地區，造成北部國家財政負擔。在歐盟區域內的人口移動則多由東歐國家移往較為富裕發達的西歐國家，例如：法國、德國及英國，致使西歐國家注意區域內移民「福利旅遊」（welfare tourism）之舉，要求限制移民人數。歐盟各國在面對移民的態度上，由此便形成「東南、西北問題」。由於歐盟各國經濟發展不同，在歐盟架構（EU-level）下又尚未能如貿易政策般，制定一共同移民政策，致使移民問題越來越嚴重，成為高度敏感又複雜的議題；區域內各國民眾對於移民自然抱持不同的看法及意見。本章因此將先敘述相關移民理論後，再做文獻探討，進而論述歐盟移民問題之背景及相關移民政策演進，以及移民管理機制等。期望藉由本章對於移民相關問題及現象之討論，包含歐盟移民改革面臨之嚴峻挑戰與困難，做一解析；期能為移民政策研究做出貢獻。

第一節　移民理論

　　由於人口移動引發的問題十分複雜與多面，因此不同於過去對於移民歷史的研究，學者們自上世紀 70 年代開始，便開始從各個學門，例如：從人類學、人口學、經濟學、歷史學、法學、政治學、心理學和社會學的角度出發，研究觀察國際移民的現象、類型，以及移民發生的原因及動機。[1]本節先就主要移民理論做一介紹，再以文獻探討方式分析與國際人口移動相關之研究。

壹、推拉理論（The Push-Pull Theory）[2]

　　「推拉理論」起源於英國地理學家拉文斯坦（Ernst G. Ravenstein）為研究人口遷移問題，於 1885 年提出的「遷移法則」（The Laws of Migration）。[3]根據拉文斯坦的研究，人口遷移大致依照七項法則，即遷移與距離、階段性遷移、流向與反流向、都市與鄉村遷移之差別、短距離遷移者多為女性、技術與遷移、經濟動機為主之遷移等法則。[4]依據這些移民法則而發展出的推拉理論認為，

---

[1]　關於不同學門研究移民之觀點比較，可見陳明傳，〈移民相關理論暨非法移民之推估〉，《移民的理論與實務》，（桃園：中央警察大學，2014），頁 29-51。

[2]　相關移民理論內容，可見陳明傳、高佩珊，〈緒論〉，《移民的理論與實務》，（桃園：中央警察大學，2014），頁 1-28。

[3]　見 Ernst G. Ravenstein, "The Law of Migration," *Journal of the Royal Statistical Society*, Vol. 48, Part 2, 1885, pp. 167-227.

[4]　楊翹楚，《移民政策與法規》，（台北：元照，2012），頁 40-41。

人類遷移發生的原因是因為原來居住的區域與環境具有推力或稱排斥力（push force），而欲遷入的地區則具有一股拉力或吸引力（pull force）；移民便是此兩種力量交互作用而形成之結果。李氏（Everett S. Lee）則是在他所著作的「人口遷移理論」（Theory of Migration）一文中分析，[5]由戰爭引起的動亂、飢餓、種族隔離、大屠殺和經濟下滑等狀況都會形成一股推力，將人類推出原居住地。另一方面，移民欲遷入的地方則因為具備較好的生活環境，進而形成一股拉力，吸引移民遷徙並移居至該地。自然資源枯竭、農業生產成本不斷提高、農業勞動力過剩所導致的失業、較低的經濟收入水準等等，都是影響人類遷徙的推力。而吸引人類遷入的地區所具備的拉力則是因為與原居住地相比，遷入地能提供較多的就業機會、較好的薪資收入、較為優渥穩定的生活水準，以及較為完備的文化設施或交通條件。據此，推拉理論隱含理性抉擇（rational choice）因素，將遷徙視為個人成本利益經理性比較及主觀判斷後之結果。但也因為該理論並未重視和考慮到其他影響移民發生的外部因素；例如：一國政府的移民政策，而遭致批評無法完全解釋移民的真正原因。

貳、新古典經濟平衡理論（The Neo-Classical Economic Equilibrium Theory）

繼推拉理論後，在第二次世界大戰後發展的「新古典經濟平衡理論」，又稱新古典移民理論（The Neo-Classical Theory of

---

[5] 見 Everett S. Lee, "A Theory of Migration," *Demography*, Vol. 3, No. 1, 1966, pp. 47-57.

Migration）則認為移民產生的主要原因，乃是因為不同國家之間勞工薪資的差距所造成的。也就是移民之所以會發生，乃是因為個人為追求己身利益的最大化而做出的投資行為。根據新古典經濟平衡理論，國家之間勞工薪資與福利的差距會隨著移民的產生而逐漸拉近；因此，移民現象最後便會消失。與推拉理論相同，新古典經濟平衡理論亦強調個人「最大效用原則」（principle of utility maximisation），也就是說每個人會經由仔細比較後，尋找能讓他享受福利最大化的地區居住。[6]雖然該理論曾在 1970 年代獨顯風騷，但隨著全球化時代的來臨，面對較過往更為複雜的移民問題，新古典經濟平衡理論亦開始欠缺完整的解釋。與推拉理論同樣面臨因為忽視移民的外部因素，進而招致許多批評。例如：一個國家或環境對於移民的影響，以及移民取得移民工具的方法等因素，皆未被其考慮在內。另外，根據新古典經濟平衡理論，移民會由人口稠密區遷移至人口稀少的地方，但是世界上仍有許多人口已經相當稠密的國家與地區；例如：荷蘭、香港等人口稠密地區，同樣吸引許多移民的遷入，這又該如何解釋？此外，有些國家的移民傾向於移往特定區域，該理論似乎也無法解釋這個問題。[7]

---

[6] 見 George J. Borjas, "Economic Theory and International Migration," *International Migration Review*, Vol. 23, No. 3, 1989, pp. 457-485.

[7] 參見周聿峨、阮征宇，〈當代國際移民理論研究的現狀與趨勢〉，《暨南學報》，第 25 卷第 2 期，2003 年 3 月，頁 3-4。

參、雙重勞動市場理論（The Dual-Labor Market Theory）

由經濟學家林格（Peter B. Doeringer）和皮奧里（Michael J. Piore）提出的「雙重勞動市場理論」，又稱勞動市場分割理論（Segmented Labor Market Theory），乃根基於新古典經濟平衡理論。雙重勞動市場理論試圖從國家內部因素分析影響人口遷移的原因。依照該理論，已開發國家的經濟體系分為資本密集（上層市場）

和勞力密集（下層市場）兩種部門。移民是因為已開發國家的勞工不願從事低收入且具高危險性的工作，因而迫使國家引進廉價的外籍勞工以填補職業空缺。因此，外籍勞工的產生乃是因為富裕國家內部對於外國勞動力的結構性需求，進而促使勞動人口之遷入。也就是說，外來移民的遷入並不會使當地居民喪失工作機會。如同所有理論，雙重勞動市場理論同樣因為無法對於移民現象做一完整論述，而遭受許多批評。雖然該理論是移民相關理論當中，第一次從移民接受國內部環境解釋移民的原因，但該理論只從已開發國家的需求解釋移民的成因，卻未從供給面，也就是對移出國做一解釋。另外，雙重勞動市場理論亦未探討移民網路（migration network）對於人口遷徙所造成的影響。

肆、移民網絡理論（The Migration Network Theory）

由於新古典經濟平衡理論和雙重勞動市場理論皆未探討移民網路（Migration Network）對於國際移民造成的影響，源自社會學和人類學的「移民網絡理論」便試圖從移出國與移入國之間

所形成的所有關係做一分析和觀察。該理論不只從兩國之間的政治、經濟、文化與社會等關係做一探究，同時關注移民群之間的人際網絡與聯絡狀況。根據該理論，移民輸入國與移民輸出國之間的關係，可能影響移民遷入的意願；例如：過去殖民時期的殖民地人民可能傾向於移往宗主國，這種情形便發生在大批印度移民習慣移往英國定居。之後移民者與親友、鄉親之間亦會經由聯繫，進而形成一社群網絡；此移民社群不只會協助新移民融入當地社會，亦會經由提供移民資訊的方式，協助更多親友一同遷往該地。移民網絡理論藉由個人至家庭、國家層次的遷徙關係，解釋移民的地區傾向性問題，分析人口流動現象與原因。

伍、移民系統理論（Migration Systems Theory）

起源於地理學的「移民系統理論」，則從宏觀結構與微觀結構研究人口遷移的原因。該理論認為移民不只改變移出國與移入國的經濟、社會與文化等結構，亦在移民發生的同時，重新建立起一個新環境。也就是說，移民系統理論從國際市場的脈動、國際關係、國家的移民政策及相關法律制度等宏觀結構，以及移民鏈的微觀結構，全面修正雙重勞動市場理論對於勞動市場的過份強調，忽略移民網路對於移民的重要影響。

陸、全球化理論（Globalisation Theory）

政治學界中的「全球化理論」同樣關注國際移民產生的原因及動機，認為在全球化之下，由於國家之間高度的相互依賴（interdependence），進而模糊（blur）國家主權的概念，及外交

和內政政策制定的界線。由於資本、物品、技術、或人力的跨國流動與往來，促進國際人口的大量移動；也就是說，全球化的來臨帶動國際移民的發生，為人口移動塑造有利的環境。贊成全球化理論的學者認為，無論是客工（guest worker）或稱外籍勞工和外來移民，皆能促進國家經濟的成長，外籍勞工與當地居民並非零和（zero-sum）的競爭關係。此外，移民社群之間亦存在強大的聯繫性，致使移民的現象持續發生，超出國家的控制。全球化理論認為國際經濟分工體系存在著二元性（duality），也就是因為此二元性的存在，才會使得勞工經由跨國遷徙的方式以尋找更好的工作環境。由於全球化理論著重從經濟及社會因素解釋人口移動發生的原因，忽略政治性因素，自然也就無法對移民做出政治性的解釋。

柒、歷史結構主義理論（The Historical-Structuralist Theory）

「歷史結構主義理論」發展自馬克思主義（Marxism），認為正是因為國際政治經濟不平衡的發展，才會造成跨國人口的移動；該理論試圖自宏觀角度分析國際移民的發生。根據該理論，先進國家的廠商為降低生產成本，尋求廉價的勞力和原物料，會將資本從核心國家（core country）移往邊陲國家（periphery country）；資本國際化與勞力自由化便在此背景下產生。但如此一來，便會造成邊陲國家內部社會、經濟與政治等結構的變動。但由於歷史結構主義理論過於強調資本（capital）的作用，忽略其他因素，而遭受解釋過於狹隘的批評。同時，歷史結構主義理論亦未能解釋移民的類型以及移民的現象。

捌、世界體系理論（The World-System Theory）

與歷史結構主義理論論點相當類似的理論，則是由華勒斯坦（Immanuel Wallerstein）提出來的「世界體系理論」。華勒斯坦將國家分為核心國家（core country）、半邊陲國家（semi-periphery country）、邊陲國家（periphery country）。他認為國際移民的發生乃是因為處於核心地位的已開發國家壓迫其他邊陲國家所致。核心國家為降低勞動力成本，從邊陲國家引進大量勞工，此舉卻會更加惡化原已破產的農村勞動力。華勒斯坦認為移民是全球化必然的結果，全球化造成各國之間的經濟相互依賴，進而引發移民浪潮。歷史結構主義理論與世界體系理論皆認為是因為核心國家對邊陲國家的壓榨，才促使跨國人口的移動，進而導致邊陲國家和區域形勢的動盪。以上是學界從各個學門對於國際人口移動現象做出解釋，可供本章參考。

第二節　相關文獻分析

除相關移民理論外，由於歐盟移民議題的日益突出與重要，國內外學者莫不針對歐盟移民現象做一探究與分析。此外，報章雜誌與媒體也有許多相關報導，可供參考。例如：在英文期刊部份，外國學者柯蕾特（Elizabeth Collett）在"The Development of EU Policy on Immigration and Asylum"《歐盟移民與庇護政策發展》

一文中指出，[8]歐盟在移民與庇護政策上遭遇許多批評與挑戰，在短期內必須處理來自地中海的海上移民問題，長期而言又必須對歐洲未來成為一個多樣又競爭的社會做出回應。她認為以歐盟現有的機制與運作模式，並不足以應付這些複雜的問題。在歐洲理事會（European Council）提出「司法和內政事務戰略方針」（Strategic Guidelines on Justice and Home Affairs）與歐盟執行委員會（European Commission）發展一個有關移民的內部願景計畫之後，柯蕾特試圖在該篇政策分析文章中，評估歐盟決策機制，並指出歐盟組織中必須加以改革的部門，她坦言要改革歐盟現行的運作方式相當困難，而且目前並沒有任何一個完美的單一協調機制。在移民議題上，柯蕾特認為該議題已然超出「歐洲內政事務」（European Home Affairs）可以處理的範圍，[9]急需一個跨領域、一致的協調機制來解決；況且控制人口移動的問題是所有政府的事。此外，歐盟也應該尋找公眾人物為歐盟的移民政策發聲。無論是從培養領袖人物、改善歐盟的政策協調機制、投資人力資源、發展監督與評估機制，都是目前歐盟最為迫切的工作；唯有如此，才能發展、監督、執行跨領域的移民政策。柯蕾特的文章清楚說明歐盟移民政策的缺失與不協調，可為本章重要參考

---

[8] 見 Elizabeth Collett, " The Development of EU Policy on Immigration and Asylum," *Migration Policy Institute Europe Policy Brief*, Issue No. 8, March 2015, pp. 1-13.

[9] 根據張福昌的文章，歐盟各國常使用「司法與內政事務」（Justice and Home Affairs, JHA）、「歐洲內政事務」（European Home Affairs）、「歐洲公共秩序」（European Public Order）、「內部安全」（Internal Security）、「自由、安全與司法區域」（Area of Freedom, Security and Justice, AFSJ）等概念來表達歐盟維護歐洲無疆界內部市場的安全，其中最常使用「司法與內政事務」、「自由、安全與司法區域」。見張福昌，〈歐盟內部安全治理的發展趨勢〉。

資料；惟對歐盟移民與難民政策之發展與演進未加以說明，本章將對此做一補充論述。

　　史密斯（Terri Smith）在"The Problem of Immigration and the European Union"《歐盟與移民問題》一文中指出，[10]歐盟區域內各國雖然遭遇出生率的降低，但龐大移民的移居歐盟，卻使得公民數目急遽增加，繼而引起各國嚴重關切移民議題，緊縮移民政策。史密斯認為歐盟移民數目的增加，並非因為歐盟所具備的拉力，吸引移民的移入，而是因為原居住國因為戰爭或動亂而產生推力，將他們推入歐洲；欲解決非法移民問題必須從根本原因解決。費利雅（Cláudia Faria）所寫的"Preventing Illegal Immigration：Reflections on Implications for an Enlarged European Union"《防範非法移民：對於一個擴大後的歐盟的反思》一文，則探討一個擴張後的歐盟該如何面對非法移民的問題。[11]費利雅認為移民事務涉及遷徙自由（freedom of movement）與安全（security），而此二項議題也是歐盟居民最為關切的議題。然而，隨著歐盟的擴張，過去為淨移出區域的歐盟，現在卻成為大批移民欲移入的最佳選擇；包含大批前往歐盟尋求庇護或偷渡而來的非法移民，由此而衍生出許多社會治安、經濟及政治問題。她認為歐盟現今面對多項嚴峻的挑戰；例如：區域內各國政治制度與社會結構的不同、邊境管理東移的不易控制、冗長的決策過程等等，致使移民議題成為歐盟最為複雜的議題。費利雅認為若要解決非法移民的

---

[10]　見 Terri Smith, "The Problem of Immigration and the European Union," *The World Beyond the USA*. http://www.totse.com/en/politics/the_world_beyond _the_usa/162504.html.

[11]　見 Cláudia Faria, "Preventing Illegal Immigration: Reflections on Implications for an Enlarged European Union", *Eipascope*, January 2003, pp. 36-40. http://www. eipa.nl

問題，必須從歐盟層次（EU level）上達成一個協調的移民政策，創建共同的系統、標準與途徑。然而；受制於各國在修改法律的困難、遭遇的民意壓力，以及冗長的移民決策制定過程，要達到此目標十分不易。此外，東擴後的歐盟由於地理因素、結構因素、邊境管理的龐大財政負擔，都使得移民問題更加複雜。然而，費利雅認為經由歐盟層次達成移民政策的改革與歐盟條約的簽訂和相關論壇的舉行，仍能期待未來歐盟在移民政策討論及決策上更加透明、清晰與有效。但由於該文旨在討論一個擴大後的歐盟在非法移民問題管理上的不易，因此並未說明各國對於移民問題展現的態度，本章將於稍後對此做一補足。

　　另一篇由泰豐（Korontzis Tryfon）所寫的"The European policies for illegal immigration via EUROPOL and FRONTEX in Hellas"《由歐洲刑事組織及歐盟邊境管理局探討歐洲非法移民政策》，[12]則從希臘特殊的地理位置觀察歐洲非法移民問題。泰豐認為由於社會與經濟條件的不平等、內戰的發生、氣候變遷與環境生態危機，在在促使大批來自非洲和亞洲的人口遷移至歐洲，尤其是非法移民的遷入。他認為對於非法移民的管理不該只是希臘的問題，應該從歐盟層次上處理此議題；若只依賴執法單位，如希臘海岸警衛隊（Hellenic Coast Guard）與希臘警方，根本無法解決此問題。因為希臘不只是連接歐洲和非洲兩大洲的連結點，更是東西方海陸交通的交叉點；因此非法移民皆以希臘做為前往歐盟他國的跳板。泰豐認為非法移民的管理應該是歐盟所有國家

---

[12]　見 Korontzis Tryfon, "The European policies for illegal immigration via EUROPOL and FRONTEX in Hellas", May 2012, pp. 1-16. http://www.idec.gr/iier/new/Europeanization%20Papers%20PDF/KORONTZIS%20MAY%202012.pdf

的共同責任，建立一個有效的邊境偵察系統與協調、制定一個全面的歐洲移民與庇護政策，實有迫切需要。該篇文章詳細介紹歐盟內打擊非法移民的主要組織，如歐洲刑警組織（European Police Office, EUROPOL）與歐洲邊境管理局（European Agency for the Management of Operational Cooperation at the External Borders of the MS of EU, FRONTEX）的主要功能與任務。該文提供本章歐盟主要移民機制及執法單位的介紹及詳細資料，惟對於歐盟移民政策之演進與發展並無論述，本章將在下一節對此做一探究。

　　由卡沙波娃（Alina Khasabova）與弗勒斯（Mark Furness）所寫的"Defining the Role of the European Union in Managing Illegal Migration in the Mediterranean Basin： Policy, Operations and Oversight"《界定歐盟於地中海盆地非法移民管理之角色：政策、運作及監督》，[13] 卡沙波娃與弗勒斯指出大批非法移民經由地中海國家進入歐盟，已經成為歐盟民眾十分關心的安全議題，因而歐盟急需一個統一的移民政策，以對此議題做出回應。由於民眾對於恐怖主義及跨國犯罪的擔憂，使得嚴重的非法移民問題，已經超出個別國家控制的能力範圍；而現今歐盟的移民政策卻使得南歐國家得獨自承擔責任。他們認為歐盟應該從政策面、操作面及監督層面，協助會員國建立多層次的管理機制；若能從歐盟層次提高和加強對於非法移民的管理和邊境的保護，將能使得歐盟更加有效的協助會員國處理非法移民的問題，同時完善歐盟的角色。該文除從政策面、操作面及監督面，解析歐盟可扮演之角

---

[13]　見 Alina Khasabova and Mark Furness, "Defining the Role of the European Union in Managing Illegal Migration in the Mediterranean Basin: Policy, Operations and Oversight", in *Migration, development and diplomacy*, New Jersey： Red Sea Press, 2010, pp. 191-217.

色與功能外，亦揭露多項非法移民進入歐盟的事實。例如：關於統計非法移民數字的困難及數據的分歧、來自東歐的非法移民其實遠多於來自地中海南部的國家、非法移民與組織犯罪的關聯性難以確認等等。卡沙波娃與弗勒斯認為非法移民是經濟和社會因素所造成的一個長久的問題，這些問題無法在短時間內做出令大多數歐盟選民滿意的處裡。可以預見在往後幾年，由於原居地形成的推力和遷入地具有的拉力交互作用之下，許多人仍將甘於冒險，非法跨越地中海以進入歐盟。因此，歐盟國家應與地中海國家共同制定雙邊管理架構，而此架構需根基於歐盟區域內南北國家的合作。可惜該篇文章並未對歐盟相關移民條約及政策做一分析，亦未說明主要國家對於接納移民的態度。

至於歐盟相關移民條約的解析當中，國內學者藍玉春長期研究歐盟條約，在其著作〈解析歐盟阿姆斯特丹條約〉及〈歐盟尼斯條約評析〉當中，[14]藍玉春嘗試解析阿姆斯特丹條約（Amsterdam Treaty）及尼斯條約（Treaty of Nice）對於歐盟統合之影響；亦將條約修改時，歐盟各國的動態談判過程，做一詳細分析。藍玉春在這兩篇文章中，清楚說明該兩項條約的成果，及對於歐盟三大支柱（Three Pillars）修正的影響。藉由這些文章，得以窺探歐盟重要條約之制定及修改過程，且能對照條約修正後之內容，檢驗歐盟移民政策之變化。另一篇由盧倩儀所發表的〈從歐盟移民政策決策過程談自由派政府間主義〉，[15]則從民主赤字嚴重的會員

---

[14] 關於此二篇文章，可見藍玉春，〈解析歐盟阿姆斯特丹條約〉，《政治科學論叢》，第 15 期，2001 年 12 月，頁 15-44；及〈歐盟尼斯條約評析〉，《問題與研究》，第 43 卷第 4 期，2004 年 7、8 月，頁 73-94。

[15] 盧倩儀，〈從歐盟移民政策決策過程談自由派政府間主義〉，《問題與研究》，第 38 卷第 3 期，1999 年 3 月，頁 19-32。

國間移民政策的協調，說明二重賽局理論（國際及國內兩個層次）模型與歐盟的實際運作並不相符。該文認為，歐盟架構中的組織制度和其中的行為者，對於歐盟政策制定的影響力，遠遠超出會員國國內行為者對政策結果的影響。盧倩儀主要以歐盟國家當初在阿姆斯特丹條約生效前，對於移民政策的協調為例，說明用政府間二重賽局理論並無法解釋當時歐洲的整合現象，因為該架構只能在民主監督功能完善的國家才能發揮解釋力。該文利用分析移民政策的決策過程，說明歐盟制度組織的重要性，並證實以政府間主義（intergovernmentalism）解釋歐盟國家政策協調並不恰當。以上多篇文章皆能提供本研究對於歐盟決策結構之了解，及相關重要條約內容。

由於歐盟難民問題日益嚴重，歐盟各國對如何處理與解決難民問題呈現重大分歧，引發各國對於申根簽證制度之存廢做出辯論，要求檢討歐盟移民與管理政策。國內外學者、媒體亦對此做出分析與報導；例如：國內學者張福昌在《歐盟內部安全治理的發展趨勢》，便對歐盟搖擺在「安全」（security）與「自由」（freedom）之間的窘境加以解釋，意即歐盟希望維持區域內人員的自由流動，同時又想使內部安全保障能達到最高級。[16]他認為歐盟內部安全治理，自馬斯垂克條約（Maastricht Treaty）以來直至里斯本條約（Treaty of Lisbon）時期，歐盟內部安全治理的合作制度有朝向「歐洲化」（Europeanisation）、「國土安全概念」（Homeland Security）的發展趨勢。歐盟內部安全政策因為幾起重大恐怖攻擊事件，從過去的「邊陲政策」，成為歐盟的「核心

---

[16] 見張福昌，〈歐盟內部安全治理的發展趨勢〉，《台北論壇》，2014 年 1 月 13 日。http://140.119.184.164/view_pdf/182.pdf。

政策」；歐盟致力從決策程序、法律工具、機構功能與輔助措施的改善，維護內部安全。該篇文章提供本章了解歐盟在移民議題上的治理機制之發展及變遷，可惜皆未對歐盟相關移民政策之演進與發展，做一探究。因此，本章將在下節說明影響歐盟移民問題之背景後，說明歐盟移民政策之發展，並介紹主要移民機制，最後論述、分析歐盟現階段在移民政策上出現之困境與挑戰，期能為國內對於歐盟移民政策之研究做出貢獻，以達到拋磚引玉之效。

第三節　影響歐盟移民問題之背景

　　歐盟移民問題可分為三個象限來探討：歐盟區域外的合法與非法移民，以及歐盟區域內的合法移民（見圖1）。其中，來自歐盟區域外的非法移民問題與區域內歐盟人口的移動現象最值得關注。來自歐洲區域外的非法移民在1930年代開始出現，自1960年代，非法移民人數日益增多；1980年代中期開始，則是有大量來自南亞和中東的人口移入，1990年代則有顯著的非洲和經歷民主化浪潮的中東歐國家人口的流入，至2000年時達到高峰。之後由於歐盟的擴大、移入國選項增多、歐洲經濟危機、對於非法移民的加強待補，以及邊境安全的加強，2002至2008年期間，非法人口移動現象才稍趨和緩。根據杜威爾（Franck Düvell）和包默（Bastian Vollmer）的研究，在所有歐盟國家裡，法國、德國、義大利、西班牙和英國是最受非法移民歡迎的五個國家；至

於移民來源國則主要是土耳其、摩洛國和阿爾巴尼亞。[17]由於嚴重的非法移民問題，歐盟與會員國共同在移民管理經費上的 43% 幾乎都使用在預防與打擊非法移民的各種機制和措施上，只有 14%與 12%的經費分別使用在新移民與當地社會的結合，以及難民的收留上。[18]然而，關於歐洲非法移民實際人數的統計資料，卻相當稀少且差異頗大，一般估計為 400 至 800 萬人。根據杜威爾和包默的研究，非法移民的移入可以分為三種型式：地理（geographic）因素、經由身分轉換（status）的和人口學的（demographic）方式移入。[19]非法移民以地理方式，經由海上路線和陸上邊界進入歐盟的方式最為常見；身分轉換方式則指藉由申請合法簽證進入歐盟後，卻逾期居留成為非法移民；最後一種則是指非法移民以生育的方式停留在歐洲境內。杜威爾和包默指出，發現受經濟性與非經濟性因素驅使前往歐盟的非法移民多具有以下共同特徵：如果是來自歐洲鄰國的非法移民多追求短期居留、多次入境歐洲的方式；但若是經由花費較高、較遠距離或以較具危險性的方式進入歐盟的非法移民，則傾向長期居留在歐盟。

根據歐盟執委會的資料，2014 年歐洲非法移民人數超過 27 萬人，較 2013 年的近 11 萬人，成長超過 155%。[20]非法移民多從

---

[17] 見 Franck Düvell and Bastian Vollmer, "Improving US and EU Immigration Systems' Capacity for Responding to Global Challenges： Learning from Experiences", p. 2.

[18] 同前註，頁 11。

[19] 同前註，頁 4-6。

[20] 「2014 年歐洲非法移民超過 27.6 萬上升幅度高達 155%」，中國網，2015 年 1 月 16 日。http://big5.china.com.cn/gate/big5/t.m.china.com.cn/convert/c_rDGueD.html。

地中海搭乘貨輪登陸歐洲南部邊界，從義大利進入歐洲大陸；此即為海上方式。陸地方式則是從土耳其前往希臘、塞浦路斯和義大利；或從摩洛哥和烏克蘭進入歐盟。絕大多數的非法移民一旦進入歐洲後，便會持續往北與往西移動；南歐只是他們進入歐盟的第一站。許多非法移民一旦被逮捕後，便會申請庇護，造成歐盟接收全球將近一半的難民；其中義大利是主要的接收國。根據歐盟統計局（Eurostat）的數據，2013 年全球登記申請難民庇護的人數創下新高，總共有 43 萬人；比前一年增加 10 萬人。[21]其中主要原因是因為敘利亞動亂而產生的 5 萬名難民，再者是因為烏克蘭問題與歐盟發生爭執的俄羅斯；以及來自阿富汗和塞爾維亞、巴基斯坦、科索沃的大批難民。面對大量難民的湧入，德國因為收到最多的申請，因此採取嚴格控管的方式，對於申請人數設下配額。其他，如瑞典、法國和英國等國，同樣成為最多難民申請的國家。[22]由於歐盟各國政府不僅需對難民提供食宿、興建避難場所，在在增加當地政府財政壓力，引發許多社會不安及民眾反移民心理。對於歐盟鄰國而言，則常抱怨它們因與歐盟相鄰而不得不接收許多無法成功入境歐盟的移民；與歐盟關係的發展上，移民管理政策又被要求配合歐盟的政策。他們對於移民管理的適當與否，又成為歐盟與之談判的外交工具及籌碼。

---

[21] 見「歐盟申請難民庇護人數創新高：德國嚴加管控，瑞典來者不拒」，關鍵評論（The News Lens），2014 年 3 月 25 日。http://www.thenewslens.com/post/31663/。

[22] 相較於德國對難民申請的嚴格控管，瑞典對於難民則大多採無條件接納；此舉雖提昇瑞典的國際形象，卻在瑞典國內造成民眾不同的看法，對政府所為表示擔憂。例如，2014 年 12 月 26 日，在瑞典便發生不明人士投擲燃燒彈攻擊清真寺，被視為極右派團體對政府當局移民政策的不滿。見「極右派反移民/火燒清真寺　瑞典 5 傷」，自由時報，2014 年 12 月 26。

歐盟區域內合法移民 （福利旅遊）
歐盟區域外非法移民
歐盟區域外合法移民

（本圖由作者自製）

圖 1 歐盟移民問題

　　至於歐盟區域內的移民問題則源自於歐盟擴大前，非屬歐盟的中東歐與南歐國家人民早已試圖進入歐盟，尋求更加安定的生活，以及更加穩定、優渥的工作環境與薪資。此一非法移民流入的現象在歐盟自 2004 年和 2007 年加入所謂的 A8（捷克、匈牙利、愛沙尼亞、拉脫維亞、立陶宛、波蘭、斯洛伐克、斯洛維尼亞）和 A2（保加利亞、羅馬尼亞）國家後，使得原本的非法移民來源國紛紛成為歐盟會員國後，才得以趨緩。然而，歐盟境內人口移動的現象，即歐盟各國公民至其他會員國申請福利、津貼、稅務補貼等，即所謂「福利旅遊」的現象卻日益突出，成為多國，尤其是英國和德國等政府日益關注的現象。由於歐盟各國公民可在會員國的任何一個國家自由遷移流動、工作和生活，不受到任何限制；而英國卻企圖制定更多限制移民的措施，有時甚至於歐盟自由遷移（freedom of movement）原則相違悖，造成與歐盟的衝突和對立。[23]對於福利旅遊爭議，根據布斯（Stephen

---

[23] 英國法令規定，歐盟移民在抵達英國之後需在 3 個月之後，才能申請兒童福利和兒童稅務補貼；此外，移民如果未盡力求職，即使待在英國的 3 個月之後也無法申請失業救濟金；獲得失業補貼者則在領取福利 6 個月後，必須提供有力證據，證明有可能找到工作者，才能繼續申請福利。歐盟則規定原領取福利者在移居其他會員國後 3 個月內，仍可以獲得原居國的福利補貼。欲移居至其他會員國者，還需填寫一份表格，核准把他們的福利「出口」。見「英加速通過法案阻歐盟勞工福利旅遊」，BBC

Booth）等人在 2012 年的研究，移居至英國的歐盟公民，多為工作而移居該地，並非為利用英國的福利及醫療體系。此外，他們對於英國及歐盟的經濟競爭力的提升，以及公共財政之貢獻，皆具正面效應。[24]無論爭議為何，或可平息歐盟先進國家怨懟的是，歐洲法院（European Court of Justice）已對所謂的福利旅遊做出裁示，支持各會員國打擊福利旅遊，有權拒絕那些只為在該國申請福利的失業歐盟公民提供福利津貼。[25]

　　無論是以移民理論當中的推拉理論或新古典經濟平衡理論加以分析，歐盟都是一個極具吸引全球人口移入的區域，因此來自各國的移民自然想方設法期望能進入歐洲，尋求更為穩定、安定之生活。例如：來自北非、中東、亞洲和拉丁美洲國家的人民，或因經濟因素、戰亂頻繁、飢荒等問題，期盼移往歐洲國家居住。另一方面，歐盟區域由於範圍廣泛，區域內各國經濟發展程度不一，東歐國家與南歐國家向來企盼往西歐和北歐移動；因此來自於區域內（境內的）人口移動現象，亦成為北歐和西歐國家日益重視的問題。各國至此，對於移民的接受程度自然不同。移民又因為是否具備合法申請所得的身份，分為合法（legal）移民與非法（illegal）移民；各國因為經濟富裕程度的

中文網，2013 年 12 月 18 日。http://www.bbc.co.uk/zhongwen/trad/uk/2013/12/131218_uk_benefit_curb。

[24] 見 Stephen Booth, Christopher Howarth, and Vincenzo Scarpetta, Tread Carefully: The Impact and Management of EU Free Movement and Immigration Policy, UK: Open Europe, March 2012.

[25] 歐洲法院指出，歐盟會員國公民有權利居住在其它會員國，但各會員國可以自行公布法律，禁止移民享用與自己公民一樣的非繳費型福利。見「歐洲法院裁決支持成員國打擊福利旅遊」，BBC 中文網，2014 年 11 月 11 日。http://www.bbc.co.uk/zhongwen/trad/world/2014/11/141111_euruling_benefit_tourism。

不同，又或邊境安全維護的嚴謹程度不一，而接受不同數量的移民。鑑於自由遷移（Freedom of Movement）為歐盟最高指導原則之一，歐盟人民最基本之權利；但歐盟卻難以建立共同移民標準，使得各國面對移民問題困擾程度不一，遂採取不同程度接受移民的態度和制定不同的移民政策；歐盟移民問題複雜程度，由此可見。

第四節　歐盟移民政策與機制

壹、歐盟的移民改革

事實上，自 1990 年代中期開始，歐盟便試圖擴展超國家（supranational）的移民管理機制至許多移民來源國（sending countries）或轉運國（transit countries），共同處裡移民問題。甚至在歐盟對外，與亞洲、非洲及拉丁美洲所簽訂的貿易、經濟或技術合作等協議當中，都會附加移民條款，處裡非法移民問題。但在歐盟內部本身卻始終難以整合、協調出共同管理和清楚的政策。由於各會員國均對交付和賦予歐盟移民管理權力有所遲疑和質疑，認為此舉造成對於國家主權的損害，致使移民管理機制始終難以持續，且無法建立共同、一致的標準。其次，歐盟會員國在移民管理問題上，尤其是在難民的收留問題上，時常違反對於國際法承擔的義務；致使移民問題成為最為複雜、敏感、難以解

決，且易被政治化（politicisation）的問題。

做為一政治實體，歐盟非法移民問題的關注可追溯自 1970 年末期；然而，歐盟卻是到 1985 年才在「共同移民政策指導方針」（Guidelines for a Community Policy on Migration）將非法移民視為歐洲安全的重要議題。[26]之後在 1992 年簽訂，1993 年生效的《歐洲聯盟條約（Treaty on European Union）》，即《馬斯垂克條約》，即歐盟據以成立的條約中，創造歐盟三個支柱並將移民問題置放於第三支柱（The Third Pillar）內，關於「司法與內政事務」（Justice and Home Affairs, JHA）議題範圍內（見圖 2）；屬於政府間合作（Intergovernmental Cooperation）的領域，並採取一致決的方式。至 1997 年簽訂且於 1999 年生效的《阿姆斯特丹條約》當中，[27]則有針對移民與難民政策制定一些改善措施。當時最重要的改變，是將「司法與內政事務」改為「刑事警察與司法合作」（Police and Judicial Cooperation in Criminal Matters），並將簽證、庇護與移民等相關政策給予共同體化（Communitisation），移至第一支柱，置放於共同體架構中。[28]隨著歐盟的日益擴大，與隨之而來的龐大非法移民問題，歐盟試圖在移民問題上設計許多政策以阻止非法移民的流入；其中包含共同邊境安全的加

---

[26] 見 Commission of the European Communities (CEC), *Guidelines for a Community Policy on Migration*, COM (85) 48 FINAL, 1985.

[27] 《阿姆斯特丹條約》全名為《修正歐洲聯盟條約、建立歐洲共同體的各項條約和若干有關文件的阿姆斯特丹條約》（Treaty of Amsterdam amending the Treaty of the European Union, the Treaties establishing the European Communities and certain related acts），主要在修訂於 1951 年簽署的《巴黎條約》、1957 年簽署的《羅馬條約》和 1992 年簽署的《馬斯垂克條約》。關於此條約內容，可參見藍玉春，〈解析歐盟阿姆斯特丹條約〉。

[28] 見張福昌，〈歐盟內部安全治理的發展趨勢〉，頁 2。

強、促進資訊的交換與分享、打擊非法移民的實際演練與運作、在第三國設置收容所，以及非法移民的遣返等等。之後在 2001 年簽署、2003 年施行的《修改歐洲聯盟條約、建立歐洲各共同體諸條約和某些附件的尼斯條約》，特別設置「歐洲司法合作署」（European Judicial Cooperation Unit, Eurojust），用以打擊跨國重大組織犯罪。為修正、補充過去簽署的幾個重要歐盟條約，歐盟在 2007 年簽署、2009 年正式實施的里斯本條約中，在與移民有關的問題上，[29]增加幾項新的設計。例如：歐盟在司法、安全與移民等敏感領域的法案，必須取得「歐洲議會」（European Parliament）與歐盟會員國的批准；此外，司法與警政領域決策的表決制度由原先的一致同意改為「多數決」。[30]為達到歐盟內部安全治理的制度整合，里斯本條約廢除三支柱的架構，並將與邊境管理、庇護、移民有關的政策全放置在條約的第五篇「自由、安全與司法區域」。[31]然而，面對各國對於移民接納程度與態度的不同，打擊和收容非法移民的龐大財政負擔；各國對於國家主權（sovereignty）和國家安全（national security）的堅持，又和歐盟簽署的多項國際人權法案對於移民權利的保護，互相矛盾，歐盟始終難以形成共同的移民政策，至今仍然只能從政策面上加以協調，期望各國共同合作解決移民問題。

---

[29] 關於里斯本條約的簽訂過程，可見張心怡，〈從歐洲憲法條約到里斯本條約：歐洲整合進誠的回顧與展望〉，《歐洲國際評論》，第七期，2011 年，頁 65-98。

[30] 見「歐洲聯盟里斯本條約要點」，中央社，2008 年 6 月 13 日。

[31] 關於里斯本條約全文，見 "Full Text of the Treaty, Treaty of Lisbon", *Europa*, January 30, 2014。http://eur-lex.europa.eu/legal-content/EN/ALL/?uri=OJ:C: 2007:306:TOC。

```
┌─────────────────────────────────────┐
│      第一支柱：歐洲共同體               │
│   （European Community, EC）          │
│          超國家合作                    │
└─────────────────────────────────────┘

┌─────────────────────────────────────┐
│   第二支柱：共同對外與安全政策           │           歐洲聯盟：
│ （Common Foreign and Security Policy, CFSP）   ⟹    三個支柱
│          政府間合作                    │
└─────────────────────────────────────┘

┌─────────────────────────────────────┐
│    第三支柱：司法與內政事務             │
│ （Justice and Home Affairs, JHA）     │
│          政府間合作                    │
└─────────────────────────────────────┘
```

資料來源：〈歐洲聯盟〉，http://www1.pu.edu.tw/~spanksho/background/92.04.htm
本圖由作者自製

圖 2　歐盟三個支柱

貳、歐盟的移民機制

　　隨著移民議題的重要性日益突出及非法移民問題的突出，歐盟在政策制定過程中，同時制定許多機制處理移民問題，以下本節就幾個特別重要之管理機制與組織做一介紹：

一、申根資訊系統（The Schengen Information System, SIS）：[32]建立於 1995 年，為歐盟申根公約簽約國為記錄並共享關於逮捕、移民和遺失物件等資訊的電腦系統。此系統記錄超過百萬筆曾經犯罪或有可能犯罪人員的個人資料，為歐洲地區最

---

[32] 關於申根資訊系統之詳細介紹，可見李謀旺、徐坤隆，〈申根資訊系統之探討與啟示〉，《涉外執法與政策學報》，2001 年 5 月，頁 169-204；蔡宜瑾，〈自由與安全：申根資訊系統對歐盟內部安全的影響〉，《淡江大學歐洲研究所碩士論文》，2011 年 1 月。

大資料庫，在維護公共安全、邊境安全與支援警察與司法合作上，提供所有警方及相關執法單位所需之資料。

二、歐洲刑警組織（European Police Office, EUROPOL）：[33]成立於 1999 年，總部位於荷蘭海牙（Hague）的歐洲刑警組織為歐盟常設機構之一，為歐盟刑事司法合作部分；該組織創立主要為強化歐盟會員國間的執法合作，但組織本身並不具備傳統警局的調查權。

三、歐洲移民資料庫（European Dactylographic System, EURODAC）：[34]於 2000 年建立的歐洲移民資料庫為一套可供歐盟會員國辨識曾經因非法進入歐盟其他會員國而遭逮捕和尋求庇護者的指紋辨識系統（database of fingerprints）。此套系統有助於《都柏林公約（Dublin Convention）》中對於尋求庇護者申請的有效處理。[35]

四、歐洲邊境管理局（European Agency for the Management of Operational Cooperation at the External Borders of the Member States of the European Union, FRONTEX）：[36]為應付歐盟於 2004 年的擴大後，所面臨的邊境防衛工作及新移民、難民潮的湧入

---

[33] 歐洲刑警組織之組織規模及任務編組，參見 EUROPOL, http://www.europol.europa.eu。

[34] 有關此移民資料庫之介紹，見 European Data Protection Supervisor, http://secure.edps.europa.eu/EDPSWEB/edps/Supervision/Eurodac。

[35] 於 1997 年生效，用以規範歐洲移民事務的「都柏林公約」，要求歐盟會員國不可以拒絕審核各種尋求庇護的外國移民；而且要求移民落腳的第一個國家，必須承擔起審核是否庇護的責任。該條約後來於 2003 及 2013年分別由都柏林第 2 號和第 3 號條例更新。見 European Council on Refugees and Exiles (ECRE), http://www.ecre.org/topics/areas-of-work/protection-in-europe/10-dublin-regulation.html。

[36] 關於歐盟邊境管理局之成立及主要工作與任務，可見 Frontex, http://frontex.europa.eu/about-frontex/origin/。

問題，歐盟執委會（European Commission）於 2003 年 11 月通過成立全名為「邊境合作行動管理局」的方案。該機構成立之宗旨為確保和協調歐盟擴大後，包括海、陸、空邊境的管制和檢查，確保歐盟實現新邊境的統一化管理。為避免歐盟會員國對於邊境管理的統一管理與國家主權間牴觸的質疑，歐盟執委會強調該局只為一行政管理機構，不會參與歐盟邊境管理的立法和制定管理非法移民政策的相關事務，更不具備執法權力。[37]

五、歐洲邊境監控系統（European Surveillance System for Borders, EUROSUR）[38]：為防止非法移民入境，及避免更多跨越地中海企圖非法進入歐盟的移民，歐盟於 2013 年啟動會員國間可以互通的海上監控系統。此系統能提前發現難民乘坐的船隻，以拯救難民生命，並使得歐盟會員國能在更加有效的預防、偵查和打擊非法移民的同時，亦保護難民的生命。

歐盟除以相關機制防範非法移民的移入之外，亦嘗試以提供經費的方式，建立一項名為「團結和移民流動管理架構」（Framework program on solidarity and management of migration flows）的七年計畫（2007-2013 年），嘗試解決移民問題。[39]並在 2008 年通過

---

[37] 見「歐盟擬設立歐洲邊境管理局」，大紀元，2003 年 11 月 12 日。http://www.epochtime.com/b5/3/11/13/n410249.htm。

[38] 歐洲邊境監控系統介紹，請見 Europa, http//europa.eu/legislation_summaries/justice_freedom_security/free_movement_of_persons_asylum_immigration/l。

[39] 該計畫以提供四種基金方式，即歐洲難民基金（European Refugee Fund, ERF）、外部邊境基金（External Frontiers Fund）、歐洲整合基金（European Integration Fund）、歐洲返回基金（European Return Fund），嘗試解決移民問題。詳見"Framework programme on solidarity and management of migration flows for the period 2007-2013", Europa, http://europa.eu/legislation_summaries/justice_freedom_security/free_movement_of_persons_asylum_immigration/l14509_en.htm

《歐洲移民與難民庇護公約（The European Pact on Immigration and Asylum）》，並列出五個優先領域採取行動：合法移民和民族融合、打擊及遣返非法移民、加強的邊境控制、建立統一的庇護制度、與移民來源國加強合作，協調移民與發展議題。[40]此項公約象徵歐盟統一庇護政策架構的形成，促進歐洲國家的合作。然而，面對多起海上傷亡事故的發生，及無數難民的湧入；歐盟至今仍對非法移民的進入，未能達到有效控制。

第五節　結語

由於非法移民問題的日益嚴重，尤其是在非法移民因為冒險偷渡而接連產生多起重大傷亡後，促使歐盟不得不正視因非法移民引起的問題。[41]首先，因為大量非法移民的湧入，致使歐盟各

---

[40] 關於該公約內容及有關評論，可見李小麗，〈歐盟移民難民庇護政策評述〉，李慎明、王逸舟（編），《全球政治與安全報告（2009）》，北京：社會科學文獻，2009 年，頁 224-245。

[41] 為應對非法移民接連在海上遇難事件的頻繁發生，歐盟各成員國外交部長及內政部長於今年 4 月 20 日在盧森堡召開會議，討論應對愈趨嚴重的非法移民危機，並提出「十點計畫」：包括加大對地中海聯合行動的經濟支持並擴大行動範圍；系統性地搜捕用於運送非法移民的船隻；加強情報信息工作追蹤「蛇頭」的資金鏈；向義大利和希臘派遣隊伍聯合應對難民的申請；歐盟成員國確保對難民的指紋提取；考量應急分配機制；提供歐盟範圍內的難民收容地；建立非法移民快速遣返機制；加強與利比亞、尼日爾等國的協作機制；向第三國派遣移民聯絡官員掌握相關信息等計畫。見「應對非法移民　歐盟提十點計畫」，聯合新聞網，2015 年 4 月 22 日。http://udn.com/news/index。

國燃起的反移民風潮，改變各國國內政治版圖，造成極右派政黨在歐盟區域的崛起與勝利；例如：反歐盟的英國的獨立黨（United Kingdom Independence Party, UKIP）在 2014 年 5 月的地方議會及歐盟議會選舉中，大舉勝出；目前為英國第三大黨。此外，瑞典民主黨（Sweden Democrats）在 2014 年 9 月的國會選舉中亦獲得倍增席次，一躍成為瑞典第三大黨。最近一次則是芬蘭的右翼疑歐派「芬蘭人黨」（Finns Party）在今年四月國會大選中異軍突起，取得 38 席，躍居第 2 大黨。[42]在在使得移民政策成為各國政治人物及候選人辯論的重要議題。

第二個問題則是可以明顯看出，無論是吸引移民或反移民，都與「經濟因素」（economic factors）明顯掛勾。反歐盟反移民的芬蘭人黨在今年芬蘭大選中異軍突起，再次映證北歐民粹主義政黨對傳統政黨提出的政策的不滿，尤其在移民政策上。由於芬蘭的經濟衰退已經 3 年，因此 2015 年國會大選的主要議題便是如何拯救經濟；過去由總理史圖布（Alexander Stubb）領導的聯合政府已經執政 4 年卻仍舊無法突破困境，遭到敗選。似乎證實，經濟表現差時，歐盟區域內反移民的聲浪便會四起。有趣的是同一時期，因為經濟下滑而減少工作機會時，進入歐盟的移民人數其實是下降和趨緩的。意即原先受經濟力驅使，期盼前往歐盟能獲取更為優渥薪資的移民，在歐盟經濟表現不佳時，便會暫停前往歐盟工作。此點間接證實杜威爾和包默所言，各國對於移民的負面看法，甚至恐懼移民會對邊境安全造成威脅的看法，其實參雜著情緒性因素。[43]

---

[42] 「芬蘭變天 最後結果：中間黨贏得大選」，聯合財經網，2015 年 4 月 20 日。http://money.udn.com/money/story/5641/848125。

[43] 見 Franck Düvell and Bastian Vollmer, "Improving US and EU Immigration

最後，由於地理位置的差異，造成歐盟各國對於移民問題壓力感受亦不同。東歐國家及南歐國家成為進入歐盟的主要門戶，特別是南歐國家面對來自東歐及北非龐大非法移民湧入的財政壓力。西歐及北歐國家則由於經濟發展程度較高，工作及生活環境較為安定，成為歐盟境外非法移民最後期盼的停留點，以及區域內國家人民移居的最佳選擇。西歐及北歐國家因此指責東歐及南歐國家，對於邊界安全維護的不力，以及濫發簽證造成大量移民的湧入。歐盟東南、西北國家在移民問題上因此產生嚴重爭執。本章結論歐盟移民問題最難解的主要原因歸因於歐盟移民政策在歐盟層次（EU-level）與國家層次（state-level）間，產生的矛盾與對立，造成無法提出具體且一致的共同解決方案。因此，短期內歐盟各國恐怕仍難形成共識，移民問題勢必仍難以解決。

　　對於我國而言，從聯合國與歐盟處理移民與難民問題，我國應該要有「憂患思維」，畢竟臺灣處於東北亞與東南亞之間。假設未來北韓如果發生動亂，出現海上難民，或假設他日中國異議分子要求來臺尋求政治庇護，我政府又該如何應對與處理？從歐盟對於移民與難民的處理經驗，我國現階段海軍與海巡署的組織與能量是否足以擔負此種執法任務？此外，面對歐盟思考以海軍進行海上反人蛇集團偷渡走私的打擊工作，我國若考慮此項方式，亦涉及兩岸關係，未來是否也應將此項議題納入相關會談與討論。最後，從國家安全角度來看，我國應盡速提出相關人口政策白皮書，做為制定移民政策的主要綱領才是。

Systems' Capacity for Responding to Global Challenges:Learning from Experiences", p. 14.

參考資料

中文資料

李小麗,〈歐盟移民難民庇護政策評述〉,李慎明、王逸舟（編）,《全球政治與安全報告（2009）》,（北京：社會科學文獻,2009）,頁 224-245。

周聿峨、阮征宇,〈當代國際移民理論研究的現狀與趨勢〉,《暨南學報》,第 25 卷第 2 期,2003 年 3 月,頁 3-4。

李謀旺、徐坤隆,〈申根資訊系統之探討與啟示〉,《涉外執法與政策學報》,2001 年 5 月,頁 169-204。

蔡宜瑾,〈自由與安全：申根資訊系統對歐盟內部安全的影響〉,《淡江大學歐洲研究所碩士論文》,2011 年 1 月。

陳明傳,〈移民相關理論暨非法移民之推估〉,《移民的理論與實務》,（桃園：中央警察大學,2014）,頁 29-51。

陳明傳、高佩珊,〈緒論〉,《移民的理論與實務》,（桃園：中央警察大學,2014）,頁 1-28。

楊翹楚,《移民政策與法規》,（臺北：元照,2012）,頁 40-41。

藍玉春,〈解析歐盟阿姆斯特丹條約〉,《政治科學論叢》,第 15 期,2001 年 12 月,頁 15-44。

藍玉春,〈歐盟尼斯條約評析〉,《問題與研究》,第 43 卷第 4 期,2004 年 7、8 月,頁 73-94。

盧倩儀,〈從歐盟移民政策決策過程談自由派政府間主義〉,《問題與研究》,第 38 卷第 3 期,1999 年 3 月,頁 19-32。

張福昌,〈歐盟內部安全治理的發展趨勢〉,《臺北論壇》,2014 年 1 月 13 日。http://140.119.184.164/view_pdf/182.pdf。

張心怡,〈從歐洲憲法條約到里斯本條約：歐洲整合進誠的回顧與展望〉,《歐洲國際評論》,第七期,2011 年,頁 65-98。

「歐盟擬設立歐洲邊境管理局」,大紀元,2003 年 11 月 12 日。http://www.epochtime.com/b5/3/11/13/n410249.htm。

「2014 年歐洲非法移民超過 27.6 萬上升幅度高達 155%」，中國網，2015年 1 月 16 日。http://big5.china.com.cn/gate/big5/t.m.china.com.cn/convert/c_rDGueD.html

「歐盟申請難民庇護人數創新高：德國嚴加管控，瑞典來者不拒」，關鍵評論（The News Lens），2014 年 3 月 25 日。http://www.thenewslens.com/post/31663/。

「極右派反移民／火燒清真寺　瑞典 5 傷」，自由時報，2014 年 12 月26。

「英加速通過法案阻歐盟勞工福利旅遊」，BBC 中文網，2013 年 12 月18 日。http://www.bbc.co.uk/zhongwen/trad/uk/2013/12/131218_uk_benefit_curb。

「歐洲法院裁決支持成員國打擊福利旅遊」，BBC 中文網，2014 年 11月 11 日。http://www.bbc.co.uk/zhongwen/trad/world/2014/11/141111_euruling_benefit_tourism。

「應對非法移民　歐盟提十點計畫」，聯合新聞網，2015 年 4 月 22 日。http://udn.com/news/index。

「芬蘭變天　最後結果：中間黨贏得大選」，聯合財經網，2015 年 4 月20 日。http://money.udn.com/money/story/5641/848125。

「歐洲聯盟里斯本條約要點」，中央社，2008 年 6 月 13 日。

英文資料

Alina Khasabova and Mark Furness, "Defining the Role of the European Union in Managing Illegal Migration in the Mediterranean Basin: Policy, Operations and Oversight", in Migration, development and diplomacy, New Jersey: Red Sea Press, 2010, pp. 191-217.

Cláudia Faria, "Preventing Illegal Immigration: Reflections on Implications for an Enlarged European Union", Eipascope, January 2003, pp. 36-40. http://www.eipa.nl

Commission of the European Communities (CEC), *Guidelines for a Community Policy on Migration*, COM (85) 48 FINAL, 1985.

Elizabeth Collett, " The Development of EU Policy on Immigration and Asylum," *Migration Policy Institute Europe Policy Brief*, Issue No. 8, March 2015, pp. 1-13.

European Council on Refugees and Exiles, ECRE, http://www.ecre.org/topics/areas-of-work/protection-in-europe/10-dublin-regul ation.html

Europa, http//europa.eu/legislation_summaries/justice_freedom_security/free_movement_of_persons_asylum_immigration/l

"Framework programme on solidarity and management of migration flows for the period 2007-2013", Europa, http://europa.eu/legislation_summaries/justice_freedom_security/free_movement_of_persons_asylum_immigr ation/l14509_en.htm

European Data Protection Supervisor, http://secure.edps.europa.eu/EDPSWEB/edps/Supervision/Eurodac

EUROPOL, http://www.europol.europa.eu

Ernst G. Ravenstein, "The Law of Migration," *Journal of the Royal Statistical Society*, Vol. 48, Part 2, 1885, pp. 167-227.

Everett S. Lee, "A Theory of Migration," *Demography*, Vol. 3, No. 1, 1966, pp.47-57.

Franck Düvell and Bastian Vollmer, "Improving US and EU Immigration Systems' Capacity for Responding to Global Challenges: Learning from Experiences", in *EU-US Immigration Systems*, Robert Schuman Centre for Advanced Studies, San Domenico di Fiesole：European University Institute,2011.

Frontex, http://frontex.europa.eu/about-frontex/origin/

"Full Text of the Treaty, Treaty of Lisbon", *Europa*, January 30, 2014. http://eur-lex.europa.eu/legal-content/EN/ALL/?uri=OJ:C:2007:306:TOC

George J. Borjas, "Economic Theory and International Migration," *International Migration Review*, Vol. 23, No. 3, 1989, pp. 457-485.

Korontzis Tryfon, "The European policies for illegal immigration via EUROPOL and FRONTEX in Hellas", May 2012, pp. 1-16. http://www.idec.gr/iier/new/Europeanization%20Papers%20PDF/KORONTZIS%20MAY%20 2012.pdf

Stephen Booth, Christopher Howarth, and Vincenzo Scarpetta, Tread Carefully: The Impact and Management of EU Free Movement and Immigration Policy, UK: Open Europe, March 2012.

Terri Smith, " The Problem of Immigration and the European Union, " *The World Beyond the USA*. http://www.totse.com/en/politics/the_world_beyond_the_usa/162504.html.

移民人權保障與移民法規：
從國土安全的觀點出發

許義寶

中央警察大學國境警察學系專任副教授

前言[1]

　　人權屬於普世之價值，凡是人皆應享有人權的保障。我國立法院並制定人權兩公約施行法，使人權兩公約——《公民與政治權利國際公約》及《經濟社會文化權利國際公約》之規定，在我國具有國內法之效力，可見我國施行與落實國際人權之決心。「人權」是將心比心之概念，己所不欲勿施於人，或是四海一家，不分彼此之氣度與對待。我國於《憲法》第 7 條到第 22 條規定基本人權之保障，並於第 23 條規定除非為四大公共利益之必要，始得以法律限制人民之基本權利。

　　我國對於移民之入國、出國、居留、驅逐出國之相關要件等事項，主要為依《入出國及移民法》（以下簡稱《移民法》）作為規範。移民為人的自出生地遷徙，往其他國家或地區長期的居住下來，或為工作或家庭團聚、逃難或為其他奉獻、自己學習等原因，而居住在該地方而言。對於「移民」之概念與規範，因為行政目的與當事人地位屬性，或法律目的之不同，而有多種不同之界定。有從具外國人、永久居留者身分，或以出生地、居留者或以大陸地區人民、臺灣地區無戶籍國民（簡稱無戶籍國民）、香港澳門居民、無國籍人、難民，而加以區分不同之規範者。

　　有關保護外國人的權利，依傳統國際法及現代國際法的原則與規範，因為受到國籍的差別待遇，與國家之間力的關係，及依其個案具體的政治利益關係，亦會有很大不同的影響。為了保護

1　本文原發表於 104 年 5 月 26 日，由中央警察大學國境警察學系所主辦之 2015 年「人口移動與執法」學術研討會，感謝評論人簡建章教官之提供相關意見，後經補充、修正而成。

外國人的人權[2]，應再確認，人權適用上不會有太大差異。即外國人的權利，應非以所在國與國籍國之間的力的關係與政治利益為主；應以考量基於人權的普遍性與非差別、平等的原則，對人權與基本的自由，個人應可以平等的享有。為了實現國際社會的目標，國際人權法必須要有更進一步的發展。[3]

在 20 世紀裡面，「因有二次無法用言語形容，慘絕人寰的人類戰爭，及其所帶來的危害」（聯合國憲章前言），在有此經歷的國際社會；特別對於有以種族優越主義與排他性的民族主義，基於國粹主義的為大屠殺（holocaust）與集體殺害行為（genocide）等；從對其他人權所為侵害的衝擊，於此為了維持國際的和平，所設立的聯合國；揭示以普遍的尊重人權與基本的自由，為其首要目的。也就是，依聯合國憲章第一條規定，維持國際的和平與安全，以人民的平權與自決原則為基礎，共同的發展各國之間的友好關係。且「……不因人種、性別、語言或宗教而有差別，為了所有人的人權，與尊重其基本的自由，作為提倡與發揚這樣的原則……。」闡述出聯合國的目的與其存在的理由。在第二次大戰後國際社會的發展，所附隨的特徵，在於人權的國際性保護。

---

[2] 相關日文文獻，請參考小田悠生，アメリカ移民法における「家族」：市民權、永住権と家族の権利，東京大学大学院総合文化研究科，アメリカ太平洋研究 15 期，2015 年 3 月，第 58-70 頁。奧野圭子，国境を超えて家族生活を営む権利（1）オーストラリア法と比較しての一考察，神奈川大学国際経営論集第 49 期，2015 年 3 月，第 87-98 頁。森村進，移民規制に関するリバタリアンの議論──宮崎隆次先生・嶋津格先生退職記念号，千葉大学法学論集第 29 巻 1、2 期，2014 年 8 月，第 597-622 頁。

[3] 金東勳，國際人權法と在日外國人の人權，收於國際人權法とマイノリティ，東信堂，2003 年 6 月 30 日，第 164 頁。

即國際人權法的發展，以本憲章的規定作為基礎，開始的具體化[4]。

以日本法而言，國內法的最高規範為憲法，其第 98 條 2 項規定「對於日本所締結的條約，及所被確立的國際法規，必須誠實的遵守。」，課予行政機關「有遵守國際規約的義務。」依此規定，明顯的表示條約具有國內法的效力。條約的形式效力，一般在憲法之下，解釋上其優先於法律。可作為入管及難民法適用上統制的國際法，例如：社會權規約、自由權條約、廢除種族差別條約、廢除對女性差別待遇條約、兒童權利公約、難民地位公約、禁止拷問條約等。[5]

另日本入管及難民法亦是國內法規範，包括在國家最高規範的憲法之規範下，入管法律規定，不待言均不得違反憲法的規定。依此意義，入管行政亦應納入憲法的統制之中。入管及難民法的適用情形，其行政亦應適用憲法的統制規定。例如：平等原則、居住遷徙自由、受裁判的權利等。[6]

對於移民的權利規定，如於國際法層次或憲法層次，須透過理論與判決加以確認該權利之屬性。國際法之人權規定，經過國內法院或大法官會議肯認，即屬受保障之權利。一般自由權性質之權利，屬於防禦屬性，要求國家不要過度干預，此部份權利，移民一般應可以享有。但如涉及國家主權性質之權利，移民一般被認為不能主張。如依行政程序法第 3 條規定，所排除適用之事項中，即

---

[4] 金東勳，國際人權法と在日外國人の人權，收於國際人權法とマイノリティ，東信堂，2003 年 6 月 30 日，第 164 頁。
[5] 兒玉晃一、關聰介、難波滿編，ンメンタール出入国管理及び難民認定法，現代人文社，2012 年 7 月，第 19 頁。
[6] 兒玉晃一、關聰介、難波滿編，ンメンタール出入国管理及び難民認定法，現代人文社，2012 年 7 月，第 19 頁。

包括外國人入出境及申請國籍歸化等事項。[7]即對於有關入境許可之決定，被認為屬於國家主權之決定，尚不得請求公開資訊。

有關基本權利之保障範圍，就內容而言，基本權利之構成要件可分成兩大部分：「身分上的基本權利構成要件」以及「事務上的基本權利構成要件」。身分上的基本權利構成要件，涉及的是「何人為該基本權利之權利主體」；而事務上的基本權利構成要件，涉及的則是「何種行為是該基本權利保障之對象」。因此，人民之行為是否在基本權利之保障範圍內，應視其是否該當基本權利之構成要件，唯有同時該當「身分上的基本權利構成要件」以及「事務上的基本權利構成要件」，則該行為始受基本權利保障，而國家對此行為之侵擾也才能稱之為基本權利干預。[8]

有疑問的是，《憲法》第22條規定：「凡人民之其他自由權利，不妨害社會秩序公共利益者，均受憲法之保障」，第23條規定：「以上各條例舉之自由權利，除為防止妨礙他人自由，避免緊急危難，維持社會秩序，或增進公共利益所必要者外，不得以法律限制之」，這是否意謂著，「不妨害社會秩序公共利益」、「不妨礙他人自由」等事由，亦為基本權利構成要件之一？換言之，是否人民的行為只要妨害了社會秩序公共利益、只要妨礙了他人自由，即不在基本權利之保障範圍內？

對此，德國聯邦憲法法院明確採取否定見解：「從干預的角度來定義基本權利之保障範圍，這並不適當。基本權利之保障範圍不能根據「干預之必要性」來決定，申言之，如果先預設基本

---

[7] 行政程序法第3條第2項規定：「下列事項，不適用本法之程序規定：一、有關外交行為、軍事行為或國家安全保障事項之行為。二、外國人出、入境、難民認定及國籍變更之行為……。」

[8] 法治斌、董保城，憲法新論，元照，2014年9月，第六版，第178-179頁。

權利得根據哪些事項加以干預（限制），再依此決定基本權利之保障範圍，這在推論上無疑是倒果為因，因為正確的思考步驟應該是：先確定基本權利之保障範圍，接下來才有是否構成干預（限制）以及如何干預（限制），甚至該干預（限制）是否合憲的問題。從《憲法》第 23 的結構加以分析，亦可得到相同之結論：若「不妨礙他人自由」、「不妨害社會秩序公共利益」為基本權利之構成要件，則人民某一「妨礙他人自由」、「妨害社會秩序公共利益」之行為，應該自始就被排除在基本權利之保障範圍外，既然一開始就被排除在基本權利保障範圍外，則又何來對基本權利之「限制」（干預）？因此，上述所謂「不妨害社會秩序公共利益」、「不妨礙他人自由」等規定，其性質為《憲法》對基本權利之限制事由，而與基本權利之構成要件（保障範圍）無關，二者分屬不同層次的問題，應避免混淆。[9]

有國家在其憲法中將本國人與外國人之基本權利為區別規定，例如：德國基本法中即規定每個人之基本權利，及德國人之基本權利，後者專屬於具有德國人身分者所享有，外國人不得享有，例如：公民權。前者，只要作為人，在德國基本法效力範圍內，皆得享有。此種區別式之規定，是否有貶抑外國人為二等國民之意，或因雙重標準而形成割裂之法治國之虞，一般認為，此種從主權出發所為之差別待遇，僅是反映人權保障之現實而已，尚屬正當或合憲法，因為外國人的基本權利地位，不是意識型態之整體承載，而需視個別情形包括國情，予以分別處理，也因為如此，更顯得此問題之多樣化與複雜化。[10]

---

[9] 法治斌、董保城，憲法新論，元照，2014 年 9 月，第六版，第 179-180 頁。

[10] 李震山，論外國人之憲法權利，收於氏著，人性尊嚴與人權保障，元照，2009 年 2 月第三版，第 344 頁。

基本權利依其性質，有的為先於國家而存在，後經明定於憲法中，有關移民之權利，是否受保障亦須依具體移民法之規定，始能確認。有關請求難民認定之申請，依日本入管法第 7 章之 2 及第 61 條之 2 規定，所提出申請難民資格的認定，其是否該當於難民地位公約第 1 條所規定的事由，有關此之事實認定，其屬於完全由主權國家予以裁量之範疇。並非如其他之居留資格，已屬於由國家明確創設的資格認定。[11]對此，即偏向屬於國家高權之決定權限。

　　本文擬從國土安全面向探討我國移民法對移民人權保障之相關規定，包括家庭團聚、人身自由權、平等權、正當法律程序。檢視其規定之原則，是否符合相關憲法理論與人權保障之趨勢。

第一節　家庭團聚權

壹、家庭團聚概說

　　人是群居之動物，人之出生與成長，須依賴家庭之照顧保護，始能健全成長。人民是國家之基礎，站在國家之立場，亦負有保護人民家庭團聚之義務。依國際人權公約規定，人民有主張

---

[11] 多賀谷一照，公的機關による外国人の把握，公法研究 75 号，有斐閣，2013 年，第 147 頁。

家庭團聚之權利，國家應予以尊重及保護。[12]依我國相關大法官解釋，亦肯認家庭權受到《憲法》第 22 條之保障，國家之法律制度，不得無故或過度限制人民之組成家庭與家庭團聚權。

移民經由申請入國程序到我國工作或依親，會與我國之移民行政產生一定程度之關係。移民行政為國家行政之一環，須確保國家安全與國家利益，另亦須保障相關之移民人權。對於外國人移民或無戶籍國民之申請到我國停留、居留、定居或永久居留原因，在《移民法》中，有規定具體之申請條件。有關國際家庭團聚權之保障範圍，一般狹義上指配偶及未成年子女，國家應許可此範圍移民的入境居留。另亦有一些國家包括國民或具有永久居留權之外國籍父母之入境居留，亦受保障。[13]

有關家族生活，其權利的主體，依歐洲人權條約第八條規定，有保護家庭權利的用語。其文字，是包括「所有的人」。在同條文上，及於在外國人出入國管理的領域，也被適用；有關此點是沒有爭議的。同條的權利主體，依其文字，應被理解為所有的個人。因此，不問國籍的有無，解釋上對外國人的狀況，與其地位的合法與違法，也與此無關。另外，主張權利的人，也沒有必要須在本國國內。即，尚未入國的外國人，也有可能主張其在法國的家族生活受到尊重。但是，有關此點，所謂得以主張權利

---

[12] 依公民與政治權利國際公約第 23 條規定：一、家庭為社會之自然基本團體單位，應受社會及國家之保護。二、男女已達結婚年齡者，其結婚及成立家庭之權利應予確認。三、婚姻非經婚嫁雙方自由完全同意，不得締結。四、本公約締約國應採取適當步驟，確保夫妻在婚姻方面，在婚姻關係存續期間，以及在婚姻關係消滅時，雙方權利責任平等。婚姻關係消滅時，應訂定辦法，對子女予以必要之保護。

[13] 依美國移民及國籍法規定，其國民或具有永久居留權外國人之外國籍父母，亦具有入境居留權，且不受名額限制。

之人，應以在本國國內已居住者為限；如果廣泛考量適用，是受到批評的。同時，像這樣的解釋，因已反覆作出了幾次。[14]

家族生活的權利對象，依歐洲人權條約第八條規定的「家族生活」，其保護的內容？有關此，條文並沒有具體明確指出其範圍所在。因此，對「家族生活被尊重的權利」的考量；首先開始的，即是「家族生活」的對象，其構成「家族」的範圍，必須明確。但是一直到目前為止，包括法國最高法院及歐洲人權法院，在任何的判例上，對家族概念的定義，也都沒有明確的敘述。因此，對被認為構成家族生活的案例，須具體檢討其家族關係而定。

家族最基本的構成要素，為夫婦與其子女。關於夫婦，依判例認為其婚姻基本上，必須「是合法的、不是虛偽的」。因此，即使有法律上的婚姻，但其完全是為了取得居留資格的目的，所為的情形等；因並非是實質的婚姻情況，不屬依照同條文，受到保護的家族生活。但，對這邊所謂的合法性，也有從寬的解釋；判例認為，如當事人的婚姻，有足以相信其為合法的情況，即使有該當婚姻無效的事由，也不受影響。另外，認為歐洲人權條約第八條，所謂的「法律上家族與事實上家族，並沒有區別。」因此，事實婚也另外可以成為受保護對象「家族」範圍。法國最高法院也另外作成同樣的判斷。特別是，因各種的狀況，也有事實婚的情況；或即使是法律上的夫婦，但也有因其外國人的地位不合法等情形；如被特別要求，須長期間的婚姻關係及具有安定性。最後，在法國有很多從伊斯蘭教的國家，而來的移民；一夫多妻也成為問題。有多數配偶的外國人，因已經有一位配偶在法

---

[14] 馬場里美，出入国管理における「私生活及び家族生活を尊重される権利」：フランス及び欧州人権裁判所の判例を素材として，早稲田法学会誌 50 期，2000 年 3 月 25 日，第 202 頁。

國居留的情形;其他的配偶要入國,被拒絕等情形,是否也要認同該當外國人「家族生活」被尊重的權利?也有問題。法國最高法院認為在這種情形,第二人以後的配偶,判斷其不能有效援用歐洲人權條約第八條。[15]

貳、國土安全之維護

九一一事件之後,美國五大機構執行國土安全國家戰略,所揭櫫之六項重要任務:1.情報預警(Intelligenceand Warning)、2.邊境暨運輸安全(Border and Transportation Security)、3.本土對抗恐怖主義(Domestic Counterterrorism)、4.保護重大基礎建設和關鍵資產(Protecting CriticalInfrastructures and Key Assets)、5.防衛災難的威脅(Defending against CatastrophicThreats)、以及 6.緊急事件整備與回應(Emergency Preparedness and Response)。事實上,綜合上述任務只有兩個主軸,即如何對付恐怖主義,以及預防災害的發生,其他任務充其量只是為了達成這兩個任務所延伸的準備與回應行動[16]。

美國在 2002 年 6 月的眾議院「政府改革委員會」通過,成立「國土安全部」的議案。在國土安全定義的基礎上,國土安全戰略設定三個戰略目標,分別為:整合國家所有力量防止恐怖分子在美國境內攻擊;針對恐怖主義,減少美國的弱點;攻擊發生

---

[15] 馬場里美,前揭出入国管理における「私生活及び家族生活を尊重される権利」:フランス及び欧州人権裁判所の判例を素材として,第202-203 頁。

[16] 鍾京佑,後九一一時期美國國土安全政策之探討:戰略的觀點,第六屆「恐怖主義與國家安全」學術暨實務研討會,99 年,第 197 頁。

時將損失降到最小並從攻擊中復原。同年 7 月,「國土安全辦公室」(Office of Homeland Security,OHS)公布了「國土安全國家戰略」(National Strategy for Homeland Security)。探討國土安全部成立目的無非是為了整合各種國土安全相關的議題與事務,確保邊境與航空運輸安全,並加強美國對抗恐怖主義的應變能力,初始分為五個重要部門:(一)邊境暨運輸安全部門(Border and Transportation Security, BTS):該部門負責維護國家邊境和交通運輸系統的安全,它是國家國土安全部最大的一個部門,下轄運輸安全管理局(Transportation and Security Administration, TSA)、海關與國境保護局(Customs and Border Protection, CBP)、移民與海關行政局[17]。

在「九・一一」以後,世界各國的傾向,即主張安全與自由間的「新平衡關係」。各國強化對恐怖主義的對策法制。例如:英國對於外國人有恐怖分子嫌疑者,可為無限期拘禁(依 2001 年反恐怖主義・犯罪・安全法)。另依據秩序監控規定,對有恐怖分子嫌疑者,可能將其拘束在其住宅(依 2005 年恐怖主義預防法)。另對於同前述的有嫌疑的人,在起訴之前 28 天,可對其拘禁;及對有贊揚恐怖主義的行為者,處以刑罰(依 2006 年恐怖主義規範法)等。依此相關法律陸續的制定,如從向來的人權理論而言,也會有問題。而且,在目前亦提了新的恐怖主義對策法案,即反恐怖主義的法律草案;於 2008 年 1 月向眾議院提出,同年的六月獲得通過;並送到參議院[18][19]。

---

[17] 鍾京佑,前揭後九一一時期美國國土安全政策之探討:戰略的觀點,第 196 頁。

[18] 江島晶子,「安全と自由」の議論における裁判所の役割——ヨーロッパ人権条約・2005 年テロリズム防止法(イギリス)・コントロール・オー

日本也同樣的，有各種反恐的對策，正在進行中。其中如從人權理論來看，也有問題的一個例子，即是依 2006 年所修正的《出入國管理及難民認定法》規定，為了防止恐怖分子於未然，對於 16 歲以上的外國人（特別永住者等除外），課予其（在入國時）須被照相及有捺印指紋的義務。在世界中，如美國即迅速繼續的第二次增加這種制度，但真得有必要性嗎？另外其作為反恐怖主義的對策作法，但其的實效性如何？應有檢討的必要。但另一方面，對於可作為實效性檢證的制度，能說存在嗎？

　　依英國 2001 年的《反恐怖主義法》，即於現在社會裡，市民全般皆存在著要求有高度的「安全・安心」作為；在受到此影響，為確保「安全・安心的社會」，即揭示於政府的首要政策課題。而反恐怖主義的對策，也是安全問題上的一必須處理的要點。且像這樣的狀況，依從人權的論點與統治機構的論點，其之間所產生的緊張關係；如以依據德國憲法學者所提出的「安全的基本權」或「預防國家」論為依據的話，於此可說，理論上很迫切的須認為「伴隨著危險改變的契機，對安全觀也要有所改變；即須從法治國家轉換為事前顧慮的社會國家的憲法制度」，這將直接觸及近代立憲國家的思維。

　　另一方面，從人權論的觀點，考量圍繞在「安全與自由」的議論上，原本屬於人權原點的「身體的自由・安全」，是否應由國家來保護？也有必要回到此點。而近來個人人身自由應當受限制的一方，是為了確保「安全」，遂對其權利予以不得已的限制，可以這樣的觀點來看待。本來國家對於暴力，應採取最高警戒，

　　ダー，明治大學法律論叢第 81 卷第 2、3 號合併，2009 年 1 月，第 61 頁。
[19] 本案於 2008 年 10 月因英國參議院反對，在起訴之前的四十二天可加以拘禁，政府即將本草案撤回。

為了此而有了刑事程序、裁判程序的制度，及各種的程序，都是為了重複的保障。今日對於「緊急事態」的處理，採取例外的措施，是一種不得已的論點；為何這種論點會很引人注目，這其中包括國家觀的變化，有其深度意義的問題。

以「安全與自由」為課題，此在憲法上應有幾個問題點存在；第一，「安全與自由」之間，有關其適當調整的可能性。第二，對人權體系的再度檢視的必要性。第三，對安全與自由的調整上，應由何機關負責？從安全與自由間，調整功能的觀點，認為對於恐怖主義對策的緩衝、修正的必要性與可能性[20]。

在我國之移民法規中，亦有基於國土安全考量所為之特定限制及執行，於本文之中將予以分析與檢討。

參、相關法規範之保障

一、臺灣地區無戶籍國民

臺灣地區無戶籍國民有下列情形之一者，得向入出國及移民署申請在臺灣地區居留：一、有直系血親、配偶、兄弟姊妹或配偶之父母現在在臺灣地區設有戶籍。其親屬關係因收養發生者，被收養者年齡應在 12 歲以下，且與收養者在臺灣地區共同居住，並以 2 人為限。……四、居住臺灣地區設有戶籍國民在國外出生之子女，年齡在 20 歲以上……。(《移民法》第 9 條)

臺灣地區無戶籍國民有下列情形之一者，得向入出國及移民署申請在臺灣地區定居：一、前條第 1 項第 1 款至第 11 款之申

---

[20] 江島晶子，前揭「安全と自由」の議論における裁判所の役割-ヨーロッパ人權条約・2005 年テロリズム防止法（イギリス）・コントロール・オーダー，第 64 頁。

請人及其隨同申請之配偶及未成年子女，經依前條規定許可居留者，在臺灣地區連續居留或居留滿一定期間，仍具備原居留條件。但依前條第一項第二款或第八款規定許可居留者，不受連續居留或居留滿一定期間之限制。二、居住臺灣地區設有戶籍國民在國外出生之子女，未滿 20 歲。依前項第 1 款規定申請定居，其親屬關係因結婚發生者，應存續三年以上。但婚姻關係存續期間已生產子女者，不在此限⋯⋯。(《移民法》第 10 條)

無戶籍國民屬於我國國民，只因其未在臺灣地區設有戶籍，其入國即受限制。因人口政策與國家安全等事由，依移民法之規定，無戶籍國民入國須經過申請，一般會被核准得在臺灣地區停留 3 個月，得延長一次，計 6 個月。另如申請居留者，須符合《移民法》第 9 條所規定的條件之一，始得提出。

二、外國人

持停留期限在 60 日以上，且未經簽證核發機關加註限制不准延期或其他限制之有效簽證入國之外國人，有下列情形之一者，得向入出國及移民署申請居留，經許可者，發給外僑居留證：一、配偶為現在在臺灣地區居住且設有戶籍或獲准居留之我國國民，或經核准居留或永久居留之外國人。但該核准居留之外國籍配偶係經中央勞工主管機關許可在我國從事《就業服務法》第 46 條第 1 項第 8 款至第 10 款工作者，不得申請。二、未滿 20 歲之外國人，其直系尊親屬為現在在臺灣地區設有戶籍或獲准居留之我國國民，或經核准居留或永久居留之外國人。其親屬關係因收養而發生者，被收養者應與收養者在臺灣地區共同居住⋯⋯。(《移民法》第 23 條)

外國人在我國合法連續居留五年，每年居住超過 183 日，或

居住臺灣地區設有戶籍國民，其外國籍之配偶、子女在我國合法居留 10 年以上，其中有 5 年每年居留超過 183 日，並符合下列要件者，得向入出國及移民署申請永久居留。但以就學或經中央勞工主管機關許可在我國從事《就業服務法》第 46 條第 1 項第 8 款至第 10 款工作之原因許可居留者及以其為依親對象許可居留者，在我國居留（住）之期間，不予計入：一、20 歲以上。二、品行端正。三、有相當之財產或技能，足以自立。四、符合我國國家利益……。（《移民法》第 25 條）

　　入出國及移民署對於外國人於居留期間內，居留原因消失者，廢止其居留許可，並註銷其外僑居留證。但有下列各款情形之一者，得准予繼續居留：‧三、外國人於離婚後取得在臺灣地區已設有戶籍未成年親生子女監護權。四、因遭受家庭暴力經法院判決離婚，且有在臺灣地區設有戶籍之未成年親生子女。五、因居留許可被廢止而遭強制出國，對在臺灣地區已設有戶籍未成年親生子女造成重大且難以回復損害之虞……。（《移民法》第 31 條）

　　前述第 23 條為外國人持停留簽證，申請改為居留簽證之原因，避免重複出國再另行申請居留簽證，徒然增加申請時間與程序上之出國後，再行入國。但如屬受聘僱從事《就業服務法》第 46 條 8-10 款之外國人，不得申請。

　　第 25 條為永久居留之申請條件，永久居留為狹義之移民，一國家依其人口分佈、國家利益與當事人權益考量，自得訂定申請永久居留之基本條件要求。我國對於申請永久居留之條件要求程度，並不亞於申請歸化之程度，即二者各有相對之考量。永久居留同時具有原來國家之國籍，另外在我國又可永久的居住下去，對其申請之條件，自可加以為必要之提昇。另申請歸化，為

外國人須放棄其原來國家之國籍，始得申請。又一般來我國居留之外國人，其居留原因及條件，已被要求須具有特定性，另排除外國學生及外籍勞工，因此，自可降低其申請之條件。[21]另因是否取得永久居留之權利，與外國人人權是否相關？一般應認為永久居留權，屬於特別的權利，如未取得應不構成限制或侵害其移民人權。[22]但限制長期居住之外國人取得永久居留權之條件，亦應合理，須避免濫用權限，訂定過高之門檻，造成外國人居住期間的過多不便或權益受損。

第 31 條屬於特殊之立法，對於遭遇不法對待或有監護子女權利之外國人，得繼續在我國居留之權利，屬於移民人權之保障條款。其中因家庭暴力案件，經判決離婚，且有未成年子女在臺灣地區設有戶籍者。基於家庭團聚與子女人格之成長考量，例外予以許可其在臺灣地區，得繼續居留。[23]

---

21 國籍之申請居留期間，排除外國學生及外籍勞工之就學與工作期間。《國籍法》施行細則第 5 條：本法第 3 條至第 5 條所定合法居留期間之計算，包括本法中華民國 89 年 2 月 9 日修正施行前已取得外僑居留證或外僑永久居留證之合法居留期間（第 1 項）。申請人具有下列各款情形之一，其持有外僑居留證或外僑永久居留證之居留期間，不列入前項所定合法居留期間之計算：一、經行政院勞工委員會許可從事《就業服務法》第 46 條第 1 項第 8 款至第 10 款規定之工作者。二、在臺灣地區就學者。三、以前 2 款之人為依親對象而取得外僑居留證者（第 2 項）。

22 對於永久居留權之申請，有一定之限制，此屬於特別的權利，如未獲核准，應不構成限制或侵害其移民人權。

23 外國人離婚而獲准在我國居留，是否可以在我國繼續工作？依《就業服務法》第 51 條規定：「雇主聘僱下列外國人從事工作，得不受第 46 條第 1 項、第 3 項、第 47 條、第 52 條、第 53 條第 3 項、第 4 項、第 57 條第 5 款、第 72 條第 4 款及第 74 條規定之限制，並免依第 55 條規定繳納就業安定費：一、獲准居留之難民。二、獲准在中華民國境內連續受聘僱從事工作，連續居留滿五年，品行端正，且有住所者。三、經獲准與其在中華民國境內設有戶籍之直系血親共同生活者。四、經取

肆、檢討與評釋

一、相關問題概述

　　有關無戶籍國民在臺灣地區之居留與定居，依《移民法》第9條第1款規定，得申請居留之原因為，「有直系血親、配偶、兄弟姊妹或配偶之父母現在在臺灣地區設有戶籍。其親屬關係因收養發生者，被收養者年齡應在十二歲以下，且與收養者在臺灣地區共同居住，並以二人為限。」屬對家庭團聚權事由之規定，保障具有一定親屬關係之無戶籍國民，得以來臺居留。其適用範圍，較一般外國人為廣；除了配偶及未成年子女外，另包括祖父母、孫子女、兄弟姊妹或配偶之父母等親屬關係者，在臺灣地區設有戶籍之人。但其亦有排除之處，如其家之家屬、親戚，或有同財共居、須受照顧等之情形。有關其團聚之權利，亦不免受到影響。

　　家庭團聚屬親人之共同生活權利，受到國際人權及《憲法》保護，國家之移民法，應予落實。又我國對於無戶籍國民之入國規定，有特定之歷史與政治因素影響所致，於此我國處於少子化之時代，對於無危害國家安全、造成重大治安顧慮情形下，應予以保障特定具有親屬關係之無戶籍國民，得予申請來臺居留與定居。前述《移民法》9條及第10條之規定，值得肯定。

　　上述《移民法》第23、25及31條之規定，分別第23條為外國人持停留簽證，申請改為居留簽證之原因，避免重複出國再

得永久居留者（第1項）。前項第1款、第3款及第4款之外國人得不經雇主申請，逕向中央主管機關申請許可（第2項）。」

另行申請居留簽證，徒然增加申請時間與程序上之出國後，再行入國。但如屬受聘雇從事《就業服務法》第 46 條 8-10 款之外國人，不得申請。一者，其入國主要目的在於工作，且依工作契約規定，在工作結束後須返國其原來國籍國家，如欲變更居留目的為依親，須依入國程序，重新申請且接受面談。此部份，屬於國家之移民政策，以避免虛偽結婚之情事發生。此項之限制，亦與當事人之人權有關。

二、核發簽證問題

　　實務上有關婚姻移民簽證之核發問題，部分人權與新移民團體指稱「外交部管太多，移民家庭被拆散」。外交部認為，因與事實狀況有所出入特加澄清說明：外交部及我駐外館處基於法定職掌，為維護國家整體利益與國境安全，於審核外國人申請來臺簽證時，均須檢視申請人的申請事由、背景條件與個人紀錄後，始決定准駁及簽證條件，此實符合世界各國簽證審核之通例與我國現行法規。近年來外國人以不同事由來臺的數量日增，其中以外籍勞工及外籍配偶為最多。我駐外館處除依法受理並審核相關外籍人士簽證申請外，近年來更積極加強外籍勞工權益保障及外籍配偶境外輔導等業務。根據行政院勞工委員會及內政部統計，目前在臺合法居留的外籍勞工逾四十萬人，外籍配偶持外僑居留證者近五萬四千人，歷年來外籍配偶歸化取得我國國籍者更有約七萬五千人，由此可見已有十三萬外籍配偶皆是經過我駐外館處核發簽證或輔導後來臺，顯見外交部對於勞工權益、家庭團聚權及基本人權的重視及落實。[24]

---

[24] 但是若干外籍人士因個人原因違反我國法規後，仍希望在台繼續居留或再

本案新移民團體中所稱移民家庭實例，個案情形雖有不同，然多為外籍配偶之一方前有不良或不法紀錄，類此情形，依據各國實務與我國現行法規，包括《外國護照簽證條例》與《入出國及移民法》，均已構成拒發簽證與拒絕其在國內居停留的理由，惟我駐外館處仍按個案情節給予不同期限或註記的簽證，除於法有據外，實已兼顧當事人家庭團聚與政府防範非法等雙重考量。至於個案後續簽證的審理，則將視內政部入出國及移民署依法訪查當事人在臺實際行為後再決定。未來基於維護國境安全與社會安寧，同時兼顧基本人權，外交部及我駐外館處仍將秉持「保障合法、阻絕非法」的原則與「簡政便民」的精神，繼續落實外籍配偶簽證的審核機制，並分別依據個案情況決定簽證准駁與條件，並另將與入出國及移民署研商相關法令之落實與業務分工與合作。此其同時，我駐外館處亦將持續加強外籍配偶境外輔導工作，協助移民家庭順利融入我國社會。[25]

入境工作，其中不乏企圖假藉結婚方式遂其目的之案例，亦因此衍生許多不法現象，尤有甚者，更形成人口販運的隱憂。外交部為過濾虛偽婚姻以保障人權、防範外籍人士藉婚姻名義入境後，從事與原申請簽證目的不符的活動及為配合入出國及移民署打擊人口販運，以提升國家形象，對於有不良紀錄（如冒用身分、非法工作、逾期停居留或其他違法前科）或有虛偽婚姻之虞的外籍人士以結婚為由申請我國簽證，一向採取審慎的應對措施。外交部澄清說明部分人權與新移民團體指稱「外交部管太多，移民家庭被拆散」事，2011 年 8 月 23 日，參見外交部網頁，104.5.9。

[25] 外交部澄清說明部分人權與新移民團體指稱「外交部管太多，移民家庭被拆散」事，2011 年 8 月 23 日，參見外交部網頁，104.5.9。

三、具體案例

（一）判決離婚確定之居留

　　本件上訴人與其前配偶吳某因離婚事件，經臺灣臺南地方法院（下稱臺南地院）96 年民事判決離婚確定，溯及民國 97 年 8 月 27 日離婚，兩人所生之長子權利義務之行使或負擔由吳某任之，並於 97 年 12 月 29 日於戶政事務所完成登記。嗣被上訴人依吳某申請，認上訴人已離婚致其在臺居留原因消失，遂依《入出國及移民法》第 31 條第 4 項規定處分書通知上訴人，自該處分書送達日起廢止居留許可，註銷上訴人之外僑居留證，並限期出國。上訴人不服，提起訴願及行政訴訟，均遭駁回，其上訴意旨略以：上訴人離婚後未取得長子之監護權，其後向臺南地院提起改定監護權訴訟，雖遭敗訴判決，惟判決尚未確定；另上訴人於 96 年 4 月 18 日即已委託案外人何某代為申請永久居留權，被上訴人卻遲不核准，如今因法院判決離婚致上訴人之居留原因消滅，並非上訴人之過失；且強令上訴人出境將損及上訴人每月二次之探視權，被原處分採取之方法所造成之損害與欲達成之目的顯失均衡，違反比例原則，原判決有判決理由不備及矛盾之違法等語，雖以該判決違背法令為由，惟核其上訴理由，係就原審取捨證據、認定事實之職權行使，指摘其為不當。[26]

---

[26] 本案上訴人並就原審已論斷者，泛言未論斷，或就原審所為論斷，泛言其論斷矛盾，而非具體說明其有何不適用法規或適用法規不當之情形，並揭示該法規之條項或其內容，及合於行政訴訟法第 243 條第 2 項所列各款之事實，難認對該判決之如何違背法令已有具體之指摘。依首開規定及說明，應認其上訴為不合法。最高行政法院 100 年度裁字第 897 號裁定。

本文以為：上訴人因已離婚致其在臺居留原因消失，被依《入出國及移民法》第 31 條規定通知上訴人，自處分書送達日起廢止居留許可，註銷上訴人之外僑居留證，並限期出國，此已影響其探視其子女之權利。本案可討論之議題有二：一者，依目前之移民法規定，雖上訴人未取得監護權，但如其被命令出國，與子女分開會造成子女身心受嚴重影響，並得申請繼續居留；屬於移民法上之權利保護。其二，依民法規定離婚之父母，未取得監護權之一方，亦有定期探視子女之權利，此屬於民法上之權利。因此，如無法取得居留權利，退而求其次只能申請停留而為探視。對此，移民法對於居留原因之是否放寬？亦有再行討論之空間。此部分可能非法律規範之問題，而是須依具體個案而為認定，較為妥適。

（二）管制入國之救濟

　　本件上訴人對於原審法院判決上訴，主張：上訴人之配偶黃某返回印尼時（100 年 12 月）已懷孕 21 星期，符合《禁止外國人入國作業規定》第 9 點第 1 項第 2 款「配偶懷孕 21 星期以上」之規定，被上訴人卻罔顧前述規定，對上訴人配偶作出禁止入國期間 5 年之處分，原審亦未注意及此，其判決自有適用法規不當之違法；上訴人之配偶遭被上訴人禁止入國 5 年之處分，已使上訴人妻離子散，全家難以團圓，情何以堪等語。惟查，上訴人於原判決後始主張有前開作業規定第 9 點第 1 項第 2 款「配偶懷孕 21 星期以上」情事，係屬提出新攻擊防禦方法，本院為法律審不得加以斟酌，自不得據以認上訴人對原判決之如何違背法令已有具體之指摘；況且上訴人之配偶禁止入國事由並非因逾期停留、

居留或非法工作，故並不符合前開作業規定第 9 點各項得申請解除入國管制之要件。[27]

　　本文以為：家庭團聚與入管行政，二者之間有一定的分際關係。對於違反移民法禁止入國與驅逐出國規定者，國家得予禁止與一定期間之管制其進入我國，目前禁止外國人入國作業規定，屬於配合驅逐出國等處分之管制作為依據，屬於行政規則位階。在《移民法》中，應明確授權訂定，使其成為法規命令，較為妥適。上訴人主張其「配偶懷孕 21 星期以上」，請求被上訴人解除禁止入國管制，而主管機關卻對上訴人之配偶，作出禁止入國期間 5 年之處分。本案可討論者有二：一者，法規範之明確性，目前之禁止入國作業規定，已有修正並對具有國民之配偶關係者，予以減半管制之期間。其二，對個案管制之比例原則。如有特殊之情事，是否得再予放寬，亦可再行考量。惟為國家安全與社會秩序目的之執行，常會與移民人權保護，產生必然程度之影響，亦屬一定。

---

[27] 對本案，上訴意旨雖以該判決違背法令為由，惟核其上訴理由，係就原審法院取捨證據、認定事實之職權行使，指摘其為不當，而非具體表明合於不適用法規、適用法規不當、或行政訴訟法第 243 條第 2 項所列各款之情形，難認對該判決之如何違背法令已有具體之指摘。依首開規定及說明，應認其上訴為不合法。最高行政法院 101 年度裁字第 1628 號裁定。

第二節　人身自由權

壹、概說

　　我國為保障人權之國家，對於移民人權之保障，近年來亦積極努力的推動。有關人身自由之保障，為其他基本權利之基礎，人身自由受非法拘禁，或被其他司法、行政機關暫時監禁時，如不能即時向法院請求救濟，均會產生其他人權受損或危害當事人權益之情事發生。

　　基本上，個人在現代國家中所扮演的角色，首先是作為民主國家的國民，屬於國民主權的一分子以及國家權力的所有人，此一地位乃是人民在民主政治中最根本的基本權利。不過，人民在自由民主制度之下所扮演的角色，並非僅止於國家權力的「所有人」，其同時是國家權力規範的「對象」。換言之，人民並非僅是「統治者」，其同時也是「被統治者」。尤其在一個以多元社會為基礎的政治體系中，社會利益並不是處於和諧一致的狀態。因此，個人難免會與「多數決」發生衝突，因而面臨「多數專政」的威脅，如果「多數決」以一種獨占正確與真理的態勢出現時，則可能不再允許個人特性或人格的存在。[28]

　　德國多元主義論者 Ernst Fraenkel 即曾指出，盧梭所主張的民主理念，無異是一種剝奪個人特性的斯巴達制度，因而乃有所

---

[28] 李建良，自由、人權與市民社會，收於氏著，憲法理論與實踐（二），學林文化，2000 年 12 月，第 30 頁。

謂「自由民主」與「專政民主」之分。自由的民主政治，必須是基於人格與尊嚴的緣故，而給予個人一定自我決定、自我負責、自我形成生活的空間，此一空間的界定，並非立法權所能恣意為之者，而應由「制憲者」基於公共事務的考量作出基本的決定。傳統上，此項領域被視為憲法中所保障的自由基本權利。透過基本權利的保障，確保個人的自由及自我負責的空間，以便作自己的主人，作為人格尊嚴及意志自由的主體。此等權利僅能在具有堅強的正當化事由時，始能有所限制，特別是基本權利的「本質內涵」是不能被侵犯。是以，所謂「民主的主權者」，其意義在於必須讓諸個人有自我負責、自我決定及自我形成生活的空間，此類事項必須保留給人民自己作決定，「自由空間的保留」乃是尊重個人人格及尊嚴的最起碼要求。[29]

大法官 708 號解釋，宣告《移民法》第 38 條有關移民收容之規定，因未提供被收容人即時向法院請求救濟及延長收容，並未經過法院核准，均有違《憲法》第 8 條有關人身自由保障之意旨，須在限期失效之前，修改移民法，始能繼續合法執行非法移民之收容。

《憲法》第 8 條第 1 項揭櫫：「人民身體之自由應予保障。」並採憲法保留原則（或稱憲法直接保障主義）而明定「非由法院依法定程序，不得審問處罰。」其中，「由法院」一詞，即是剝奪人身自由應由法官介入的核心依據。而「依法定程序」之意涵，依本院歷來解釋：「係指凡限制人民身體自由之處置，不問其是否屬於刑事被告之身分，國家機關所依據之程序，須以法律規定，其內容更須實質正當，並符合《憲法》第 23 條所定相關之

---

[29] 李建良，前揭自由、人權與市民社會，第 30-31 頁。

條件。」據此，依系爭規定所收容之人，既為由具司法警察人員之身分者，於得配帶戒具或武器下執行公權力措施而所逮捕、拘禁之人，自屬依法定程序應保障的對象。再就剝奪人身自由之措施，本院歷來解釋並未以刑事措施為限，尚且及於諸多行政措施，例如：針對違警人之「拘留」或「送交相當處所施以矯正」、對流氓之「留置」或「管訓處分」、對不履行公法上金錢給付義務者之「管收」、對虞犯少年之「收容」等措施，皆仍須遵守「法官保留」原則（本院釋字第166號、第251號、第384號、第523號、第588號、第636號、第664號等解釋參照）。綜上，「暫予收容」既係對外國人違反我國法令所為剝奪人身自由的措施，且依法得收容60日，尚可延長至120日甚至更長，收容之日數且得折抵刑期，自無排除《憲法》第8條第1項應由「法院」即時介入之「法官保留」原則適用的正當性。[30]

貳、相關法規範之保障

一、收容

外國人有下列情形之一者，得不暫予收容：一、精神障礙或罹患疾病，因收容將影響其治療或有危害生命之虞。二、懷胎5個月以上或生產、流產未滿2個月。三、未滿12歲之兒童。四、罹患《傳染病防治法》第3條所定傳染病。五、衰老或身心障礙致不能自理生活。六、經司法或其他機關通知限制出國。入出國及移民署經依前項規定不暫予收容，或依第38條之7第1項廢止暫予收容處分或停止收容後，得依前條第二項規定為收容替代

---

[30] 參見李震山大法官，釋字第七○八號解釋部分協同部分不同意見書。

處分，並得通報相關立案社福機構提供社會福利、醫療資源以及處所。(《移民法》第 38 條之 1)

受收容人或其配偶、直系親屬、法定代理人、兄弟姊妹，對第三十八條第一項暫予收容處分不服者，得於受收容人收受收容處分書後暫予收容期間內，以言詞或書面敘明理由，向入出國及移民署提出收容異議；其以言詞提出者，應由入出國及移民署作成書面紀錄（第 1 項）。入出國及移民署收受收容異議後，應依職權進行審查，其認異議有理由者，得撤銷或廢止原暫予收容處分；其認異議無理由者，應於受理異議時起二十四小時內，將受收容人連同收容異議書或異議紀錄、入出國及移民署意見書及相關卷宗資料移送法院。但法院認得依行政訴訟法相關規定為遠距審理者，於法院收受卷宗資料時，視為入出國及移民署已將受收容人移送法院（第 2 項）。第一項之人向法院或其他機關提出收容異議，法院或其他機關應即時轉送入出國及移民署，並應以該署收受之時，作為前項受理收容異議之起算時點（第 3 項）。對於暫予收容處分不服者，應依收容異議程序救濟，不適用其他撤銷訴訟或確認訴訟之相關救濟規定（第 4 項）。暫予收容處分自收容異議經法院裁定釋放受收容人時起，失其效力。(《移民法》第 38 條之 2)

對於人身自由之保障依據，主要為《憲法》第 8 條之規定，近來因軍中人權問題，立法院亦一舉修改提審法之規定，凡是人身自由受拘禁，均得向法院提出請求提審，以審查拘禁之合法性。因此，在此之前之相關規定，亦均受到提審法之修正，而須全面修正。另如傳染病防制法有關封閉處所之命令，雖然大法官第 690 號解釋指出，基於醫療之專業判斷，且因情況緊急，雖未經過法院審理核准發布之程序，但仍然具有合憲性與合法。對此

問題，亦有後續討論之空間。[31]

　　有關暫予收容，以配合合理之 15 日的作業期間。該「暫予收容」亦為一正式之收容，應給予被收容人收容之處分書，並且明確告知其原因與救濟之管道。在此暫予收容之 15 天期間內，若被收容人無異議，即得依一般作業程序，予以辦理遣返。

　　收容之目的，有為確保執行所在之保全性收容，另一收容目的為安全性收容，即防止被收容人再有違法或其他犯罪危害之行為顧慮，所為之收容。

　　依《移民法》第 38 條之 1 到第 38 條之 17，對於移民收容程序之合憲性保障，現行新規定已符合大法官第 708 號解釋意旨，要求確保被收容人，得對收容提起異議，該救濟並適用法官保留原則。二者，如超過 15 天之延長收容，亦須經過法官之核准，對於移民人身自由權之保障，值得肯定。

　　但仍有二點值得提出：一者，目前對移民人身自由之保障，仍非全面性之須經過法院審理，即例外有被收容之移民，有異議時，始移送法院或以視訊方式審理，其收容合法性與必要性。另外，對於其他移民，如大陸地區人民、港澳居民、無戶籍國民之收容，依目前各別之特別法規定，即《臺灣地區與大陸地區人民關係條例》、《香港澳門關係條例》，及《移民法》對於上述三種外來人口之收容，並未修法配合，適用人身自由保障上，仍有疑義。依本文看法，前述之三種移民，如人身自由受拘禁，是否可

---

[31] 對本項可討論之議題，至少有二：一者，690 號大法官解釋，已然確認其合憲，是否就此確定其效力，而不受影響？其二，提審法修正後，凡一切拘禁人身自由之命令或措施，均受提審法之規定，必須接受法院之要求，而為移送。本文採後說之看法。

依提審法規定，逕向法院申請提審，以請求人身自由之保護？[32]亦待探討。

二、暫時留置

入出國及移民署執行職務人員於入出國查驗時，有事實足認當事人有下列情形之一者，得暫時將其留置於勤務處所，進行調查：一、所持護照或其他入出國證件顯係無效、偽造或變造。二、拒絕接受查驗或嚴重妨礙查驗秩序。三、有第 73 條或第 74 條所定行為之虞。四、符合本法所定得禁止入出國之情形。五、因案經司法或軍法機關通知留置。六、其他依法得暫時留置（第 1 項）。依前項規定對當事人實施之暫時留置，應於目的達成或已無必要時，立即停止。實施暫時留置時間，對國民不得逾 2 小時，對外國人、大陸地區人民、香港或澳門居民不得逾 6 小時（第 2 項）。第 1 項所定暫時留置之實施程序及其他應遵行事項之辦法，由主管機關定之（第 3 項）。（《移民法》第 64 條）

對於人之行政調查，有分成任意性調查與強制性調查，前者主要無特別作用法之明確授權，凡有組織法上之依據，即得為實施，但不能強制拘束受調查人之行動自由。另外為強制性調查，其包括得採取實力、必要強制力之方式，施加以被調查人身上，或對違反、拒絕配合者，處以罰鍰；最為嚴重者，並得處以刑事罰，例如：《國家安全法》第 4 條及第 6 條之規定。[33]

---

[32] 移民如人身自由受拘禁，應可依提審法規定，逕向法院申請提審。依提審法第 1 條：「人民被法院以外之任何機關逮捕、拘禁時，其本人或他人得向逮捕、拘禁地之地方法院聲請提審。但其他法律規定得聲請即時由法院審查者，依其規定。」因此，應依移民法第 38 條之 1 到第 38 條之 9 之特別規定救濟。

[33] 國家安全法第 6 條規定：無正當理由拒絕或逃避依第四條規定所實施之

另在調查原因上，亦可分成一般之身分查證，以防止危害或確認有無違法嫌疑，此如依警察職權行使法第 6 條之對人查證身分，依該法第 7 條並得至久，可將被盤查人暫留 3 小時，以作為查證必要之時間。另一種之調查，則屬於違序調查，即對於具體有違反行政法規或社會秩序維護法之行為，得即時制止其行為，並逕行通知其至場，接受調查。其調查時間，在行政罰法及社會秩序維護法中，並無明定；解釋上應儘速調查，及作成裁處書或移送簡易庭，不得稽延；並至長不得超過 24 小時，以免違反《憲法》第 8 條之規定。

　　大法官第 535 號解釋理由書提及：「……警察法第二條規定警察之任務為依法維持公共秩序，保護社會安全，防止一切危害，促進人民福利。第三條關於警察之勤務制度定為中央立法事項。《警察勤務條例》第 3 條至第 10 條乃就警察執行勤務之編組、責任劃分、指揮系統加以規範，第 11 條則對執行勤務得採取之方式予以列舉，除有組織法之性質外，實兼具行為法之功能。查行政機關行使職權，固不應僅以組織法有無相關職掌規定為準，更應以行為法（作用法）之授權為依據，始符合依法行政之原則，警察勤務條例既有行為法之功能，尚非不得作為警察執行勤務之行為規範。依該條例第 11 條第 3 款：「臨檢：於公共場所或指定處所、路段，由服勤人員擔任臨場檢查或路檢，執行取締、盤查及有關法令賦予之勤務」，臨檢自屬警察執行勤務方式之一種。惟臨檢實施之手段：檢查、路檢、取締或盤查等不問其名稱為何，均屬對人或物之查驗、干預，影響人民行動自由、財產權及隱私

檢查者，處六月以下有期徒刑、拘役或科或併科新臺幣一萬五千元以下罰金。

權等甚鉅。人民之有犯罪嫌疑而須以搜索為蒐集犯罪證據之手段者，依法尚須經該管法院審核為原則（參照《刑事訴訟法》第128條、第128條之1），其僅屬維持公共秩序、防止危害發生為目的之臨檢，立法者當無授權警察人員得任意實施之本意。是執行各種臨檢應恪遵法治國家警察執勤之原則，實施臨檢之要件、程序及對違法臨檢行為之救濟，均應有法律之明確規範，方符憲法保障人民自由權利之意旨。

上開條例有關臨檢之規定，既無授權警察人員得不顧時間、地點及對象任意臨檢、取締或隨機檢查、盤查之立法本意。除法律另有規定（諸如《刑事訴訟法》、《行政執行法》、《社會秩序維護法》等）外，警察人員執行場所之臨檢勤務，應限於已發生危害或依客觀、合理判斷易生危害之處所、交通工具或公共場所為之，其中處所為私人居住之空間者，並應受住宅相同之保障；對人實施之臨檢則須以有相當理由足認其行為已構成或即將發生危害者為限，且均應遵守比例原則，不得逾越必要程度，盡量避免造成財物損失、干擾正當營業及生活作息。至於因預防將來可能之危害，則應採其他適當方式，諸如：設置警告標誌、隔離活動空間、建立戒備措施及加強可能遭受侵害客體之保護等，尚不能逕予檢查、盤查。臨檢進行前應對受臨檢人、公共場所、交通工具或處所之所有人、使用人等在場者告以實施之事由，並出示證件表明其為執行人員之身分。臨檢應於現場實施，非經受臨檢人同意或無從確定其身分或現場為之對該受臨檢人將有不利影響或妨礙交通、安寧者，不得要求其同行至警察局、所進行盤查。其因發現違法事實，應依法定程序處理者外，身分一經查明，即應任其離去，不得稽延……。」上述原則，應予遵守。

參、檢討與評釋

大法官 708 號解釋，宣告原來《移民法》第 38 條規定，有關收容處分未設得依法向法院提出救濟及延長收容，未經法院核准，均屬違憲。主管機關於期限內，提出修法草案建議，並經立法院通過，增訂《移民法》第 38 條之 1 至 38 條之 17，對於落實移民人身自由之保障，值得肯定。此與提審法之修正，亦有異曲同工之處。[34]

另《移民法》第 64 條之規定，授權移民署人員得對可疑違法移民法之人，予以查證身分，並於必要時予以暫時留置，對於外來人口至久，得予留置 6 小時之久。此規定，是否會因為基本身分之不同，而有基本立足點之差異？實待討論。或可能違反《憲法》第 7 條之平等原則之問題，亦須詳究。

本文認為，此可分成二點說明之。其一，應可准用《警察職

---

[34] 移民法第 38 條之 2：受收容人或其配偶、直系親屬、法定代理人、兄弟姊妹，對第三十八 154 條第一項暫予收容處分不服者，得於受收容人收受收容處分書後暫予收容期間內，以言詞或書面敘明理由，向入出國及移民署提出收容異議；其以言詞提出者，應由入出國及移民署作成書面紀錄（第 1 項）。入出國及移民署收受收容異議後，應依職權進行審查，其認異議有理由者，得撤銷或廢止原暫予收容處分；其認異議無理由者，應於受理異議時起二十四小時內，將受收容人連同收容異議書或異議紀錄、入出國及移民署意見書及相關卷宗資料移送法院。但法院認得依行政訴訟法相關規定為遠距審理者，於法院收受卷宗資料時，視為入出國及移民署已將受收容人移送法院（第 2 項）。第一項之人向法院或其他機關提出收容異議，法院或其他機關應即時轉送入出國及移民署，並應以該署收受之時，作為前項受理收容異議之起算時點（第 3 項）。對於暫予收容處分不服者，應依收容異議程序救濟，不適用其他撤銷訴訟或確認訴訟之相關救濟規定（第 4 項）。暫予收容處分自收容異議經法院裁定釋放受收容人時起，失其效力（第 5 項）。

權行使法》第 7 條規定，無分本國人或外國人的差別，凡依其可疑程度，至長得留置 3 小時之久，以供作查證身分之用。或謂因外來人口，因語言、基本資料建置等先天上原因等技術問題，無法即時確認其身分資料，因此須授權更長之暫留時間。但此應考慮，是否會暗示，外來人口人身自由，較不受保障之偏見等副作用？亦待再為思考。其二，如果外來人口有違法、違序嫌疑之處，即可依刑事程序或社會秩序維護法、行政罰法授權規定，依法要求其到場，並移送法院及裁罰。至長時間，刑事案件即檢警共用 24 小時；違序案件之調查，不得超過 24 小時。因此，實無必要再規定，查證身分至久為 6 小時之例外。

第三節　平等權

壹、概說

平等權為憲法原則，其可拘束立法、行政及司法權。人人在法律之前，一律平等。對於違反平等權之處分或規範，任何人均可提起救濟或訴訟，以求平反。而平等權之內涵，重在立足點與實質之平等，即容許為合理之差別待遇。對於社會之弱勢，即得依法予以補助或協助，以使其可以在社會上立足。

移民到我國居住，須學習語言、了解社會風俗文化，對於不熟悉之地方，在溝通與競爭力方面，均會受到不利影響。另基於

傳統民族與國族主義，很容易、不自覺的會有排外的心理，因此，常常會發現移民受到當地社會之排擠、打壓等情事，此均已傷害到移民的人權。

有關平等原則之審查基準，林錫堯大法官在釋字第 666 號解釋中，提出協同意見書有如下見解：「……本號解釋多數意見以《憲法》第 7 條平等原則為審查基準，固有其見地。惟一般之平等原則，要求在法律上對相同事物為相同處理，對不同事物為不同處理。因此，僅有符合憲法及法律之平等，而無違反憲法或法律之平等。就法規範而言，本質上符合憲法之法規範，對相同之事物，如無正當理由而為不同之處理，即構成違憲之恣意差別待遇。反之，本質上違反憲法之法規範，對相同之事物縱然為相同之處理，僅徒增違憲之效果，而不具憲法價值。由於平等權並未以特定之法律價值為建構基礎，為形式之基本權。反之，自由權所保障者，為人民受憲法肯定及保護之特定活動或行為方式，而為實質之基本權。平等權必須配合其他之自由權，始具有實質意義。

因平等原則具有評價開放性（Wertungsoffenheit）之特質，作為釋憲之審查基準，在理解與操作上有其困難。基本權受侵害者，不在於要求他人亦受相同之侵害，亦不在於要自己亦如同他人之不受侵害，而在於根本排除該違憲法規之侵害。法律對自由權之侵害，已無一般之違憲情事時，始進而有法律上平等對待之可言。多數意見未能先從系爭規定所涉及之自由權進行審查，易滋系爭規定並不涉及自由權保障之誤解；且對於自由權與平等原則之審查結構，亦未有著墨，殊為可惜」。[35]

---

[35] 參見林錫堯大法官在釋字第 666 號解釋提出之協同意見書。

貳、相關法規範之保障

任何人不得以國籍、種族、膚色、階級、出生地等因素，對居住於臺灣地區之人民為歧視之行為（第 1 項）。因前項歧視致權利受不法侵害者，除其他法律另有規定者外，得依其受侵害情況，向主管機關申訴（第 2 項）。前項申訴之要件、程序及審議小組之組成等事項，由主管機關定之（第 3 項）。（移民法第 62 條）

依《移民法》第 62 條之規定，任何人對移民不得因先天上之膚色、語言、種族、國籍等原因而有歧視他人之行為，對於保障移民在社會上之生活，受到平等對待，值得肯定。

何謂「歧視行為」？[36] 即造成受害人之精神、人格上之損害，且已在外觀上、表現上、生活上形成莫名之壓力，嚴重影響被害人之生活或工作。但對於「歧視行為」之認定，亦須有一定程序，始較客觀。以避免造成各說各話之結果，而無法得到一客觀之結論。

法律規定，屬於社會強制之規範。而人與人生活、交往，屬於人際關係或私下之情誼，並非一定具有權利義務之關聯。因此，人與人之間的互動，即很少以法律為強制之規定。「歧視」

---

[36] 何謂「歧視行為」？例如依國際勞工大會 1958 年通過的關於就業及職業歧視的公約（第 111 號公約）第一條、為本公約目的，「歧視」一語指：(1)基於種族、膚色、性別、宗教、政治見解、民族血統或社會出身的任何區別、排斥或特惠，其效果為取消或損害就業或職業方面的機會平等或待遇平等；(2)有關成員在同雇主代表組織和工人代表組織——如果這種組織存在——以及其他有關機構磋商後可能確定其效果為取消或損害就業或職業方面的機會平等或待遇平等的其他區別、排斥或特惠。

與妨害名譽、性騷擾,亦有所不同,因此,對於移民之歧視行為或言論,當以有無將人視為低級、任行咒罵、羞辱言行等表現而為認定。

參、檢討與評釋

對於每個人的人性尊嚴須予尊重,雖非憲法所明文,但經由相關大法官解釋中,已將人性尊嚴解釋為具有我國憲法之內涵。[37]人與人相處,須尊重他人之人格權,不得非法予以侵害或侮辱。

憲法上各種基本權利均有其保障範圍,人民之行為只有在基本權利之保障範圍內始受憲法保障,而國家之活動只有在基本權利的保障範圍內對人民造成干擾,才會產生基本權利干預的問題,因此,判斷國家活動是否造成基本權利干預,首先必須確定基本權利之保障範圍何在。就此而言,「基本權利之保障範圍」與「基本權利干預」二者可說是一體兩面、互為表裡,國家活動對人民造成之影響一旦確定落在基本權利的保障範圍內,則幾乎也可以同時確定已經產生了基本權利干預。[38]

在概念上,基本權利之「保障範圍」與「規制範圍」二者應加以區別。所謂基本權利之規制範圍,係指基本權利適用之生活

---

[37] 有關「人性尊嚴」之重要性,司法院大法官在第 603 號解釋文指出:維護人性尊嚴與尊重人格自由發展,乃自由民主憲政秩序之核心價值。隱私權雖非憲法明文列舉之權利,惟基於人性尊嚴與個人主體性之維護及人格發展之完整,並為保障個人生活私密領域免於他人侵擾及個人資料之自主控制,隱私權乃為不可或缺之基本權利,而受憲法第二十二條所保障。

[38] 法治斌、董保城,憲法新論,元照,2014 年 9 月,第 6 版,第 177-178 頁。

領域，且基本權利之保障範圍也是從此一生活領域中來加以確定。以《德國基本法》第 8 條第 1 項為例，其規定德國人民和平而不攜帶武器之集會受基本法之保障，就此而言，德國基本法中的集會自由，其「規制範圍」包括「一切之集會」，但其「保障範圍」則為「和平而不攜帶武器之集會」。

在法律條文的規範方式上，常常可見「若……，則……」此種「構成要件——法律效果」之結構，依此，某一行為只要符合法條所描述的情狀（構成要件），則在法律上會產生一定之效果。上述這種法律條文的規範結構，亦存在於基本權利條款中，申言之，我們可將基本權利之保障範圍視為「基本權利之構成要件」，人民某一行為若符合基本權利條款所描述之情狀（構成要件該當），即發生「受基本權利保障」此一法律效果。[39]

《移民法》第 62 條規定，任何人不得依國籍、種族、膚色、語言、出生地等差異，而歧視居住在臺灣地區之人民，為計對移民與本國國民主要之差異，而為規定。有關不得歧視他人之法律，所在多有，例如：《性別工作平等法》、《就業服務法》等，均規定不得依性別、年齡等其他人與人之間的差異，而有不同的待遇。[40]

---

[39] 法治斌、董保城，憲法新論，元照，2014 年 9 月，第 6 版，第 177-178 頁。
[40] 《就業服務法》第 5 條第 1 項：為保障國民就業機會平等，雇主對求職人或所僱用員工，不得以種族、階級、語言、思想、宗教、黨派、籍貫、出生地、性別、性傾向、年齡、婚姻、容貌、五官、身心障礙或以往工會會員身分為由，予以歧視；其他法律有明文規定者，從其規定。

第四節　正當法律程序

壹、概說

　　外國人如其居留期間已屆至，如果沒有再申請延長，該外國人即失去在日本繼續居住的合法身分。一般外國人的居住，須符合一定的目的與活動，如留學者被學校除籍、退學，或自學校離開；或從自己工作之企業離職，或從事未經過許可的資格外活動等。即其如已離去原來的職位工作或違反居留的原來目的及活動等，將會被撤銷其居留資格。另如其為日本人的配偶，已離婚或配偶亡故，將會喪失其身分資格。另外永久居留的外國人，雖然沒有如上述的消滅居留資格的問題，但如其有觸犯惡質性之罪，亦會被撤銷永久居留資格及被驅逐出國。[41]

　　移民在我國居留生活，如其行為違反移民法之相關規範，依法移民署得撤銷或廢止其居留許可，或命令其離境等處分，此公權力之決定處分已影響移民之權利。因此，在處分之前，應有一定之正當程序，使當事人得予到場陳述意見或請求調查其有利之證據，以保障其人權。

　　依我國《行政程序法》第 3 條之規定，有關外國人入出國及歸化事項，不適用行政程序法。因此，有關移民之入出我國程序及申請歸化等，並不能直接主張，可申請閱覽卷宗、要求公開資訊及告知事由等權利。惟「正當程序」乃屬憲法上之權利，此可

---

[41] 多賀谷一照，前揭公的機關による外国人の把握，第 146 頁。

從《憲法》第 16 條規定，人民有訴願及訴訟之權利規定，另憲法保障各項之基本權利中，可以得出在每項基本權利，亦含有程序性之保障；在我國之相關大法官解釋中，亦已肯認正當法律程序之權利。[42]

　　有關正當法律程序之拘束，大法官在第 710 號解釋理由書中提及：「……兩岸關係條例第 10 條第 1 項規定：「大陸地區人民非經主管機關許可，不得進入臺灣地區。」是在兩岸分治之現況下，大陸地區人民入境臺灣地區之自由受有限制（本院釋字第 497 號、第 558 號解釋參照）。惟大陸地區人民形式上經主管機關許可，且已合法入境臺灣地區者，其遷徙之自由原則上即應受憲法保障（參酌《聯合國公民與政治權利國際公約》第 12 條及第 15 號一般性意見第 6 點）。除因危害國家安全或社會秩序而須為急速處分者外，強制經許可合法入境之大陸地區人民出境，應踐行相應之正當程序（參酌《聯合國公民與政治權利國際公約》第 13 條、《歐洲人權公約第七號議定書》第 1 條）。尤其強制經許可合法入境之大陸配偶出境，影響人民之婚姻及家庭關係至鉅，更應審慎。92 年 10 月 29 日修正公布之《兩岸關係條例》第 18 條第 1 項規定：「進入臺灣地區之大陸地區人民，有下列情形之一者，治安機關得逕行強制出境。但其所涉案件已進入司法程序者，應先經司法機關之同意：一、未經許可入境者。二、經許可入境，

---

[42] 大法官第 709 解釋文：·中華民國 87 年 11 月 11 日制定公布之《都市更新條例》第 10 條第 1 項（於 97 年 1 月 16 日僅為標點符號之修正）有關主管機關核准都市更新事業概要之程序規定，未設置適當組織以審議都市更新事業概要，且未確保利害關係人知悉相關資訊及適時陳述意見之機會，與憲法要求之正當行政程序不符。同條第 2 項（於 97 年 1 月 16 日修正，同意比率部分相同）有關申請核准都市更新事業概要時應具備之同意比率之規定，不符憲法要求之正當行政程序。

已逾停留、居留期限者。三、從事與許可目的不符之活動或工作者。四、有事實足認為有犯罪行為者。五、有事實足認為有危害國家安全或社會安定之虞者。」（本條於 98 年 7 月 1 日修正公布，第 1 項僅為文字修正）98 年 7 月 1 日修正公布同條例第 18 條第 2 項固增訂：「進入臺灣地區之大陸地區人民已取得居留許可而有前項第 3 款至第 5 款情形之一者，內政部入出國及移民署於強制其出境前，得召開審查會，並給予當事人陳述意見之機會。」惟上開第 18 條第 1 項規定就因危害國家安全或社會秩序而須為急速處分以外之情形，於強制經許可合法入境之大陸地區人民出境前，並未明定治安機關應給予申辯之機會，有違憲法上正當法律程序原則，不符《憲法》第 10 條保障遷徙自由之意旨。此規定與本解釋意旨不符部分，應自本解釋公布之日起，至遲於屆滿 2 年時失其效力⋯⋯」。

有關移民受正當法律程序權利之保障，在入出國之程序上，因排除行政程序法之適用，因此，在我國之移民法中，對於移民之程序上權利，應另外特別加以規定，始能兼顧此部分執行之合法性。例如：對移民權利影響最大之驅逐出國處分，有關另行規定其執行之程序。

貳、相關法規範之保障

入出國及移民署依規定強制驅逐外國人出國前，應給予當事人陳述意見之機會；強制驅逐已取得居留或永久居留許可之外國人出國前，並應召開審查會。但當事人有下列情形之一者，得不經審查會審查，逕行強制驅逐出國：一、以書面聲明放棄陳述意見或自願出國。二、經法院於裁判時併宣告驅逐出境確定。三、

依其他法律規定應限令出國。四、有危害我國利益、公共安全或從事恐怖活動之虞，且情況急迫應即時處分（第1項）。第一項及第二項所定強制驅逐出國之處理方式、程序、管理及其他應遵行事項之辦法，由主管機關定之（第2項）。第四項審查會由主管機關遴聘有關機關代表、社會公正人士及學者專家共同組成，其中單一性別不得少於三分之一，且社會公正人士及學者專家之人數不得少於二分之一（第3項）。（《移民法》第36條）

　　前已述及有關移民收容之救濟，目前已修改《移民法》增訂第38條之1到第38條之17規定，被收容之移民，如有不服者，即得向法院請求聲明異議，由法院審查收容之合法性與必要性，亦屬人身自由保護之特別救濟程序。而移民法屬於特別法，移民署對於驅逐出國之執行，依其職掌與裁量權之行使，得視行為人之狀況，予以安排適當之執行遣返日期。

　　依前述《移民法》第36條之規定，依規定「強制驅逐外國人出國前」，應給予當事人陳述意見之機會。此與行政程序法之規定，即有一些差異。依行政程序法之規定，原則上行政機關在為不利行政處分之前，須給予當事人陳述意見之機會。[43]因此，包括「所有不利行政處分之前」，原則上均須給予受處分人陳述意見之機會；而此處之移民法，僅是在「驅逐出國前」，給予陳述意見之機會，適用範圍有所不同。此部分之程序保障，有其侷限性。

　　另「強制驅逐已取得居留或永久居留許可之外國人出國前，並應召開審查會」。依比例原則，取得居留與永久居留之外國人，

---

[43]　《行政程序法》第102條規定：行政機關作成限制或剝奪人民自由或權利之行政處分前，除已依第三十九條規定，通知處分相對人陳述意見，或決定舉行聽證者外，應給予該處分相對人陳述意見之機會。但法規另有規定者，從其規定。

與一般停留之外國人，其在我國之生活中心、工作狀況均有所不同。因此，對影響其自由權利較重大之居留與永久居留者之驅逐出國，自應更為謹慎。

透過審查會的方式，可以更客觀的確認本項驅逐出國處分與執行是否合法與適當，另被處分人亦得提出說明與舉證，以保障其必要的權利。踐行本項「正當法律程序」，會增加行政作業時間，或移民本身是否有權，要求繼續在我國居住之權利等問題？亦與此制度之設計有關。為國家利益與公共秩序之處分，會涉及移民人權之保障，二者之間，形成一種緊張關係。國家公權力之執行，首先須有法律之依據或授權，對於處分之決定，並須符合法治國家與行政法之相關原則。除了《移民法》第 36 條規定之正當程序保障權利外，另受處分人，亦得請求訴願與行政訴訟之救濟，原處分之上級機關與行政法院，依法亦得受理移民之請求。

參、檢討與評釋

程序上之保障目的，在於更詳細、更周延的確認受處分人之地位、本案法律之適用、處分之合法性與妥適性等，另有無其他之決定，比逕行驅逐出國更為適當之作法等。因移民人權之保障，是較容易被忽視之議題。透過移民法第 36 條對驅逐出國程序上之限制，以強化我國對移民人權之保障，值得加以肯定。

移民法第 36 條第 1 項後段規定，「但當事人有下列情形之一者，得不經審查會審查，逕行強制驅逐出國：一、以書面聲明放棄陳述意見或自願出國。二、經法院於裁判時併宣告驅逐出境確定。三、依其他法律規定應限令出國。四、有危害我國利益、公共安全或從事恐怖活動之虞，且情況急迫應即時處分。」有上述

例外之情形，則不予召開審查會，逕行驅逐出國。例外情形應從嚴，其中第 1 款為自願放棄。第 2 款，屬於法院之權限，為司法權之驅逐出境與依移民法之驅逐出國權限，有所不同自當尊重司法權之行使。第 3 款依其他法律應限令出國，有所不明。含有概括之範圍，如同時具有外國籍與香港居民身分，得依港澳條例規定強制出境，其保護之適用，似從嚴認定，此處有另行探討之必要。原則上《移民法》為移民之基本法，且正當程序為人權之條款規定，因此，應優先適用為宜。第 4 款，有特殊重大危害國家安全及利益，且有急迫情形，屬特殊狀況，有其必要性。因此，前述第 3 款，例外原因而不明確，應予檢討修正之。

另前述《移民法》第 36 條規定「審查會由主管機關遴聘有關機關代表、社會公正人士及學者專家共同組成，其中單一性別不得少於三分之一，且社會公正人士及學者專家之人數不得少於二分之一。」組織上之公正，亦為正當程序之一環，且具有代理性與正當性之前提。居留與永久居留之外國人，其生活中心與我國有密切之相關。移民法中得驅逐出國之原因，非常廣泛；且執行機關有其維護秩序與社會安全之職責，依移民法之授權，自得對移民處以驅逐出國處分。如發現有其活動與簽證之目的不符者，或有妨害善良風俗之虞者等原因，而裁處驅逐出國，仍會有構成要件之不明確或違反比例原則之處分問題。因此，透過占二分之一比率之社會公正人士或學者專家組成之委員會，予以審查，自會較為客觀公正，可以減少違法處分及保障移民人權，值得肯定。

實務判決認為：……「下列事項不適用本法之程序規定：……二、外國人出入境、難民認定及國籍變更之行為。」《行政程序法》第 3 條第 3 項第 2 款亦有明文規定。（二）按是否准許外國人出入

境，事涉國家主權之行使，為國家統治權之表徵，故主管機關是否准許外國人出入境，自較一般之行政行為享有更高之裁量自由，其相關之行政程序亦無行政程序法之適用，此觀《行政程序法》第 3 條第 3 項第 2 款規定自明。查本件原處分 1 至 5，業已載明主文、違法事實、處分內容，雖未詳述處分之理由，惟由其內容尚不難得知處分之緣由及法律依據；又訴願決定 1 至 4 亦均依規定載明主文及理由，尚無上訴意旨所指違反《行政程序法》第 96 條之情事，況本件並無行政程序法程序規定之適用。又被上訴人於作成原處分前，業已分別於海巡署 22 岸巡大隊及臺北縣專勤隊訊問上訴人，由上訴人陳述對於本案之意見，有海巡署 22 岸巡大隊詢問筆錄及臺北縣專勤隊談話筆錄附原處分卷可稽，尚無上訴意旨所指違反行政程序法第 102 條之情事。又被上訴人依據外交部領事事務局 96 年 6 月 13 日領二字第 0965112142 號函，依法將上訴人列為禁止入國對象，期間 10 年（自 96 年 6 月 15 日至 106 年 6 月 15 日），原審認其係具有構成要件效力之處分，固無違誤，惟因該管制行為係國家主權之行使，並無行政程序法程序規定之適用，已如上述，故被上訴人未如一般行政處分作成書面並通知上訴人，尚無上訴意旨所指違反行政程序法之規定。[44]

---

[44] 本件被上訴人依入出國及移民法第 38 條第 1 項第 1 款、第 2 項所作成之暫予收容處分及延長收容處分，係管制外國人入出境之國家主權行使行為，此與司法院釋字第 588 號解釋係針對行政執行法關於「管收」之規定所作解釋，二者處分之依據及限制人身自由之情況並不相同，無從比附援引，原審亦已闡述甚明。最高行政法院 100 年度判字第 1958 號判決。

第五節　結語

　　移民人權之保障，須被特別強調，因在於移民本身在所居留的國家其人數屬於少數。又移民本身並無投票權利，政治人物對於與移民權益有關之事項，較不易為主動的爭取與關注。移民亦為憲法基本權所保障之主體，國家應重視移民的權利，此從國際人權之發展趨勢與基於國家之間的友好關係、對於人權的尊重等各個面向，均有其必要。

　　本文探討移民法之部分條文，對於移民人權保障之規定，包括家庭團聚權、人身自由、平等權與正當法律程序之相關規定。考量國土安全法益之維護，在人權與公權力之執行上，常會形成緊張關係。立法保障之規定，可形成一基本之範圍，可以主張及明確的保護移民此方面之權利。如家庭團聚權之規定，在我國居留之移民，雖然離婚但如取得未成年子女之監護權，仍然得在我國繼續居留。或雖未取得對子女之監護權，但如其被驅逐出國，會對未成年子女造成身心嚴重損害，亦得繼續在我國居留，此規定值得肯定。

　　有關人權之保護，有從立法方面著手，或因行政執法之品質，亦有一定影響。或由法院或大法官解釋，對個案或法令之解釋，亦具有一定之功能。對於移民之管理政策，早期著重在防範其從事不法行為、強調管理與監視，而近來之各國移民行政亦兼顧及移民人權之保護，使其可以安心在我國居留，並不受歧視及保有人身之基本自由面向發展。

CHAPTER 6

婚姻移民人權與國境安全管理之折衝與拉扯：從平等權探討我國新住民配偶入籍之人權保障機制

柯雨瑞

中央警察大學犯罪防治研究所法學博士，曾任內政部警政署保安警察第三總隊第二大隊（基隆）分隊長、第一大隊（台北）警務員，中央警察大學助教、講師、副教授，現為中央警察大學國境警察學系專任教授。本文特別感謝中央警察大學國境警察學系碩士班陳所長明傳教授與林盈君教授之多方協助，始令本文能順利出版之，在此，特別表達感謝之意。

蔡政杰

中央警察大學外事警察研究所（國境組）碩士，現就讀於中國文化大學政治所博士班。曾任內政部警政署保安警察第三總隊隊員、偵查員，臺北縣政府警察局新店分局警員，臺北市政府警察局文山第二分局警員，內政部移民署助理員、科員、專員、視察，現為內政部移民署新竹縣專勤隊副隊長、中央警察大學國境警察學系兼任講師。

前言

　　在全球化（globalization）產生之影響之下，國際間之人口移動狀況已經非常普遍，形成所謂之移民現象（migration phenomenon），較為常見之移民類型有家庭性移民（family migration）、經濟性移民（economic migration）、人道主義性移民（Humanitarian migration）及國際學生（international student）[1]，由於家庭性移民是由兩個不同國家人民結合，進而影響至兩個家庭之發展，相較於其他類型之移民而言，家庭移民對於移入國之影響是較為深遠，往往會對移入國之文化、教育、社會等問題會造成衝擊，是國家政府需要關懷之重要族群之一；而家庭性移民之主體主要是配偶，經由配偶結婚移入後，再產生延伸性之移民，如配偶之父母或親生子女，始形成移民家庭。由於我國與大陸地區之間之歷史背景和特殊之政治關係，對於家庭性移民之定義，除有外籍配偶之外，另有大陸配偶，本文將之合稱新住民配偶。

　　依據司法院釋字第 694 號解釋[2]，憲法第 7 條所稱之平等，並非指絕對的、機械式之平等，而係保障人民在法律上地位之實

---

[1] The Global Migration Phenomenon(2010). The Global Migration Phenomenon. Retrieved October 24, 2012, from http://www.l20.org/publications/41_gF_Briefing-Memo-for-Andres-Rozental.pdf

[2] 就司法院釋字第 694 號解釋文而論，大法官指出，中華民國九十年一月三日修正公布之所得稅法第十七條第一項第一款第四目規定：「按前三條規定計得之個人綜合所得總額，減除下列免稅額及扣除額後之餘額，為個人之綜合所得淨額：一、免稅額：納稅義務人按規定減除其本人、配偶及合於下列規定扶養親屬之免稅額；……（四）納稅義務人其他親屬或家屬，合於民法第一千一百十四條第四款及第一千一百二十三條第三項之規定，未滿二十歲或滿六十歲以上無謀生能力，確係受納稅義務人

質平等，要求本質上相同之事物應為相同之處理，不得恣意為無正當理由之差別待遇。所以，我國憲法保障之平等是實質之平等，本質相同事物需為同等處理之平等，但對於本質不同之事務，則在具有正當理由之下，是容許有差別待遇。故在國家主權為重之前題之下，國民、公民、居民、新住民……等，其本質本存在明顯之差異性，對於不同身分之人民，當然不採取絕對性之平等，而會產生差別之待遇，但只要差別待遇之實質內容，將對不同身分之人民，均達到相對平等之效果，即可以達到所謂之權益衡平。故所謂入籍權益之衡平，並非單純地欲將不同身分人民之權益統一化，如此，反而不符合憲法平等權之精神，也非本文所欲探討之權益衡平之意涵，仍須探討平等權之實義，平等究竟所指為何？

在先進之民主法治國家內，國民、公民、居民、新住民等身分容易區別，亦可輕易辨別其權益差異性，少有爭議存在。但就臺灣而言，對於同為新住民身分之外籍及大陸配偶在臺生活權益之部分，是否仍可主張依憲法精神而為平等待遇，不得為差別待遇？或應將兩者視為本質不同之人民，而就實質平等精神給予差別性之待遇？

承前所述，兩岸有其歷史背景及特殊政治關係，非屬一般國際關係理論可為闡釋，在臺灣地區與大陸地區人民關係條例（以下簡稱兩岸人民關係條例）規範之下，兩岸之間是屬於地區對地

扶養者。……」其中以「未滿二十歲或滿六十歲以上」為減除免稅額之限制要件部分（一〇〇年一月十九日修正公布之所得稅法第十七條第一項第一款第四目亦有相同限制），違反憲法第七條平等原則。是系爭規定所採以年齡為分類標準之差別待遇，其所採手段與目的之達成尚欠實質關聯，其差別待遇乃屬恣意，違反憲法第七條平等原則。

區之關係；相較於外國人身分之外籍配偶，則是國與國之關係，若就此觀點，筆者認為，相較於其他地區人民與其他國家人民，上述兩者在本質上，是存有差異性，所以雖同為新住民之身分，仍應就各別實質之入籍權益，探討彼此之間之衡平性；在此種之邏輯下，係可以允許有差別待遇之情形（事），而非單純機械式之平等待遇。

根據內政部移民署（以下簡稱移民署）及戶政司之統計資料，自 76 年 1 月起至 104 年 9 月止，我國外籍配偶人數計有 16 萬 4,604 人，其中女性占 90%，計有 14 萬 7,849 人，又以越南女性配偶 9 萬 2,089 人為最多；而大陸配偶計有 34 萬 2,662 人，與外籍配偶合計共有 50 萬 7,266 人[3]，占我國總人口數接近 2%，已具有一定之人口規模，不容忽視她（他）們在臺之入籍權益及需求，再者，不論是外籍配偶或大陸配偶，均為我國國民之配偶，與我國社會家庭關係密不可分，基於國家保障國民家庭權益之立場，對於新住民配偶在臺入籍權益之問題，自然需要加以極高度之重視及關懷。

然而，我國對於大陸配偶與外籍配偶在臺入籍規範之法令有所不同，大陸配偶申請在臺居留所適用主要之法令為兩岸人民關係條例，而外籍配偶申請在臺居留所適用之主要法令，則為《入出國及移民法（以下簡稱移民法）》；亦因上揭兩法令所訂立規範之對象不同，制訂之時空背景亦有差異，對於大陸及外籍配偶之

---

[3]　依據移民署及戶政司之業務統計說明，外籍配偶統計人數含歸化（取得）國籍（自 78 年 7 月起統計）及外僑居留之人數，惟歸化（取得）國籍者，在尚未申請取得臺灣地區居留證前，與外僑居留會有重複列計情形。大陸配偶之人數統計，係指向移民署申請證件之人數，而非核准之人數，其中，亦包含已申請定居之人數，實際核准人數，並未統計公布。

在臺入籍權益規範，亦不盡相同，由於兩岸關係礙政治因素使然，我國對於大陸配偶申請在臺居留之規定，相較一般比外籍配偶嚴格。但隨著兩岸關係之逐步改善，我國已漸漸淡化對於大陸地區之敵意，且基於家庭倫理及國際人權之考量，對於大陸配偶之在臺入籍權益及待遇亦逐漸趨向與外籍配偶達成一致性。

目前我國政府對大陸之政策係採漸進式開放[4]，但是在 2008 年之前，由於執政黨對於兩岸政策採取較為保守之態度，兩岸之間，除了社會交流[5]之外，其他不論是經濟、觀光、政治、軍事等交流，幾乎處於停滯狀態，但在政黨輪替之後，我國與大陸地區簽訂海峽兩岸經濟合作架構協議（Economic Cooperation Framework Agreement，簡稱 ECFA），開啟兩岸經濟交流之門；簽訂《海峽兩岸關於大陸居民赴臺灣旅遊協議》，開啟陸客來臺觀光之門，循序改善兩岸交流之模式，但唯有政治與軍事方面，至今仍然未有任何開放交流情形[6]。

亦由於兩岸之間之政治關係，仍是處於一種潛在性之敵對狀

---

[4] 以我國政府開放大陸地區人民來臺觀光模式為例，即可看出我國之大陸政策是屬於漸進性之開放。參考蔡政杰（2012），開放大陸地區人民來臺觀光對我國國境管理衝擊與影響之研究，中央警察大學外事警察研究所碩士論文，頁 1-6。

[5] 可分為探親、團聚等 13 類事由，詳參：柯雨瑞、蔡政杰（2012），論我國對於大陸地區人民來臺觀光之境人流管理機制之現況與檢討，國土安全與國境管理學報，第十七期，頁 59。然「大陸地區人民進入臺灣地區許可辦法」於 102 年 12 月 30 日修正發布後，第 3 條第 1 款將社會交流分為探親、團聚、奔喪及探視等 4 目，惟同辦法第二章之社會交流之相關條文並不只限該 4 目之規定，尚包括：1、延期照料；2、運回遺骸；3、刑事訴訟；4、民事訴訟；5、領取給付；6、領取遺產；7、取得不動產及專案許可等七項事由。

[6] 此一部分，爰就兩岸之間經濟及觀光交流之開放情形，簡略舉例加以說明。

況，中國大陸不放棄武力攻臺，中國大陸對於臺灣，充斥著軍事上之敵意，處心積慮地想消滅中華民國之國家主權地位。故臺灣地區之國安單位，仍將相關大陸事務與人民，列為控管之對象，因此欲將大陸配偶與外籍配偶在臺入籍之權益衡平，一次性調整到位，以目前兩岸情勢而言，仍有其困難度；不過 104 年 11 月 7 日，馬英九總統與大陸領導人習近平於新加坡進行兩岸分治 66 年來，雙方領導人之第一次會談，展開兩岸關係的新頁，未來的兩岸情勢發展，應有利於大陸配偶在臺之入籍權益發展，本文非常樂見之。

然而，因政府無法一次解決所有大陸配偶與外籍配偶權益在臺入籍衡平之問題，造成不少移民團體反彈，其中最具爭議性之議題，是大陸配偶在臺取得身分證之年限，要比外籍配偶多出 2 年之問題。

雖然，馬英九總統於民國 101 年 3 月 19 日曾邀集國內關懷新移民之民間團體及學者專家與相關部會首長座談時[7]，即表達相當關心新住民配偶生活權益等問題，且兩岸關係條例主管機關行政院大陸委員會（以下簡稱陸委會）亦曾表示，關於大陸配偶建議應與外籍配偶取得身分證之時間一致之問題，馬總統及當時陸委會主委賴幸媛都相當重視，且陸委會已依總統指示，將比照外籍配偶制度修正大陸配偶取得身分證年限之規定，以落實「大陸配偶與外籍配偶平權」政策方向[8]。

---

[7]　總統府（2012），總統與關懷新移民團體座談會部分內容及影音檔案，上網瀏覽日期：101 年 7 月 30 日，網址：http://www.president.gov.tw/Print.aspx?tabid=131。

[8]　劉曉霞（2012），陸配領身分證，將縮短為 4 年，上網瀏覽日期：101 年 7 月 30 日，網址：http://news.chinatimes.com/focus/11050105/112012051300327.html。

行政院陸委會業已於民國 101 年 11 月 8 日將兩岸人民關係條例修正草案送行政院院會通過，惟送立法院審議後，在野黨有不同意見，全案目前仍未獲通過，目前大陸配偶仍需結婚在臺生活滿 6 年，始能取得我國身分證。究竟欲達到大陸配偶與外籍配偶申請在臺入籍程序上之各種權益衡平，是否單憑修正現行相關法令即可達成？又或實際上確實有窒礙難行之處？這是一個非常有爭議性之議題，主要之爭點所在，是中國大陸不放棄武力攻臺，中國大陸對於臺灣，充斥著軍事上之敵意，處心積慮地想消滅中華民國之國家主權地位。

　　本文嘗試從現行入出國及移民法、國籍法及兩岸人民關係條例對於外籍及大陸配偶之入籍權益規範著手加以探討，主要之目的，係擬針對於外籍及大陸配偶之在臺入籍規範保障議題之衡平性，進行比較與分析，希望對所有新住民配偶在臺入籍之權益保障，有非常正面之助益。

第一節　平等權之涵義

　　本文因考量須對外籍及大陸配偶在臺入籍規範與相關生活權益保障議題之衡平性，進行比較與分析，故擬先就平等權之涵義進行討論與剖析。以下，擬探討平等權之真實涵義；平等權（right to equality）是屬於基本權利（fundamental rights）之一種，與平等權意義相同或相（近）似之語詞，計有：平等原則（principle of equality）；法律上之平等權（legal equality）；法律之前之平等

權（Equality before the law；The rights to equality before the law）；不受差別（區別）待遇（歧視）權（right not to be discriminated against）；禁止差別（區別）待遇（歧視）原則（the principle of Non-discrimination）；機會平等權（Equality of opportunity；Equal opportunity）；機會平等理論（Theory of equal opportunity）；公平機會之平等權（Equality of fair opportunity）；免受差別待遇（歧視）權（The right to freedom from discrimination）及平等原則（the principle of egalitarianism）等。

在探討有關平等（Equality）與禁止差別（區別）待遇（歧視）（Non-Discrimination）之問題時，有必要從國際人權條約加以著手。依據世界人權宣言（the Universal Declaration of Human Rights）第 2 條之規範，「人人有資格享有本宣言所載之一切權利和自由，不分種族、膚色、性別、語言、宗教、政治或其他見解、國籍或社會出身、財產、出生或其他身分等任何區別。並且不得因一人所屬之國家或領土之政治的、行政的或者國際之地位之不同而有所區別，無論該領土是獨立領土、託管領土、非自治領土或者處於其他任何主權受限制之情況之下。」在上述之條文中，特別強調之核心重點，係為個人根據本宣言所享有之一切權利和自由，不得因種族、膚色、性別、語言、宗教、政治或其他見解、國籍或社會出身、財產、出生、其他身分、所隸屬之國家政治及行政等等之因素，作出任何區別。亦即，每一位個體，均以平等之方式，享有世界人權宣言所保障之一切權利和自由。世界人權宣言第 2 條所揭示之平等，主要係著重於禁止任何形式之區別。

公民及政治權利國際公約人權（事務）委員會（the Human Rights Committee，簡稱為 HRC）曾針對於差別（區別）待遇下定義，公民及政治權利國際公約規範體系中之差別（區別）待遇

（discrimination），乃指植基於各種之理由，諸如基於種族、膚色、性別、語言、宗教、政治或其他意見、國籍或社會出身、財產、出生或其他身分地位等等之因素，進行區別對待、排拒（斥）、限制或設定優先權利之作法；且此等之區別措施，對於任何人站在平等之基石上（on an equal footing），所認知（the recognition）、享有（enjoyment）或行使（exercise）之所有權利或自由（all rights and freedoms），會產生一種無效或損害（破壞）之目的或效果（has the purpose or effect of nullifying or impairing）。依據上述 HRC 之意見，區別化之措施（手段），須對於權利或自由，產生廢棄、無效或損害之目的或效果，始符合差別（區別）待遇之定義[9]。

本文綜整 HRC、IACHR、ECHR 及 OHCHR 等機關（構）對於平等對待及禁止歧視原則之相關見解，可發現上述之原則，具有以下頗為重要之特徵（色）：

一、有關於平等對待及禁止歧視之原則，普遍地受到全球及區域國際（人權）法之保障；

二、並非所有針對於不同之人口（事項）所作出之差異化處遇（措施），均可被視為差別對待（歧視）；亦即，並非所有在法律層級上之差異化（差別化）處遇（對待），均構成差別對待（歧視）；並非所有差異化（差別化）之處遇（對待），均會違犯人性尊嚴；

三、並非對於每一個個案（情境）而論，均需採取相同之對待（處置）；

---

[9] United Nations(2003). Professional Training Series No. 9:Human Rights in The Administration of Justice—A Manual on Human Rights for Judges, Prosecutors and Lawyers. New York, pp 651-656.

四、針對於不同個案之案情，採取不同方式之對待（處置），亦有可能會符合平等對待及禁止歧視原則；

五、如國家所欲追求之目的，目的本身具有客觀性及合法性，即真正最終極之目的，係在於達到正義（公正）之誡命要求，或保護處於脆弱之法律地位之人口；目的不應具有不正義（不公正）、不合理、恣意獨斷、任意善變、暴虐專橫之情形，或有背於人類之基本完整性與尊嚴之情形；且差異化處遇（措施）（differentiation）本身亦具有合理性與客觀性，或者，未導致發生違犯正義（公正）、情理與事務之本質之情事；換言之，係採用合理化與客觀化之手段（工具），則此種之差別待遇，可被加以正當化（合法化）；

六、「平等」之概念，源自於人類全體所共有之尊嚴、價值與人類家庭之完整性（單一性、統一性）；

七、「平等原則」與「特權原則」是無法妥協，再者，「平等原則」與「次等化（劣等化）原則」之間，兩者具有互斥性；

八、國家所欲追逐之法律上目的，與差異化處遇（措施）之手段，兩者之間，須存有合理化之比例關係；國家因基於公眾福祉之考量，所採取差異化之處遇（措施），如或多或少地偏離合理化之比例關係之標準，是否可判斷為違反平等原則，存有爭議性；

九、國家採取之差異化處遇（措施）之手段，究竟是否符合平等權之真義？存在著某種程度之「判斷餘地」，容許由國家自行表述；亦即，究竟可否將國家採取之某種差異化之處遇（措施），加以正當化（合法化）？及上述之正當化（合法化），本身可容許何種程度範圍之變異（化）性，國家擁有「判斷餘地」；

十、假若國家所採用差異化處遇（措施）未具有客觀化與合理化之正當性（合法性），則違反平等原則；

十一、針對於具有重大差異性之情境（情事），國家須採用差異化處遇（措施）之手段加以回應；亦即，對於具有重大差異性之情境（情事），容許國家機關以差異化處遇（措施）之方式加以回應與處置。如國家未採用差異化之處遇（措施），則須符合具有客觀化與合理化之正當性（合法性）之要件。如未具有客觀化與合理化之正當性（合法性），則有違反平等原則之嫌。

根據上述國際公約及國內司法院大法官針對於平等權及禁止歧視原則之相關規範與釋憲之見解，檢視目前臺灣涉及陸配與外配入籍之差異化處遇之措施，可發現以下之重要問題：

一、目前，截至 2016 年上半年為止，陸配與外配入籍之年限，尚未具有一致性；政府管制陸配入籍之年限，主要之目的，係因鑒於兩岸目前仍處於分治與軍事高度對立之狀態，且政治、經濟與社會等體制具有重大之本質差異，另考量原設籍大陸地區人民（陸配）對自由民主憲政體制認識之差異，及融入臺灣社會需經過一定之適應期間[10]，故陸配入籍之年限，最快亦需 6 年，比外配多 2 年；用 6 年之年限，管制陸配入籍之手段，似乎與平等原則有所衝突。主要之爭點，在於陸配除了入籍年限比外配多 2 年之外，陸配無須具備「國民權利義務的基本常識」；理論上，對於陸配是否具有對國民權利義務與自由民主憲政體制之基本認識，宜透由一定之

---

[10] 請參照司法院釋字第六一八號解釋文，大法官並指出，所謂平等，係指實質上之平等而言，立法機關基於憲法之價值體系，自得斟酌規範事物性質之差異而為合理之區別對待。

檢測機制與評量之指標，而評量之指標，亦須科學化與客觀化，透由此種之測量機制，始可得知，而非增加陸配入籍之年限，此種之作法，造成差別待遇之手段（工具）與規範目的之達成之間，未存有一定程度之關聯性，以致於飽受人權團體及學者專家們之批評。故於 2012 年 11 月，行政院針對臺灣地區與大陸地區人民關係條例進行修正，大陸配偶取得身分證之年限，將與外籍配偶一致，並增訂陸配定居之但書規定，要求陸配必須具備「國民權利義務的基本常識」；上述之修法方向，相較而言，符合平等原則；

二、關於大陸地區人民申請來臺團聚須由臺灣地區人民擔任保證人，而外籍配偶則無須保證人制度之差異性部分，考量兩岸目前仍處於政治分治與軍事高度對立之狀態，我國政府自得斟酌規範事物性質之差異而為合理之區別對待，故此一部分之規定，尚可稱符合平等原則；然而，大陸配偶申請來臺團聚之保證人制度，隨著兩岸婚姻型態之改變，相關法令規範也應該跟著時代的腳步邁進，不應停留在防制陸配來臺從事不法行為或活動之假設情境下在制定法令，因此，陸配申請來臺團聚之保證人制度，確實可以重新檢討其存在之必要性，政府亦可朝取消陸配保證人制度之方向研議。

第二節　從平等權探討大陸與外籍配偶在臺入籍權益之衡平性

　　探討外籍及大陸配偶兩者在臺入籍權益之衡平性，必須從外籍配偶與大陸配偶身分之差異性先作說明。外籍配偶在取得我國國籍之前，其身分係為外國人，所謂外國人乃指凡不具我國國籍之人皆屬之[11]，而外國人與本國人之權益上，基於國家主權之立場，在部分權益上所採取之差別待遇措施，是被允許的，即為因一般國家會基於主權之行使，根據相關國際條約及國際狀況，進而區別不同國家之外國人身分，給予不同之權利義務，且與本國人之間之權利義務，容許存在相當之差異性；但若屬於人身自由或生存權等基本權利，一般均會一視同仁，給予與本國人相當之權益，即符合世界人權宣言第 1 條規定：「人人生而自由，在尊嚴和權利上一律平等」，此即屬於基本之人權保障，是較少有差異性對待[12]；因此，外國人和本國人之權益無法完全衡平，其實，在國際社會之普遍觀念上是被接受之客觀事實。再者，依據平等權之意義，如國家所採行之差異性對待之作法，符合比例原則，仍屬於符合平等權之範疇。

　　以下，擬遵循前述本國人與外國人權益之間，存有差異性之既存事實與概念，審視大陸地區人民與外國人之權益；由於兩岸

---

[11]　王育慧（2009），論婚姻移民工作權、應考試權與服公職權，華崗法粹，第 45 期，頁 121-146。

[12]　李明峻教授認為大陸地區人民既不屬於本國人，亦不被歸類為外國人，其本質上，確實屬於特殊身分之外國人，但習慣上又不逕稱為外國人。以上，請參閱：李明峻（2007），移民人權導讀－外國人的人權，人權思潮導論，台北：秀威資訊科技，頁 137-162。

關係特殊，大陸地區人民在我國法令及相關權益之區分上，其身分始終存在著究竟係屬於本國人、外國人或特殊身分外國人之爭議性[13]，在國際社會上是屬於罕見之情況，故亦難以用國際條約或國際情況，解釋我國與大陸地區之關係。然而，根據我國憲法之法理，中國大陸區塊是屬於中華民國之領土，仍然屬於中華民國之固有疆域；故從憲法之法統而論，恐不宜將大陸地區人民定位為外國人。

但若以國內法之規範加以觀察，則依憲法增修條文第 11 條之規定：「自由地區與大陸地區間人民權利義務關係及其他事務之處理，得以法律為特別之規定」，依據上述之規定，因而憲法增修條文授權訂定兩岸人民關係條例，作為規範大陸地區人民權利義務之依據。由此可知，大陸地區人民之權利義務規範，本就屬於特別法之規定，具有其時空背景之因素，因此，很難依一般對於外國人人權之觀念，平衡地對待大陸地區人民，此亦造成目前社會輿論對於外籍配偶與大陸配偶之權益衡平性之抨擊，以下，則對於較為廣泛討論之權益問題作一初探。

壹、結婚來臺申請入籍之年限問題

在我國社會上普遍之認知，外籍配偶從結婚來臺至取得我國身分證，最迅速之時程，係需花費 4 年之時間，而大陸配偶最快則需 6 年之時間，兩者相較之下，同樣結婚來臺之大陸配偶，須比外籍配偶晚 2 年之時程，始能在臺設籍取得身分證，然而，此

---

[13] 李明峻（2007），移民人權導讀－外國人的人權，人權思潮導論，台北：秀威資訊科技，頁 140。

僅是單純以法令之規定進行解讀之比較法，與實際狀況略有差距。外籍配偶來臺取得身分證之時程，實際上，是須視其在臺合法居留之日數決定，從結婚來臺，至入籍之期間，應為為 4 年至 8 年不等，此尚未包括外籍配偶另外須準備基本語言能力，及國民權利義務基本常識測驗所需之時間，以及辦理歸化國籍所需之文件審核，及身分查證之時間，因此，一般所稱外籍配偶來臺 4 年即可取得我國身分證，似乎，並非完全地正確，尚存有若干之落差。

依相關法令之規定，大陸配偶雖然須來臺 6 年始能在臺定居取得我國身分證，但卻免接受基本語言能力及國民權利義務基本常識測驗，且不需辦理歸化程序，可省下參加語文課程之時間及辛勞，及歸化審核之查證時間；大陸配偶僅需在初次來臺團聚時，接受面談並通過後，即可接續辦理依親居留、長期居留及定居，除非其在臺期間有發生違法違規之情形，始需接受相關行政調查程序外，一般大陸配偶大多可在短時間內順利核准在臺依親居留、長期居留及定居，若從此觀點來作權益比較，大陸配偶與外籍配偶申請入籍程序及時間，並非全然失衡。

雖然如此，入籍年限不一之問題，仍常被相關人權團體提出異議，要求主管機關修法。但若沒有完整之配套作為，僅就入籍年限此一議題單方面修正相關陸務法令，以求大陸配偶與外籍配偶權益趨於一致，而使大陸配偶在結婚來臺 4 年後即可入籍我國，屆時，恐外籍配偶亦將抗議大陸配偶申請入籍程序太過簡便，又免接受基本語言能力及國民權利義務基本常識之測驗，對外國人有不平等待遇之疑慮；且外籍配偶之問題，因其所涉之外國人基本人權部分通常均會受到相關國際條約與國際情況之約定，在國際社會上較被重視，雖然國際條約不必然在國內法上具

有其約束力，但一向重視國際關係及人權之我國，在面對國際社會，將很難解釋大陸配偶與外籍配偶之差別待遇理由，所衍生出來之問題，恐怕會比大陸配偶反映入籍年限過長之問題更加嚴重，且難以善處，故要完備兩者之權益衡平，必須同時考量外籍配偶之感受，同步修法，以免顧此失彼，喪失政府照顧新住民配偶之美意。

貳、保證人問題

早年我國與大陸地區因政治敵對關係，彼此之間無法建立互信基礎，且時有諜報事件發生，因此對於往來我國之大陸地區人民，除採事前許可制外，在身分審核標準係趨向從嚴認定，而且除審核其身分以外，欲申請來臺之大陸地區人民，尚需尋覓在臺灣地區設籍之人民作擔保，以避免遭中國情工人員滲透，以致於影響國家安全及社會安定[14]，此即所謂保證人制度。依進入許可辦法第 6 條規定，大陸地區人民申請進入臺灣地區，應依序尋覓 1.臺灣地區配偶或直系血親、2.有能力保證之臺灣地區三親等內親屬、3.有正當職業之臺灣地區公民，1 人作為保證人，且以正

---

[14] 有關於移民與國家安全及社會安定關聯性之討論，尚可參閱：汪毓瑋（2001），移民問題之威脅，收錄於國家安全局主編，非傳統安全威脅研究報告（第一輯），台北市：國家安全局，頁 75-101。汪毓瑋（2008），國土安全之情報導向警務及台灣警務發展之思考方向，第二屆國土安全學術研討會論文集，桃園：中央警察大學，頁 1-28。汪毓瑋（2009），社會安全之情治資訊分享網建構與台灣警務發展之啟示，中央警察大學國境警察學報第 11 期，頁 1-55。汪毓瑋（2009），情報導向警務運作與評估之探討，中央警察大學國境警察學報第 12 期，頁 177-217。汪毓瑋（2010），移民政策之犯罪與安全思考及未來發展方向初探，2010 年國境管理與移民事務研討會論文集，桃園：中央警察大學，頁 1-14。

當職業公民作保者，每年保證對象不得超過 5 人，以預防產生以作保維生之職業保證人；而保證人之責任，則在於 1.保證被保證人確係本人及與被保證人之關係屬實，無虛偽不實情事、2.負責被保證人入境後之生活及其在臺行程告知、3.被保證人有依法須強制出境情事，應協助有關機關將被保證人強制出境，並負擔強制出境所需之費用[15]。若未能履行保證責任或為不實保證者，主管機關視情節輕重，1 年至 3 年內不予受理其代申請大陸地區人民進入臺灣地區、擔任保證人、被探親、之人或為團聚之對象[16]。我國法令把大陸地區人民申請來臺之保證人之資格、保證責任及未履行保證責任之罰則明訂清楚且完整，我國對於大陸地區人民來臺之保證人制度是相當重視，可見一般。

　　大陸配偶申請來臺灣地區團聚，即需依規定尋覓保證人，通常是由臺灣配偶擔任之，若臺灣配偶是長期在大陸地區生活者，則多由臺灣配偶之在臺父母親或兄弟姐妹擔任保證人；而以配偶身分來臺團聚之大陸地區人民，鮮有以正當職業之公民擔任保證人之情形，除非臺灣配偶已過世，且大陸配偶取得繼續在臺居留之許可，始會尋覓有正當職業之公民擔任保證人，否則若一般婚姻之大陸配偶以正當職業之公民作為保證人，反會被因未由臺灣配偶或其親屬擔任保證人，被認為婚姻狀況可能有問題而加強審核。

　　民國 98 年以前，大陸配偶經許可團聚，繼續申請在臺依親居留、長期居留或定居，需依序尋覓 1.依親對象或在臺灣地區設有戶籍之二親等內親屬、2.在臺灣地區設有戶籍及一定住居所，

---

[15] 請參閱「大陸地區人民進入臺灣許可辦法」第 7 條第 1 項規定。
[16] 請參閱「大陸地區人民進入臺灣許可辦法」第 7 條第 3 項規定。

並有正當職業之公民，1人作為保證人，且以正當職業公民身分擔任保證人者，一年不得超過3人，其保證人資格條件與一般申請進入臺灣地區之大陸地區人民更為嚴格。惟兩岸開放交流之初期，普遍發現部分之臺灣配偶在臺生活狀況並不佳，迎娶大陸配偶主要之目的，在於要求其幫忙工作貼補家計；其中尚不乏臺灣配偶俟大陸配偶申請在臺依親居留、長期居留或定居時，藉機向大陸配偶索取大筆費用或其他利益，作為擔任保證人之利益交換條件，造成大陸配偶相當大之困擾，但礙於夫妻關係，難以用恐嚇取財等刑事罪名控告臺灣配偶，往往只能選擇面對現實，借錢給臺灣配偶花用，以換取臺灣配偶願意擔任保證人；此類案例並非個案，且時有所聞，確實對保證人制度之原始立意，造成相當大之衝擊[17]。

因此，筆者曾提出對於大陸配偶之保證人制度應可限於團聚階段實施[18]，內政部亦已於101年11月23日修正居留定居許可辦法，取消大陸配偶申請依親居留及長期居留之保證制度，目前大陸配偶僅限於團聚階段尚有保證制度。

而對於大陸地區人民申請來臺之保證人制度存廢問題，陸委會、移民署等相關機關人員，亦曾多次於非正式會議討論，但因多方意見未能整合，始終未提正式會議討論決議；關於此一議題之看法，國內共計可分為兩派不同之見解，分別為保守派與改革派，分述如下：

---

[17] 以上所提及之實際案例，乃筆者於移民署任職，曾辦理大陸地區人民申請來臺案件之審核工作，就本身工作所見之實際發生過之真實案例之心得與看法。

[18] 柯雨瑞、蔡政杰（2012），從平等權論台灣新住民配偶入籍及生活權益保障，中央警察大學國土安全與國境管理學報，第十八期，頁91-172。

一、保守派之見解

　　保守派認為保證人制度已存在許久，確實對大陸地區人民申請來臺產生嚇阻作用，有減少非法大陸地區人民來臺之效果，另對於臺灣地區人民未履行保證責任之罰則，保守派則認為罰則過輕，對臺灣地區保證人無實質處罰效用，除不應廢止保證人制度外，反而應該加重臺灣地區保證人之罰則，令保證制度更能發揮實效。

二、改革派之見解

　　改革派則認為，兩岸人民交流已達一定規模，且漸入常態，其時空背景早已變遷，已非當初訂立保證人制度之環境，實沒有必要再持續維持保證人制度，且保證人制度已被有心人士濫用，甚至有公司專門開立在職證明書給臺灣地區人民作為擔任保證人之證明，雖然並無證據顯示職業保證人與申請來臺之大陸地區人民之間有任何對價關係，但保證制度確已變質，無繼續存在之必要；且保證人未履行保證責任時，所謂之罰則其實對於保證人無明顯之影響，更令保證制度形同虛設，應可直接廢除，以免造成負面之影響。而就申請來臺之大陸地區人民之角度而言，當然是支持改革派之意見，因刪除保證人制度，更可簡便申請來臺之程序，亦可避免不肖之保證人藉機詐財，謀取不正利益。

　　保證人制度對於大陸配偶來臺團聚至設籍之過程中，占有極重要之份量，若無法尋覓適當之保證人，或遇心懷不軌之保證人，都將嚴重影響大陸配偶申請在臺居留或設籍之權益；然而，外籍配偶來臺居留至設籍之過程中，並無保證人制度，僅需婚姻關係持續存在，即可順利辦理歸化國籍及辦理入籍。就大陸配偶

與外籍配偶權益比較而言，保證人制度之存在，是對大陸配偶相當不公平之制度設計，亦意味著對於大陸配偶之不信任，若同樣之制度加諸於外籍配偶身上，恐將遭受國際人權之輿論抨擊，指一個國家竟然不信任本國國民之配偶。雖然兩岸關係非屬國際議題，但保證人制度是否仍涉人權議題，似仍有商榷空間。

然而，國家之兩岸政策，係朝開放（open）路線邁進，亦是偏向改革派之見解，內政部終於於 99 年 1 月 15 日修正相關條文，以配偶身分來臺居留及定居之大陸地區人民，已不再需要尋覓保證人，亦屬大陸配偶權益維護之一里程碑。惟大陸配偶團聚階段之保證人制度仍然存在，未來應仍可再予討論其存廢之空間。

參、定居數額問題

兩岸關係一直存在著難以明朗化之政治議題，亦造成我國對於大陸地區一直保有反統戰之意識型態，深怕大陸地區人民來臺人數過多，陸方將會以蠶食方式，逐年弱化我國人口質量，選擇以時間換取空間之手段，採取以人口數量戰略模式完成兩岸統一之最終統戰目的，因此，我國對於大陸地區人民來臺之人數始終保有一定之總額限制。如此之思維方式倒亦不是完全沒有其可能性，以陸客來臺觀光為例，在自由市場競爭之下，陸客來臺人數節節上升，背後是否有其目的性，或是兩岸之間之「默契連結」，仍有討論空間[19]，但陸客所欲旅遊之目的國，出境之人數，均為由官方掌控，卻是存在之事實[20]；因此，在大陸地區尚未完全成

---

[19] 請參閱蔡政杰（2012），開放大陸地區人民來臺觀光對我國國境管理衝擊與影響之研究，中央警察大學外事警察研究所碩士論文，頁 126。

[20] 范世平（2010），大陸觀光客來台對兩岸關係影響的政治經濟分析，台北：

為自由民主地區之前，基於國安立場，限制來臺之大陸地區人民數量，似乎有其正當性。亦因如此，對於同為大陸地區人民之大陸配偶，在制度上亦必須一視同仁，每年許可在臺灣長期居留之大陸配偶人數訂有 1 萬 5,000 人之限額[21]，依親居留與定居則是未訂有數額限制。但外籍配偶無論是申請外僑居留、臺灣地區居留或是定居，均無數額限制，相較之下，對於大陸配偶之限制性仍是相對為高。

根據移民署業務統計資料顯示，近 5 年（民國 99 年至 103 年）核准在臺居留（含依親居留及長期居留）平均人數為 2 萬 9,840 人，核准在臺定居平均人數為 7,186 人[22]，以目前大陸配偶僅需取得團聚許可即可辦理在臺依親居留之規定推論，其申請在臺依親居留之年平均人數應該大於申請在臺長期居留之年平均人數，而申請在臺長期居留之年平均人數理論上亦應趨近申請在臺定居之年平均人數，因此，筆者推論，移民署訂定每年申請在臺長期居留之大陸地區人民限額為 1 萬 5,000 人，是經過近年申請長期居留及定居之人均數所統計之結果，其 1 萬 5,000 人限額其實應比申請長期居留之大陸地區人民年均數略高，亦即是說，訂定 1 萬 5,000 數額限制，其實宣示意義大於實質意義，僅是在法規制度面表現上大陸配偶亦是與一般大陸地區人民來臺一般設有數額限制，但事實上僅需依年限提出申請在臺長期居留之大陸配偶，依統計數據顯示，理應都能順利取得當年度之配額，最甚者，即為取得次一年度之配額，對於大陸配偶之權益影響並不

秀威，頁 101-102。
[21] 內政部移民署於 100 年 5 月 26 日修正放寬。
[22] 資料來源：內政部移民署業務統計資料報表，更新至 104 年 9 月份止，因 104 年資料僅 9 個月，未足一年，故未納統計。

大。即便如此，外籍配偶與大陸配偶在此方面之權益差異性仍是存在，但因影響不大，鮮少被人提出討論。

肆、財力證明問題

婚姻關係究竟是否建立在相當健全之經濟條件之上，一直是個爭議性之問題。在司法審判實例之中，法官站在人權之制高觀點，較偏向於主張婚姻與經濟並不存在必然之關聯性，夫妻可共同為經濟努力進而經營婚姻[23]。但在 98 年 8 月居留定居許可辦法

---

[23] 筆者於移民署服務站任職時，曾親自受理大陸配偶申請來臺團聚案件，該案因移民署專勤隊在訪查臺灣配偶時，認為臺灣配偶並無正當職業，以到處打零工（代班保全員、路邊攤賣手錶）為生，且住在僅有 2 坪大小，僅有一張單人床之租屋處，且屋內並無準備任何女性之生活用品，難以證明該大陸配偶入境後將與臺灣配偶共同居住於此租屋處，且臺灣配偶亦無法交代大陸配偶入境後將居住何處，因此依據《大陸地區人民申請進入臺灣地區面談管理辦法》第 14 條第 4 款規定，認定「無積極事證足認其婚姻為真實」，而不許可大陸配偶來臺；臺灣配偶不服，提起訴願被駁回後，提出行政訴訟，由筆者代理移民署以被告身分出庭答辯，縱然筆者於庭上已提出該臺灣配偶於最近半年內，代理保全工作未達 10 次，且依該臺灣配偶提供之手錶批貨單顯示，其批購一批手錶僅花費新臺幣 3 至 5 千元，即使全數賣出亦利潤有限，且無法提供賣手錶之詳細地點，又每次批貨時間，間隔都將近半年，可見該臺灣配偶甚至連打零工都無以維生，迎娶大陸配偶之主要目的，其實，乃欲令大陸配偶幫忙工作，賺取薪資以養育臺灣配偶，在實務上通常稱之為「照顧式婚姻」或「經濟性婚姻」。然而本案審判長認為，婚姻與經濟並不存在必然之關聯性，若兩人是真意結婚，則可共同為經濟努力進而經營婚姻，並無違法之處，因此判決移民署敗訴，請移民署另為適法之處分，同意該大陸配偶來臺團聚。就本案而論，家庭團聚勝過經濟考量，以人權為本之判決亦似為恰當。以上，係從法理上加以論述。不過，就常理判斷，夫妻共同居住在僅有 2 坪大小，且僅有一張單人床之租屋處，或許，亦可以推側兩人為「無積極事證足認其婚姻為真實」。故本案之中，就一般人之常理及「僅有一張單人床」之外觀事實而論，兩人是否具有真實之夫妻關係，似乎，亦具有爭議性。

尚未進行修正之前，大陸配偶若欲在臺定居，須提出有相當財產足以自立或生活保障無虞證明[24]，雖然，法令並無規定相當財產之定義，但實務上，若無法提出新臺幣二十萬以上之存款證明者，大陸配偶是很難通過定居資格之審查。

然而，亦因「相當財產足以自立」或「生活保障無虞」，均屬於不確定之法律概念，除造成大陸配偶申請不便外，亦造成申請案審核人員之困擾，如未有任何存款之計程車司機，僅提供計程車營利證，符不符合定居資格？開小吃店維生之麵攤老闆，又該提供何種佐證資料，俾利證明生活無虞？諸此種種，造成審核標準之不一，亦容易衍生出審核人員之風紀問題，因此，在民國98年8月修正大陸地區人民在臺灣地區依親居留長期居留或定居許可辦法之後，已把該條文刪除，大陸配偶申請在臺定居，自此免再備有財力證明等相關文件。但依國籍法第3條及第4條規定，外籍配偶欲申請歸化仍須具備相當之財產或專業技能，足以自立，或生活保障無虞；相較於大陸配偶，反而侷限。

伍、入出境證件問題

外籍配偶與大陸配偶在尚未入籍我國取得中華民國護照之前，於入出我國國境接受查驗時，必須持用有效之護照、旅行文件、簽證、許可證、居留證或定居證副本接受查驗入境[25]，意即

---

[24] 98年8月12日修正前之《大陸地區人民在臺灣地區依親居留長期居留或定居許可辦法》第31條第1項第11款規定：「大陸地區人民經許可在臺灣地區長期居留滿二年，符合本條例第十七條第五項規定，申請在臺灣地區定居者，應備齊下列文件：……十一、有相當財產足以自立或生活保障無虞證明。……」

[25] 請參閱《入出國查驗及資料蒐集利用辦法》第8條及第10條規定。

外籍配偶及大陸配偶在入籍我國取得中華民國護照之前，欲進入我國仍是須經過申請許可，始得入境。然而，既然已是我國國民之配偶，必然經常入出我國國境，若每次入境前都需經許可始得進入國境，不免令人感覺麻煩，因此外籍配偶與大陸配偶入出境證件之問題，亦是經常被關切之議題。

外籍配偶結婚來臺後，即可申辦 1 年或 3 年之外僑居留證，若其在臺居留期間有出國再入國之必要者，則需向移民署申請重入國許可，但外籍配偶已經申請許可在臺永久居留，並取得外僑永久居留證，則可自由入出我國，免再申請重入國許可[26]；惟若欲在我國入籍之外籍配偶，通常會循歸化國籍程序辦理入籍，並不會申請永久居留，故若有出國再入國之需要時，大部分之外籍配偶仍是須申請重入國許可。但外國人之重入國許可有分為單次及多次使用 2 種，外籍配偶可選擇申辦多次之重入國許可，其效期以不超過居留證效期為限，且可於申請外僑居留證時，同時申辦[27]。亦即法令雖然規定外籍配偶於出國再入國時，需申請重入國許可，但在實際操作層面上，外籍配偶僅需於申請外僑居留證同時申辦多次之重入國許可，即可在居留期間自由入出我國，不必於出入我國時，每次提出申請，因此外籍配偶在入出國證件方面算相當便利。

反觀大陸配偶於初次來臺，係以團聚事由申請入境，僅給予 1 個月之入境停留效期，且需在國境線上接受面談，通過面談者，始可將停留效期恢復至 6 個月，並憑辦依親居留證；惟若未通過

---

[26] 請參閱《入出國及移民法》第 34 條規定。
[27] 內政部移民署（2012），內政部移民署官方網站，如何申請外人重入境許可證，上網瀏覽日期：101 年 10 月 20 日，網址：https://www.immigration.gov.tw/ct_cert.asp?xItem=1089366&ctNode=32598&mp=1。

面談者，則無法入境，為落實大陸配偶面談制度，以達到良善國境人流管理之目的，對於首次來臺之大陸配偶係核發單次證，持該證僅可入出我國 1 次，使用過後該證即失效無法使用，若要再以團聚事由來臺時，必須再檢附相關文件提出申請，於審核後，再發給一次團聚單次證或一年逐次加簽證，對於以團聚事由來臺之大陸配偶而言，相當不便。

再者，若係申請一年逐次加簽證者，大陸配偶若有出境再入境之需要時，則需於每次出境之前，至移民署辦理加簽手續，始能再入境，且每加簽一次還須支付規費，其手續上相當不便。除非大陸配偶已許可在臺依親居留或長期居留，始能取得一年至三年不等之多次入出境許可證，持憑該證之大陸配偶則可於證件有效期間內，自由入出我國，免按次申請入境許可。

雖然僅是小小之一張（本）作為入出境（國）查驗使用及身分證明之證件，但影響之權益層面，仍是相當大，尤其在大陸配偶入出境之權益方面，與外籍配偶相較之下，確實嚴格頗多，是否有其必要，或應給予權益平衡，尚有賴多方意見整合研議。

第三節　結語

有鑑於我國與大陸地區難稱為國家對國家關係，又大陸地區一向認為與我國交流，並非為平等互惠，而是在「讓利」[28]，種

---

[28] 從兩岸簽訂經濟合作架構協議（ECFA）所擬訂之早收清單，就一直被認

種因素，均為政府遲遲不敢大刀闊斧之推動推動兩岸全面交流之原因，故各項大陸政策改革方面，均須仔細考量國安狀況、政治情勢、輿論反應及社會資源分配等問題，完成相關配套作為，再步步為營，循序開放。對於大陸政策方向是如此，對於大陸配偶在臺入籍權益衡平之問題，亦復如是，大陸與外籍配偶在身分明顯區別之情況之下，若欲一步到位全面平衡兩者之權益，勢必將會面臨現行兩岸法制體系之挑戰，以及影響國民普遍之觀感，但若視若無睹，又會持續遭受人權團體之抨擊，實為兩難。

然而，我國一向奉人權為圭臬，雖然與大陸地區之特殊關係，影響至大陸配偶在臺之入籍權益。入籍年限之規範，尤其是一向遭受非議，若我國法制對大陸配偶申請來臺確實有防範之必要，應係於大陸配偶初次來臺時，即對其身分背景進行加詳細之調查，在申請過程亦可趨於嚴格審查，面談時亦應全力過濾不法，或是再予加重其臺灣保證人之責任，處以有效之罰責…等，均為可行之防備作為；但一旦大陸配偶通過嚴格之審核程序取得

為是大陸方面讓利之結果，始能順利完成早收清單；另大陸國台辦副主任鄭立中於 2011 年 8 月來臺即承諾協助苗栗縣大閘蟹養殖業，並於當年 10 月即派員來臺指導養殖技術，使苗栗縣成為大閘蟹養殖重鎮，且陸方不收任何權利金，亦被解讀是一種讓利之行為，其背面政治意味濃厚。請參閱旺報（2012），社評——盡速展開兩岸經濟戰略對話，上網瀏覽日期：101 年 9 月 29 日，網址：http://tw.news.yahoo.com/%E7%A4%BE%E8%A9%95-%E7%9B%A1%E9%80%9F%E5%B1%95%E9%96%8B%E5%85%A9%E5%B2%B8%E7%B6%93%E6%BF%9F%E6%88%B0%E7%95%A5%E5%B0%8D%E8%A9%B1-213000680.html。萬年生，（2012），苗栗變大閘蟹重鎮，靠中國讓利？上網瀏覽日期：101 年 10 月 26 日，網址：瀏覽網址：http://tw.news.yahoo.com/%E8%8B%97%E6%A0%97%E8%AE%8A%E5%A4%A7%E9%96%98%E8%9F%B9%E9%87%8D%E9%8E%AE-%E9%9D%A0%E4%B8%AD%E5%9C%8B%E8%AE%93%E5%88%A9-134407155.html。

在臺居留權後，即表示已為為我國政府承認之本國國民合法配偶，其在申請入籍之權益上，即應與外籍配偶有同等之對待，而不能再有階段性之差別待遇，故大陸配偶應該比照外籍配偶入籍取得我國身分證之年限辦理。

本文主要係對於大陸及外籍配偶在臺入籍規定探究其衡平性，並歸納出以下建議方向：

一、大陸配偶之入籍年限應與外籍配偶趨於一致；

二、取消大陸配偶申請來臺團聚之保證人制度。

參考資料

中文資料

王育慧（2009），論婚姻移民工作權、應考試權與服公職權，華崗法粹，
　　頁 121-146。

王智盛（2012），大陸地區人民來臺的國境管理機制——以管制理論分
　　析，桃園：中央警察大學國境警察學系 2012 年『國境管理與執法』
　　學術研討會論文集，頁 57-70。

王智盛（2013），〈兩岸互設辦事處之前景與展望〉，臺北：《亞太和平月
　　刊》第 5 卷第 2 期。

王智盛（2014），〈中共兩會對臺政策解析〉，臺北：《亞太和平月刊》第
　　6 卷第 4 期。

王智盛（2014），〈兩岸制度性整合的可能性—「粵港合作框架」與「海
　　峽西岸經濟區」的比較分析〉，香港：《亞洲研究》第 68 期，頁 235-252。

王寬弘（2013），「國家安全法上國境安檢之概念與執法困境」，國土安
　　全與國境管理學報，第 20 期，頁 155-185。

王寬弘（2014），「入出國證照查驗意義與相關職權之比較」，國土安全
　　與國境管理學報，第 22 期，頁 141-174。

吳學燕（2009），移民政策與法規，臺北：文笙書局，頁 340-374。

李明峻（2007），移民人權導讀－外國人的人權，人權思潮導論，臺北：
　　秀威資訊科技，頁 137-162。

汪毓瑋（2001），移民問題之威脅，收錄於國家安全局主編，非傳統安
　　全威脅研究報告（第一輯），臺北市：國家安全局，頁 75-101。

汪毓瑋（2008），臺灣「國境管理」應有之面向與未來發展，桃園：中
　　央警察大學國境警察學系 2008 年「國境安全與人口移動」學術研
　　討會論文集，頁 5-10。

汪毓瑋（2008），國土安全之情報導向警務及臺灣警務發展之思考方向，
　　第二屆國土安全學術研討會論文集，桃園：中央警察大學，頁 1-28。

汪毓瑋（2009），社會安全之情治資訊分享網建構與臺灣警務發展之啟示，中央警察大學國境警察學報第 11 期，頁 1-55。

汪毓瑋（2009），情報導向警務運作與評估之探討，中央警察大學國境警察學報第 12 期，頁 177-217。

汪毓瑋（2010），移民政策之犯罪與安全思考及未來發展方向初探，2010 年國境管理與移民事務研討會論文集，桃園：中央警察大學，頁 1-14。

汪毓瑋（2012），移民與國境管理，桃園：中央警察大學國境警察學系 2012 年『國境管理與執法』學術研討會論文集，頁 57-70。

汪毓瑋（2015），「國土安全理論與實踐之發展」，國土安全與國境管理學報，第 23 期，頁 1-47。

松隈清（2000），國際法概論，東京：酒井書店，頁 78-81。

林盈君（2015），看不見的世界：人口販運，臺北：翰蘆。

施明德（2010），實施個人生物特徵蒐集對入出境通關查驗流程之影響，臺北市：內政部自行研究報告，頁 1-75。

柯雨瑞、蔡政杰（2012），論我國對於大陸地區人民來臺觀光之國境人流管理機制之現況與檢討，中央警察大學國土安全與國境管理學報，第十七期，頁 58-59。

范世平（2010），大陸觀光客來臺對兩岸關係影響的政治經濟分析，臺北：秀威，頁 101-102。

范世平（2011），大陸地區人民來臺管理機制之研究，行政院研究發展考核委員會委託研究案，中華亞太菁英交流協會執行，頁 271-280。

高佩珊（2015），〈美國移民問題分析〉，《國土安全與國境管理學報》，第二十四期。

許義寶（2010），論人民之入出國及其規範，中央警察大學警學叢刊第 40 卷 4 期，頁 3。

許義寶（2012），入出國法制與人權保障，臺北：五南，頁 1-320。

許義寶（2012），論人民出國檢查之法規範與航空保安，中央警察大學國土安全與國境管理學報 17 期，頁 113-153。

陳明傳（2010），我國移民管理之政策與未來之發展，文官制度季刊，第六卷第二期，考試院。

陳明傳（2014），移民理論之未來發展暨非法移民之推估，中央警察大

學國土安全與國境管理學報，2014 年第 22 期，中央警察大學國境
警察學系。

陳明傳、蔡庭榕、孟維德、王寬弘、柯雨瑞、許義寶、謝文忠、王智盛、
林盈君、高佩珊（2014），移民的理論與實務。桃園：中央警察
大學。

游美貴（2009），大陸及外籍配偶生活處遇及權益之研究，內政部入出
國及移民署委託研究案（本研究受行政院研究發展考核委員會補
助），臺灣社會工作專業人員協會執行，頁 1-216。

楊婉瑩、李品蓉（2009），大陸配偶的公民權困境，臺灣民族季刊，第
六卷第三期，頁 47-86。

葉宗鑫（2004），政府人流管理機制之考察與我國制度之省思，行政院
退除役官兵輔導委員會主辦，兩岸經貿研究中心「族群與文化發展」
學術研討會論文集。

廖元豪（2008），移民－基本人權的化外之民，月旦法學雜誌，第 161
期，頁 83-104。

蔡政杰（2012），開放大陸地區人民來臺觀光對我國國境管理衝擊與影
響之研究，中央警察大學外事警察研究所碩士論文，頁 1-6。

蔡庭榕（2000），警察百科全書（9）外事與國境警察，桃園：中央警察
大學出版社，頁 155。

謝立功（2011），大陸地區人民來臺現況及因應作為，展望與探索第 9
卷第 9 期，頁 29-35。

簡建章（2006），入出國許可基本問題之研究，中央警察大學國境警察
學報第 6 期，頁 219-246。

英文資料

Collyer, M.(2006). "States of insecurity: Consequences of Saharan transit
migration", Working Paper No. 31, UK: Centre on Migration Policy
and Society (COMPAS), University of Oxford.

Huang, W. C.,(2013). Broken Bonds: Crime and Delinquency of Foreign
Immigrants in Taiwan. Doctor Dissertation of Criminal Justice College,

Sam Houston State University, USA.

Huntington, Samuel P.(2004). Who Are We? The Challenges to America's National Identity, NY:Simon & Schuster.

Office of the Secretary of Defense of U.S.A.(2012), Annual Report to Congress-Military and Security Developments Involving the People's Republic of China 2012, pp1-44.

Singapore Immigration & Checkpoints Authority(2009). ICA annual report 2009, pp65-70.

United Nations(2003). Professional Training Series No. 9: Human Rights in The Administration of Justice-A Manual on Human Rights for Judges, Prosecutors and Lawyers. New York, pp 651-656.

網路資料

Border Security System Left Open(2006), Retrieved 2015/11/21, from http://www.wired.com/2006/04/border-security-system-left-open/

Czerwinski, Jonah(2007), GAO on Sentinel, US-VISIT, DOS Visas, Retrieved May 18, 2012, from http://www.hlswatch.com/2007/08/05/gao-on-sentinel -us-visit-dos-visas/

Billeri, Matt & Sussman, Abel(2012), Biometrics in Travel and Transportation, Retrieved May 19, 2012, from http://identity.utexas.edu/media/id360/ ID360-2012-MatthewBilleri-Presentation.pdf.

Pathak, Shreesh Kumar(2012), Concept of Border Management. Retrieved May 16, 2012, from http://jnu.academia.edu/ShreeshKumarPathak/Papers/ 139942/Concept_ of_Border_Management

The Global Migration Phenomenon(2010). The Global Migration Phenomenon. Retrieved October 24, 2012, from http://www.l20.org/publications/41_gF_ Briefing-Memo-for-Andres-Rozental.pdf.

Wikipedia(2012), US-VISIT, Retrieved May 18, 2012, from http://en.wikipedia. org/wiki/US-VISIT.

Yonyshell(2007)，生物辨識，藍委：陸客是恐怖分子嗎？上網瀏覽時間

2012 年 5 月 18 日，http://www.wretch.cc/blog/tonyshell/6361820

入出國及移民署（2012），入出國及移民署官方網站，如何申請外人重
　　入境許可證，上網瀏覽日期：101 年 10 月 20 日，網址：https://www.
　　immigration.gov.tw/ct_cert.asp?xItem=1089366&ctNode=32598&mp=1

入出國及移民署（2012），入出國及移民署官方網站業務統計資料，上
　　網瀏覽日期：101 年 10 月 9 日，網址：http://www.immigration.gov.
　　tw/ct.asp？xItem=1114010&ctNode=29699&mp=1

大陸委員會（2012），陸委會 101 年 7 月份兩岸交流統計比較摘要，上
　　網瀏覽日期：101 年 10 月 16 日，網址：http://www.mac.gov.tw/public/
　　Data/2949543671.pdf

旺報（2012），社評──盡速展開兩岸經濟戰略對話，上網瀏覽日期：
　　2012/09/29，網址：http://tw.news.yahoo.com/%E7%A4%BE%E8%A9
　　%95-%E7%9B%A1%E9%80%9F%E5%B1%95%E9%96%8B%E5%8
　　5%A9%E5%B2%B8%E7%B6%93%E6%BF%9F%E6%88%B0%E7%
　　95%A5%E5%B0%8D%E8%A9%B1-213000680.html

金石堂網路書店（2011），天下特刊──非懂不可中國 2015，上網瀏覽
　　日期：2012/09/29，網址：http://www.kingstone.com.tw/mag/book_
　　page.asp？kmcode=2070110347386

屏東縣萬丹戶政事務所（2015），大陸配偶結婚至初設戶籍登記流程圖，
　　上網瀏覽時間：2015/11/05，http://www.wandan-house.gov.tw/?Guid=
　　c07cd9cb-39d0-d014-9d17-e2dff84d984e

屏東縣萬丹戶政事務所（2015），外籍人士與國人結婚申請歸化中華民
　　國國籍暨戶籍登記流程簡圖，上網瀏覽時間：2015/11/05，http://www.
　　wandan-house.gov.tw/?Guid=c07cd9cb-39d0-d014-9d17-e2dff84d984e

張舒涵（2012），學歷認證阻礙，新移民求學艱辛，上網瀏覽日期：2012/
　　09/29，網址：http://tw.news.yahoo.com/%E5%AD%B8%E6%AD%B
　　7%E8%AA%8D%E8%AD%89%E9%98%BB%E7%A4%99-%E6%96
　　%B0%E7%A7%BB%E6%B0%91%E6%B1%82%E5%AD%B8%E8%
　　89%B1%E8%BE%9B-143437991.html

曹郁芬、蘇永耀（2012），對臺短程飛彈，已部署 1200 枚，上網瀏覽時
　　間 2012 年 6 月 27 日，http://www.libertytimes.com.tw/2012/new/
　　may/19/today-t3.htm

移民署（2013），102 年 9 月 1 日實施大陸地區人民定居作業新流程，上網瀏覽時間：2015/11/05，http://www.immigration.gov.tw/fp.asp?fpage=cp&xItem=1216279&ctNode=30346&mp=1

移民署中區事務大隊‧臺中市第二服務站（2010），外配歸化國籍流程（Flowchart for the Application for Naturalization in Marriages），上網瀏覽時間：2015/11/05，https://www.immigration.gov.tw/ct.asp?xItem=1293107&ctNode=35357&mp=s009

萬年生，（2012），苗栗變大閘蟹重鎮，靠中國讓利？上網瀏覽日期：2012/09/29，網址：瀏覽網址：http://tw.news.yahoo.com/%E8%8B%97%E6%A0%97%E8%AE%8A%E5%A4%A7%E9%96%98%E8%9F%B9%E9%87%8D%E9%8E%AE-%E9%9D%A0%E4%B8%AD%E5%9C%8B%E8%AE%93%E5%88%A9-134407155.html

劉曉霞（2012），陸配領身分證，將縮短為 4 年，上網瀏覽日期：2012/09/29，網址：http://news.chinatimes.com/focus/11050105/112012051300327.html

總統府（2012），總統與關懷新移民團體座談會部分內容及影音檔案，上網瀏覽日期：2012/09/29，網址：http://www.president.gov.tw/Print.aspx？tabid=131

羅添斌（2015），國防部「中共軍力報告書」出爐：1400 變 1500 枚，中國增加對臺飛彈，上網瀏覽時間：2015 年 10 月 19 日，http://webcache.googleusercontent.com/search?q=cache:kt1tVfpAMTkJ:news.ltn.com.tw/news/focus/paper/911648+&cd=3&hl=zh-TW&ct=clnk&gl=tw

國家發展與婚姻移民：
由優勢觀點看見
人口結構的改變

林盈君

中央警察大學國境警察學系助理教授，英國新堡大學社會學與社會政策博士。

前言

　　自 1987 年解嚴開放人口移動後，婚姻移民快速增加，至 2015 年婚姻移民已突破 50 萬人口，這 50 萬人不僅為臺灣帶來人口數目上的改變，在文化、社會結構與福利制度上都帶來許多影響。移民署統計資料顯示，由表 1 可看出我國 2014 年結婚對數 14 萬 9,287 對，其中配偶非我國籍者 19,701 對，占總結婚對數 13.2%。

表 1　結婚人口配偶非我國籍對數及百分比一覽表

年別	結婚對數	配偶非我國籍對數	大陸地區		東南亞地區		其他地區		港澳地區	
			結婚對數	百分比	結婚對數	百分比	結婚對數	百分比	結婚對數	百分比
2001	170,515	46,202	26,516	57.39%	17,512	37.90%	1,893	4.10%	281	0.61%
2002	172,655	49,013	28,603	58.36%	18,037	36.80%	2,070	4.22%	303	0.62%
2003	171,483	54,634	34,685	63.49%	17,351	31.76%	2,292	4.20%	306	0.56%
2004	131,453	31,310	10,642	33.99%	18,103	57.82%	2,235	7.14%	330	1.05%
2005	141,140	28,427	14,258	50.16%	11,454	40.29%	2,354	8.28%	361	1.27%
2006	142,669	23,930	13,964	58.35%	6,950	29.04%	2,574	10.76%	442	1.85%
2007	135,041	24,700	14,721	59.60%	6,952	28.15%	2,602	10.53%	425	1.72%
2008	154,866	21,729	12,274	56.49%	6,009	27.65%	2,948	13.57%	498	2.29%
2009	117,099	21,914	12,796	58.39%	5,696	25.99%	2,924	13.34%	498	2.27%
2010	138,819	21,501	12,807	59.56%	5,212	24.24%	2,957	13.75%	525	2.44%
2011	165,327	21,516	12,800	59.49%	4,887	22.71%	3,166	14.71%	663	3.08%
2012	143,384	20,600	12,034	58.42%	4,784	23.22%	3,103	15.06%	679	3.30%
2013	147,636	19,171	10,829	56.48%	4,823	25.15%	3,127	16.31%	713	3.71%
2014	149,287	19,701	10,986	55.76%	5,466	27.74%	3,249	16.5%	942	4.78%

資料來源：移民署[1]（統計至 2014 年 12 月 31 日）

---

[1]　請參見內政部移民署。取自：https://www.immigration.gov.tw/。檢索日期：2015.02.02。

這些非我國國籍的配偶當中，55.76%為中國大陸籍配偶最多，27.74%則為東南亞籍配偶。此外，雖然結婚人口配偶非我國籍對數由 2001 年起的 27%呈現逐漸下降的趨勢，但近五年來始終維持在約 13%至 18%左右，而其中超過一半來自於中國大陸，1/4 來自於東南亞。這些中國大陸與東南亞籍配偶人數一直以來穩定的增加，這些持續增加的移民人口也不斷的改變我國社會結構。

目前我國非經濟性移入人口主要以結婚因素移入者為多數。自 1998 年以來，我國歷年國人間之結婚對數大致維持在 12 萬對上下。我國人與外籍人士結婚（即跨國婚姻）對數，於 1998 年起至 2003 年間呈攀升趨勢，2003 年達 5 萬 4,634 對高峰，但自 2004 年起即急遽下滑至 3 萬對，並持續下滑。2008 至 2012 年間均持平在 2 萬 1,000 對左右。由 2006 年至 2012 年之結婚對數來看，推估未來數年仍將維持此一態勢。其中，2009 年金融海嘯對國人的結婚意願顯有影響，但對跨國婚姻則無明顯影響（見圖 1）[2]。

由國籍分析，我國婚姻女性移民的來源國相當多，圖 2 表示，目前仍以大陸港澳地區與東南亞籍的配偶占多數。大陸港澳地區配偶人數在 2004 年有減少的情況，來自東南亞國家與其他國家的配偶，亦逐漸降低，尤以 2005 年與 2006 年，減少的趨勢相當顯著。這兩個婚姻移民群體減少的趨勢，與政府自 2003 年底 2004 年初起，加強國境線上及境外面談措施有密切關係。[3]

50 萬的婚姻移民對於國家必定產生許多影響，過去針對婚姻移民的研究眾多，主要以婚姻移民生活相關研究，例如：語言學

---

[2] 請參見內政部社會及家庭署。取自：http://www.sfaa.gov.tw/SFAA/Pages/Detail.aspx?nodeid=268&pid=1996。檢索日期：2015.12.02。

[3] 同註 2。

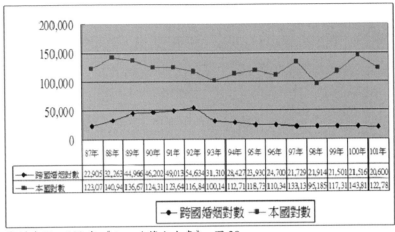

資料來源：102 年《人口政策白皮書》，頁 39

圖 1　本國婚姻與跨國婚姻歷年結婚趨勢

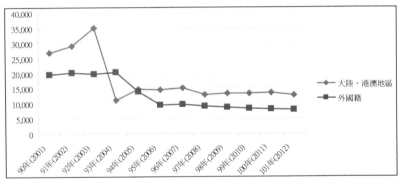

資料來源：102 年《人口政策白皮書》，頁 42

圖 2　大陸、港澳地區與外國籍配偶每年新增結婚登記人數

習成效[4]、休閒活動參與[5]、就業狀況[6]、親密關係經營[7]、健康狀況[8]、子女教養等[9]。或者是國家角度的政策分析，例如：入國前輔導政策[10]、婚姻媒合業[11]。上述這些分析取向多以問題導向為論述，亦即，認為這些婚姻移民在臺灣的生活是有困境的、需要協助的。然而，本文嘗試以優勢原則探討婚姻移民與國家發展的關係。過去，以優勢觀點探討婚姻移民的研究較少（如劉鶴群等，2014）[12]，然而，近年來的婚姻移民政策已逐漸由「問題解決」

---

[4] 相關研究如：柯華葳、韋玉昃、林妹慧（2015）新移民女性學習中文之成效探討，課程與教學，18：3，頁 183-206。陳憶芬（2015）識字意涵之探究：兼論東南亞新移民女性之識字教育，中等教育，66：，頁 150-171。

[5] 相關研究如：鍾政偉、曾宗德（2015）新移民休閒活動參與之研究，博物館學季刊。29：3，頁 69-88。戴有德、郭士弘、辛麗華、陳珮君（2014）休閒調適理論模式之重新檢視：以臺灣新移民女性為例，運動休閒餐旅研究，9：2，頁 1-29。

[6] 相關研究如：賴鈺城（2015）新移民婦女的就業因素——以高雄市為例，華人前瞻研究，11：1，頁 87-112。李迺嫻（2013）談新移民就業輔導與職業教育，新北市終身學習期刊，7，頁 47-54。

[7] 相關研究如：王雅鈴（2015）跨國婚姻中親密關係的發展與經營——新移民女性觀點的探究，性別平等教育季刊，71，頁 123-128。鄭詩穎、余漢儀（2014）順從有時，抵抗有時：東南亞新移民女性家庭照顧經驗中的拉鋸與選擇，臺大社會工作學刊，29，頁 149-197。

[8] 相關研究如：顏芳姿、吳慧敏（2014）臺灣新移民的健康網絡，護理雜誌，61：4，頁 35-45。

[9] 相關研究如：吳瓊洳、蔡明昌（2014）新移民家長親職教育課程內涵建構之研究，家庭教育與諮商學刊，17，頁 33-59。

[10] 相關研究如：王翊涵（2014）從多元文化觀點反思外籍配偶入國前輔導工作的實施，東吳社會工作學報，27，頁 61-85。

[11] 相關研究如：王翊涵（2013）媒合婚姻，媒合適應？！在臺跨國（境）婚姻媒合協會之服務內涵探究，社會政策與社會工作學刊，17：2，頁 39-10。

[12] 劉鶴群、詹巧盈；房智慧（2015）困境中生出的力量：以優勢觀點分析東南亞新住民女性對經濟與就業排除之回應，社會發展研究學刊，16，頁 1-21

導向轉變為優勢觀點方向，因此本文將以婚姻移民對於國家發展有何優勢的觀點探討。

　　所謂優勢觀點強調優勢觀點是以另一種方式來看待人群，不視個案為已受傷害或缺陷的對象。相反的，他們被視為具有潛力的個體。優勢觀點尋求界定影響個人生活的因素，以及使個人可以被激發的方法（Sullivan，1989）。[13]運用個案的優點或強項，來喚醒潛能、使個案達到恢復元氣的目標。

　　優點觀點有六項優點原則：

一、人具有學習、成長與改變的內在能力：強調個人成長改變的能力和潛力。個案與我們一樣擁有能力、一些成就、夢想和盼望。然而我們經常對個案主抱持低度期待。在這個模式中我們採取一種「可行」的態度。

二、強調個案的優點而非病態：優勢觀點的模式認為問題不再是問題，真正的處遇焦點來自於協助個案尋求建設性的方法來滿足、利用或轉化問題。肯定別人的優點，可增強個人權能。

三、個案是助人接觸過程的指導者：指在處遇過程中，個案要為自己做決定，工作者不應影響甚至指責個案所做的決定，更深層的意義則是個案的功能必須透過個案自己參與行動和決定的過程而重新發揮。行動的動力則來自自己的意志：願望和覺醒。

四、個案與個案管理者的關係是助人過程中的關鍵因素：緊密的助人關係是這項模式的重要元素，這項關係伴隨個案經歷困境；這項關係可減輕個案壓力、避免或減少壓力症狀；

---

[13] Sullivan, W. P. (1989). Community support programs in rural areas: Developing programs without walls. Human Services in the Rural Environment, 12(4), 19-24.

這項關係支持其自信，使他／她能解決環境對個人的多重要求。

五、自我肯定的外展為較佳的個案管理模式：若要落實案主自決與運用社區資源，大多數的工作必須於社區中進行，以外展模式進行有助於評量和處遇，工作人員可以對案主有更真實的觀察，並可發現案主周邊的資源。

六、社區可能是資源綠洲，而非阻礙：個人的行為和福祉決定於其擁有的資源和他人對這個人的期待；案主有權利運用周邊資源。工作人員可扮演資源觸媒與統整者的角色，不過此模式強調運用社區的自然（非正式）資源。

有鑑於婚姻移民並不需要是國家的「問題」，而更可能的是國家的「助益」，因此本文嘗試以優勢觀點分析過去的婚姻移民政策，並指出我國如何以優勢觀點對待婚姻移民。

第一節　婚姻移民政策的轉變

1994 年以前我國政府對婚姻移民無任何正式的統計數據，亦無正式的移民政策，相關的法規大多沒顧及到婚姻住民的特殊處境。直至 1999 年政府部門開始重視婚姻移民的權益問題（夏曉鵑，2003）。[14] 過去，在國家角色上往往認為這些婚姻移民是弱勢

---

[14] 夏曉鵑（2003）踐式研究的在地實踐：以「外籍新娘識字班」為例，台灣社會研究季刊，第 49 期，頁 1-47。

的、社會排除的。因此政策設計上也是以適應我國語言、生活、文化為目標。例如：葉肅科（2006）提到婚姻移民女性在臺生活的最大困境是難以融入臺灣社會，這又與她們在臺的處境往往受社會排除因素影響，例如：不對稱婚姻關係、社會接納程度低、社會支持網絡薄弱，以及生活適應困難等有關，而國家透過移民政策與相關措施之執行，在婚姻移民的運作機制中扮演著重要角色。[15]

　　基於上述的想法，國家為了使這些婚姻住民儘速融入臺灣生活，內政部與教育部陸續頒布「外籍新娘生活適應輔導實施計畫」、「全面辦理外籍與大陸配偶生活狀況調查」、「輔導外籍配偶補習教育」、「歸化取得我國國籍者基本語言能力及國民權利義務基本常識認定標準」等政策，這些政策則多著重於協助婚姻移民適應臺灣生活。以下為歷年來有關婚姻移民重要國家政策介紹：

壹、1999 年「外籍配偶生活適應輔導實施計畫」[16]

　　「外籍配偶生活適應輔導實施計畫」目的為落實外籍配偶照顧輔導措施，提升其在臺生活適應能力，使能順利適應我國生活環境，共創多元文化社會，與國人組成美滿家庭，避免因適應不良所衍生之各種家庭與社會問題。服務對象包括臺灣地區人民之配偶為未入籍之外國人、無國籍人、大陸地區人民及香港澳門居民，或已入籍為我國國民而仍有照顧輔導需要者，並鼓勵其在臺共同生活親屬參與。其補助內容包含：

---

[15] 葉肅科（2006）新移民女性人權問題：社會資本／融合觀點，應用倫理研究通訊，第 39 期。

[16] 資料來源：內政部移民署網站 https://www.immigration.gov.tw/lp.asp?ctNode=31539&CtUnit=17110&BaseDSD=7&mp=1，檢視日期 2015 年 12 月 25 日。

一、生活適應輔導班及活動：以提升外籍配偶在臺生活適應能力為重點，施以生活適應、居留與定居、地方民俗風情、就業、衛生、教育、子女教養、人身安全、基本權益、語言學習、有關生活適應輔導及活動等課程，並鼓勵其在臺共同生活親屬參與。

二、種子研習班：培訓種子師資及志願服務者。

三、推廣多元文化活動：以提升國人對外籍配偶主要國家之多元文化認知為目的之教育、講座。

四、生活適應宣導：設置外籍配偶服務專區網頁、攝製宣導影片、印製生活相關資訊等資料。

貳、2002 年「外籍與大陸配偶照顧輔導措施」[17]

2014 年 6 月修定版本包含 8 大重點工作：工作內容包括生活適應輔導、醫療優生保健、保障就業權益、提升教育文化、協助子女教養、人身安全保護、健全法令制度、落實觀念宣導等。

參、2005 年「外籍配偶照顧輔導基金」[18]

該基金以附屬單位的預算方式，每年籌編 3 億元，分 10 年籌措，總計 30 億元。透過這項預算編列能有效整合政府與民間

---

[17] 資料來源：內政部移民署網站 https://www.immigration.gov.tw/lp.asp?ctNode=31541&CtUnit=16711&BaseDSD=7&mp=1，檢視日期 2015 年 12 月 25 日。

[18] 資料來源：內政部移民署網站 http://iff.immigration.gov.tw/np.asp?ctNode=31514&mp=1，檢視日期 2015 年 12 月 25 日。

資源，以落實整體外籍配偶照顧輔導服務，進一步強化新移民體系、推動整體照顧輔導服務。並訂定《外籍配偶照顧輔導基金補助經費申請補助項目及基準》[19]，共有 19 項補助項目，分別為設籍前外籍配偶社會救助計畫、設籍前外籍配偶遭逢特殊境遇相關福利及扶助計畫、外籍配偶人身安全保護計畫、設籍前外籍配偶健保費補助計畫[20]、外籍配偶參加學習課程及宣導時子女臨時托育服務計畫、文化交流活動及社區參與式多元文化活動計畫、辦理外籍配偶及其家人參加多元文化、技藝各類學習課程計畫、外籍配偶就、創業之輔導計畫、外籍配偶提昇就業能力相關學習課程計畫、外籍配偶參與社區發展服務計畫、辦理外籍配偶相關權益之法律諮詢、服務或宣導計畫、宣導活動計畫、強化辦理外籍配偶家庭服務中心計畫、輔導外籍配偶參與及籌設社團組織計畫、辦理外籍配偶照顧輔導志工培訓及運用計畫、編製外籍配偶照顧輔導刊物計畫、輔導外籍配偶翻譯人才培訓及運用計畫、外籍配偶入國（境）前之輔導計畫及外籍配偶及其子女照顧輔導服務相關研究計畫等。

---

[19] 2012 年 12 月 18 日台移字第 1010934224 號令修正之《外籍配偶照顧輔導基金補助經費申請補助項目及基準》。

[20] 補助項目及基準：
　1. 低收入戶之設籍前外籍配偶，補助全民健康保險保險對象自付保險費全額。
　2. 中低收入戶之設籍前外籍配偶，補助全民健康保險保險對象自付保險費二分之一。

肆、2006 年《中華民國人口政策綱領》[21]

為解決少子女化、高齡化及移民等 3 大人口核心問題,行政院於 2006 年函頒修正《中華民國人口政策綱領》,明白宣示:「衡量國內人口、經濟、社會發展所需,訂定適宜之移民政策」作為綱領的基本理念之一,其中包括規劃經濟性及專業人才之移入、強化協助移入人口融入本地社會機制、落實移入人口照顧輔導及對有意移居國外之國人,提供必要之資訊與協助等 4 項重要移民施政目標。

伍、2008 年《人口政策白皮書》

內政部於 2008 年編訂《人口政策白皮書》,此白皮書中對於移民政策共規劃 6 大對策,包括掌握移入發展趨勢、深化移民輔導、吸引專業及投資移民、建構多元文化社會、強化國境管理、防制非法移民等及 32 項具體措施。

陸、2012 年「全國新住民火炬計畫」[22]

依教育部「100 學年度新移民子女就讀國中小人數分布概況統計」資料顯示,外籍配偶子女人數計 19 萬 2,224 人,其中就讀國中者 3 萬 3,640 人,占國中學生總人數 3.9%;就讀國小者有 15 萬

---

[21] 資料來源:內政部移民署網站 https://www.immigration.gov.tw/public/Data/07148491371.pdf,檢視日期 2015 年 12 月 25 日。

[22] 資料來源:內政部移民署網站 http://www.immigration.gov.tw/mp.asp?mp=tp,檢視日期 2015 年 12 月 25 日。

8,584 人，占國小學生總人數 10.9%。因此，火炬計畫期能藉由內政部、教育部、各級學校及民間團體等之跨部會與跨域合作，共同提供全國新住民及其子女完整之文教生活輔導機制與單一窗口的全方位服務，使其能於臺灣穩定生活與長期發展，更希望培養民眾對國際多元文化之了解、尊重與國際文教交流之參與推動，同時，也為建立社會和諧共榮、追求社會公平正義、增進多元文化理解並促進健康幸福家庭的目標而努力，以營造繁榮公義的社會、建立永續幸福的家園，並與全球國際接軌發展。其詳細內涵包含：

一、計畫目標

（一）整合服務資源，落實關懷輔導。
（二）推動親職教育，穩健家庭功能。
（三）提供多元發展，建立支持網絡。
（四）推展多元文化，加強觀念宣導。

二、辦理單位及合作團體

（一）辦理單位：中央為內政部及教育部；地方為直轄市、縣（市）政府、新住民重點學校。
（二）合作團體：新住民重點學校可結合新移民學習中心、外籍配偶家庭服務中心、移民團體、公私立機關或公益團體等，共同推動辦理。

三、辦理方式

（一）各直轄市、縣（市）政府擇轄內小學新移民子女人數超過100名或超過十分之一比例者列為新住民重點學校為推動對象。

（二）直轄市、縣（市）政府得考量轄區需求，於補助經費額度內調整增加重點學校數。新住民重點學校依每校每學年補助上限之 60 萬元、40 萬元、20 萬元等原則，研提實施計畫。

柒、2013 年《人口政策白皮書》[23]

該白皮書中，將移民議題列為三大議題之一，為妥善照顧移入人口，延攬國家發展所需專業人才，留任優秀在臺學生，以提升國家競爭力。移民相關因應對策及具體有效之措施，預期達成以下效益：

一、保障移民人權：增強移民社會、教育、文化、經濟及健康權利之保障，促進移民社會參與，以落實我國人權治國理念。

二、建立多元社會：運用政府及民間資源，建構移民家庭與移民子女多元照顧輔導措施，減少移民在我國社會所面臨之文化衝擊，使其儘速適應我國生活環境，建立多元共榮社會。

三、提高移民勞動參與：強化移民就業能力，提高外籍移民勞動參與率；積極開發新人力資源，創造國家新生產力，促進經濟繁榮。

四、吸引外資外才：為因應少子女化現象，補充產業所需人力，提升我國競爭力，擴大吸引國際優秀人才與投資移民，減緩國內勞動力不足之困境，有助於強化整體勞動力及國際競爭力，促進國家社會經濟發展。

---

[23] 資料來源：衛生福利部社會及家庭署網站 http://www.sfaa.gov.tw/SFAA/Pages/Detail.aspx?nodeid=268&pid=1996，檢視日期 2015 年 12 月 25 日。

五、強化吸引僑外生：為使我國人力資源更加多元化，提升優秀外籍學生來臺留學及畢業後留臺服務意願，將加強推動「高等教育輸出擴大招收境外學生行動計畫」，預期我國在臺留學研習之境外學生（含陸生、僑生等）至 103 年可成長為 9 萬 5,000 人，至 110 年成長為 15 萬人，有助於強化整體勞動力及國際競爭力，促進國家科技經濟發展。

六、強化多元教育：透過強化多元教育之發展，倡導多元文化價值，促進族群和諧及社會祥和，使我國成為反歧視與多元文化的社會，預期外籍配偶成人教育班將累計達 1,000 班以上。

捌、2015 年「新住民二代培力試辦計畫」

一、計畫目的

為強化新住民以語言及文化鏈結婆家與娘家聯繫，透過新住民二代培力試辦計畫，鼓勵新住民子女利用暑假回到（外）祖父母家進行家庭生活、語言學習與文化交流體驗及企業觀摩體驗，並於返臺後分享相關成果，透過學習交流，培育多元化人才的種子，以其母語及多元文化優勢接軌國際，拓展國家發展的新視野。

二、辦理機關

（一）主辦機關：內政部移民署。

（二）協辦機關：教育部及各級學校。

三、辦理內容之體驗重點：

（一）家庭生活、語言學習與文化交流體驗：暑假期間至父或母親原生家庭，進行至少兩週之浸潤式學習體驗，使新住民子女

承襲（外）祖父母家庭豐厚的文化及熱絡彼此情誼，重新認識父（母）原生家庭，了解所具東南亞之文化優勢。另透過新住民家庭、新住民子女及老師組成團隊，進行跨界交流，推廣臺灣文化，體驗不同文化內涵，翻轉對不同文化之刻板印象。在全母語環境中，加強聽說能力與生活化用語，促進新住民子女學習及運用，累積語言資產，厚植未來競爭力。

（二）企業觀摩體驗：暑假期間至臺商企業，進行至少兩週學習，並規劃安排妥適的職場體驗及學習內容。透過臺商企業觀摩體驗，新住民子女未來可成為擴展國際貿易之人才，廣泛延續臺灣經濟實力。

　　觀察這一系列移民輔導政策的轉變，不難看見，起初，政府對於婚姻移民的態度是單向的、父權式的希望這些婚姻移民可以學習我國文化、我國語言、我國法律、甚至是我國食物。然而，這些類似的政策間，隨著一代一代不同婚姻移民輔導政策的推出，實際上能多所轉變。例如：以希望婚姻移民參與社會學習等各項活動為例。一開始，方案設計單純提供婚姻移民的語言學習課程。但是，當政府發現參與這些課程的人數有限後，開始探索這些婚姻移民無法參與課程的理由，於是發現，許多婚姻移民因為要照顧年幼的孩子、年邁的丈夫的父母，因此無法外出參與活動。為了突破這樣的困境，政府在提供婚姻移民課程，也同時提供臨時托育，增加需要帶小孩的媽媽參與活動的機會。更進一步的，政府發現另一群無法參與活動的婚姻移民是因為她們的配偶、配偶的父母不願意讓她們參與社會活動，認為這樣的活動可能讓她們「學壞」，因此，進一步的邀請婚姻移民的家人一同參與，讓這些臺灣配偶與配偶家人能更支持婚姻移民參與臺灣社會活動。這些轉變，除了可以看見國家主體逐漸減少父權角色，而轉以輔助的角

色期待協助婚姻移民在臺灣的生活更加美好，這所謂的美好並不是單向性的要求婚姻移民適應臺灣，而是雙向的讓臺灣社會也與婚姻移民相互交流。而參與活動者也不侷限於婚姻移民，而是希望她們的配偶、姻親（主要是配偶父母）也一同加入。這樣的國家政策角度的轉變，也可由 2013 年《人口政策白皮書》中看見。

在人口政策白皮書中，可以發現，政府對於婚姻移民的態度展現出視婚姻移民為具有學習、成長與改變的內在能力，以及強調婚姻移民的優點。例如：白皮書的三項目標：

一、保障移民人權：增強移民社會、教育、文化、經濟及健康權利之保障，促進移民社會參與，以落實我國人權治國理念。

二、建立多元社會：運用政府及民間資源，建構移民家庭與移民子女多元照顧輔導措施，減少移民在我國社會所面臨之文化衝擊，使其儘速適應我國生活環境，建立多元共榮社會。

三、提高移民勞動參與：強化移民就業能力，提高外籍移民勞動參與率；積極開發新人力資源，創造國家新生產力，促進經濟繁榮。

其中尤其是多元文化的建立以及提升婚姻移民的勞動參與，都可能是由優勢觀點出發的移民政策。

第二節　優勢觀點的移民政策

50 萬人口的婚姻移民，如同提供 50 萬人的年輕勞動力，此外，她們也貢獻了許多的生育率。在生育率曾為全球最低的國家

中，創造生育率本身就是重要議題。這些婚姻移民與臺灣國民的孩子是未來工作人口及納稅人口。雖然有些論述討論婚姻移民的孩子其品質可能比較差，但其他文獻也指出這樣的論述是不成立的。但本文想強調的是在這些討論之前，新的下一代人口的增加，對國家而言即是一種優勢。

除了認知婚姻移民年輕勞動力的增加與生率能力外，國家對於這些人力資源的開發及運用更是重要。《102 年外籍與大陸配偶生活需求調查摘要報告》[24]提出部分外籍與大陸配偶在原屬國具有良好的教育程度，或專業技能，在臺就業或尋求職訓課程、就業媒合的種種過程中，僅能投入技術層級較低的產業別就業。高階人才的人力資本未能有良好的渠道引入臺灣就業市場。外籍與大陸配偶囿於「證照考試為中文」的侷限，使得無法取得證照從事相關工作。建議技術士檢定亦應提供母語考照之機制，或針對外籍與大陸配偶欲從事相關職業者，規劃適當的技能檢定制度，以順利將原屬具備之的技能導入適當的產業中。職訓課程換位思考，提升原屬技能在臺運用之機會。由於政府單位提供技術層級低、服務性高的訓練課程供其選擇，外籍與大陸配偶在有限的選擇下，就業力自然傾向選擇服務業、餐飲、批發零售、支援服務業等類型，而未能由本身之專業能力、興趣出發，將其有效應用於臺灣的職場上。詳細分析《102 年外籍與大陸配偶生活需求調查摘要報告》，其優勢觀點的政策可由勞工政策與子女教育兩方面觀之。

---

[24] 資料來源：移民署網頁 www.immigration.gov.tw/lp.asp?ctNode=35627&CtUnit=19349&BaseDSD=7&mp=1，檢視日期 2015 年 12 月 25 日。

壹、勞動權益促進面向

一、促進跨國人力資本可攜性，規劃技術士檢定母語考照

部分外籍與大陸配偶在原屬國具有良好的教育程度，或專業技能，在臺就業或尋求職訓課程、就業媒合的種種過程中，僅能投入技術層級較低的產業別就業。高階人才的人力資本未能有良好的渠道引入臺灣就業市場。外籍與大陸配偶囿於「證照考試為中文」的侷限，使得無法取得證照從事相關工作。因此，該報告建議技術士檢定亦應提供母語考照之機制，或針對外籍與大陸配偶欲從事相關職業者，規劃適當的技能檢定制度，以順利將原屬具備之的技能導入適當的產業中。

二、職訓課程換位思考，提升原屬技能在臺運用之機會

由於政府單位提供技術層級低、服務性高的訓練課程供其選擇，外籍與大陸配偶在有限的選擇下，就業力自然傾向選擇服務業、餐飲、批發零售、支援服務業等類型，而未能由本身之專業能力、興趣出發，將其有效應用於臺灣的職場上。

就業服務廠商求才庫職缺類型、單位的侷限，也成為新住民人力資本無法有效投入勞動市場，具備專業能力之外籍與大陸配偶，即便使用就業服務求職，卻無法從中找到適合其能力的工作；或是找到有興趣的工作，卻沒有可提供其技能培訓之課程。在訓練課程、工作職缺、媒合服務之間仍有落差未能完整銜接。

三、提昇就服機構機能，創造服務可親性

由於各縣市、單位之就業服務單位人力、資源有限，無法迅速即時的提供最新職訓、徵才訊息。建議公部門可利用就業服務站，或其他公、私立部門就業媒合單位，在服務、接觸新住民的過程中，留下新住民聯絡資訊、個人資料、簡歷的方式，當有最新消息或適當的訊息，可主動發送通知，讓有需要的新住民僅需登錄一次平臺，即可收到最新訊息。另建議可採社區或鄰里長公布欄，將資訊更在地化的散布，讓新住民能夠更廣泛的使用就業服務。

四、政策帶動鼓勵事業單位聘僱，創造新住民友善就業氛圍

調查中發現政府於 97 年《促進外籍配偶及大陸地區配偶就業補助作業要點》，為吸引雇主聘僱，針對用人單位提出雇主僱用獎助機制，對於帶動企業聘僱，確有助益。此外，除創造短期人力需求或以獎勵金鼓勵聘用外，亦可透過節稅、簡化所得申報或其他稅務機制，以減少事業單位聘僱外籍與大陸配偶行政作業的手續，創造更為友善的聘僱環境。

新住民友善就業氛圍的創造，除了提升事業單位聘僱意願外，下一階段更須關注的是如何確保其勞動權益。事業單位聘僱新住民需提供必要的勞動檢查或強制投保，以確實保障勞動權益。

貳、家庭相處與子女教育面向

一、推動幸福家庭觀念，臺籍家庭亦須做好跨國婚姻的準備

初來臺之外籍與大陸配偶對於各式在臺權益、健保、證件等均需依附於配偶或仰賴其家人。臺灣家庭也應做好跨國婚姻之準

備與認知，調整心態與想法迎接、支持新住民的加入。

政府於推動多元文化活動讓新住民、新住民子女參與，可以「家庭」為單位思考，邀請家庭共同參與，透過公權力介入促使臺籍家庭亦須投入相關活動及課程，此舉亦可避免主要資訊均集中於臺籍配偶或家人一身，導致新住民支援網絡的掌握與壟斷。

除了基礎心理上的認同與支持外，對於在臺相關權益、保障，臺籍配偶（國人）或家庭亦須有一定的認識與了解，才能在外籍與大陸配偶需要協助或遭遇相關困擾時，提供正確的資訊與協助。

二、優勢觀點推動母語學習，連結社區──學校──家庭資源

近年整體全球經貿環境的改變、社會風氣的認同以及政府推動新住民火炬計畫，開啟了母語學習的契機。母語學習方面，建議以優勢觀點推動家庭觀念的改變。強化孩子多語言、多文化的競爭優勢而非弱化其社會地位與能力，將能有助於臺灣家庭接納新臺灣子女學習母語。

調查中發現，新臺灣子女約有 40.3% 不會說新住民母語，新住民在母語教學上，沒有「母語環境」成為母語學習的一大困擾。因此，更需要連結學校、社區之力，創造母語的學習契機，再由家庭延續語言學習，鼓勵新住民與子女親子共學互動、落實社區學校與家庭學習制度之連結。

三、結合教育政策，強化新住民子女人才培力

除了以輔導、鼓勵方式強化新住民子女學習母語之意願，更應透過教育政策的落實，讓新住民母語學習成為正式教育體制內的一環，如此將可強化學習之正當性與動機。如內政部移民署倡

導與教育部規劃，將新住民母語納入 12 年國教課綱，透過學校體制內正式的課程教學，彌補家庭中因新住民工作或其他家人的不理解而無法教導子女原屬國母語，在此同時，此一教育政策除了富含語言之教育意義外，亦具有強化新民子女競爭力，消弭社會對東南亞國家新住民歧見之多元意涵。

此外，內政部移民署亦推動新住民二代子女人才培力，幫助新住民二代青年了解東南亞新興市場產業概況，協助新住民二代發回自身語言、文化雙重背景之優勢，培育並建立新住民子女世界觀與自信心，經由相關課程、研習，使其早日了解未來之語言、就業優勢，以運用其長才成為未來臺灣拓展東南亞市場尖兵。

綜合上述各面向，本章提出三策略以執行優勢觀點的婚姻移民政策，包含；多元文化政策的執行、婚姻移民的人力資本運用、新臺灣之子的優勢認同。

（一）多元文化政策執行

自 1999 年「外籍配偶生活適應輔導實施計畫」開始，多元文化便持續的出現在婚姻移民政策之中。然而，多元文化實際執行於政策中，卻是相當少見。過去，新住民政策往往重視新住民的生活適應，包含語言學習、文化學習、飲食學習，說穿了，國家政策對於新住民的期待便是完全融入臺灣社會。然而，在適應之外，選擇尊重新移民原來的文化、語言與飲食，也許能降低文化衝擊，讓婚姻移民在臺灣的生活更加平權、快樂。「生活適應」是相當父權的概念，這樣的政策方向看不見多元文化發展的機會。多元文化的執行面，目前看見的政策多著重於舉辦活動或國際日，例如：製作各國食物、穿著母國服飾、展現母國舞蹈，這是除了臺灣人之外的各國文化交流，但是如何讓其他國家文化

也受到臺灣社會的尊重，讓臺灣社會對於中國與東南亞國家的語言、文化、風俗也稍有認識與尊重，才是建立多元文化社會的方法。

　　因此，下一步新住民政策應思考，當這些新住民已經來到臺灣多年，無論中文或臺語、客語學習良好、文化適應、也有了自己的朋友、生活支持系統之後，這些人，不再是新移民，而是持有中華民國身份證的新國民。對於這些人口，移民政策更不應該停滯在生活適應議題，而是視她們為我國的另一個族群，鼓勵學習語言、認識文化、讓各種文化在社區中與其他臺灣既有的文化共存。

　　臺灣，本來就是多元文化的島嶼，官方認可的 16 族原住民族、客家人、閩南人、外省人，直至目前的中國大陸配偶與外籍配偶，我們對於接受新文化應該是習慣的，然而過去 14 年來，國家對於婚姻政策似乎仍未對婚姻敞開雙臂。執行多元文化應包含讓不同語言、文化更頻繁的出現生活與媒體中。

（二）人力資本運用

　　以外籍配偶照顧輔導基金申請項目窺探國家移民輔導政策可以發現，目前國家對於婚姻移民政策方向主要仍以國家保護為主，其中一部份為提供設籍前（即取得身份證前）的各種社會福利補助，例如：設籍前外籍配偶社會救助計畫、設籍前外籍配偶遭逢特殊境遇相關福利及扶助計畫、設籍前外籍配偶健保費補助計畫。雖然婚姻移民尚未歸化我國，但是國家視她們為未來國民，願意提供與國民相同的社會福利。此外，其他活動包含參加學習課程、文化交流、技藝學習課程、提昇就業能力、參與及籌設社團組織等，這些項目設計以「學習」為主，表現出國家認為

婚姻移民是弱勢的、需要學習的。這些補助項目均表現出「國家保護」的態度，國家認為婚姻移民是弱勢的，需要被保護。然而本文希望提出另一的角度作為思考，重新以「人力資本運用」做為國家看待婚姻移民的另一個視野。因此，第一步強化學歷認證，第二步加強專業運用，以發展原有的人力資本為政策方向，而非固有的提供低技術性的職業訓練課程。

（三）新臺灣之子的優勢認同

過去許多研究將中國與東南亞跨國婚姻家庭視為弱勢的，存在比較多問題的。這樣的想法也反映在我國移民輔導政策上，因此過去的移民輔導方案（包含火炬計畫）有許多方案內容著重於新住民之子的學業輔導，這樣政策同時也展現出「新住民之子的學業落後」的背景。然而，許多研究都指出新住民之子在學習上的表現不落人後（林璣萍，2003[25]；陳烘玉等，2004[26]；陳湘淇，2004[27]；何緯山，2006[28]；謝惠民，2007[29]；呂玫真，2008[30]；陳

---

[25] 林璣萍（2003）臺灣新興的弱勢學生—外籍新娘子女學校適應現況之研究。國立臺東大學教育研究所碩士論文，臺東市。

[26] 陳烘玉、周遠祁、黃秉勝、黃雅芳（2004）臺北縣新移民女性子女教育發展關注之研究。載於外籍與大陸配偶子女教育輔導學術研討會會議手冊，66-91。

[27] 陳湘淇（2004）國小一年級新移民子女在智力、語文能力及學業成就表現之研究。臺南師範學院教師在職進修幼教碩士學位班，碩士論文。

[28] 何緯山（2006）外籍配偶子女自我概念、學業表現與生活適應之相關研究。國立臺東大學碩士論文，臺東市。

[29] 謝惠民（2007）雲林縣「新移民女性」子女數學學習表現之探究—以國小三年級學童為例。國立嘉義大學數學教育研究所碩士論文，嘉義市。

[30] 呂玫真（2008）東南亞籍新臺灣之子與本國籍幼兒家庭閱讀環境與語言能力之相關研究。國立臺灣師範大人類發展與家庭學系研究所碩士論文。

羿婷，2008[31]；吳雅惠，2005[32]；張碧珊，2006[33]；蕭吟常，2007[34]）。這些研究指出視新住民之子為弱勢兒童並需要輔導的政策方向是有問題的。而這些生長在臺灣孩子他們是具有獨立的學習能力，並非延續其父母在課業學習上的成果。更進一步思考，對於這群擁有雙重母語的混血兒應重視跨國婚姻所帶來的優勢而非弱勢，尤其眾數即將成為國中生，他們同時具有兩個國家的親人與人脈、學習兩種語言，而母親的原生國更是臺灣企業一直以來投資重地，這些人即將成為優勢的雙語人才。

此外，稱呼臺灣男性與新住民的孩子為新住民之子，實際上也充滿歧視。父系社會的臺灣，其孩子跟著父親姓、住在臺灣，卻一再被凸顯其母親為新住民的特質，是相當不公平的。從優勢觀點推動母語學習，執行面上應連結社區－學校－家庭資源。新臺灣子女約有 40.3% 不會說新住民母語，新住民在母語教學上，沒有「母語環境」成為母語學習的一大困擾。因此，更需要創造母語的學習契機，內政部移民署所推動新住民二代子女人才培力，幫助新住民二代青年了解東南亞新興市場產業概況，協助新住民二代發回自身語言、文化雙重背景之優勢，培育並建立新住民子女世界觀與自信心，經由相關課程、研習，使其早日了解未來之語言、就業優勢，以運用其長才成為未來臺灣拓展東南亞市

---

31 陳羿婷（2008）新臺灣之子與本國籍幼兒語言能力與同儕互動之研究。國立臺灣師範大學碩士論文，臺北市。

32 吳雅惠（2005）外籍配偶子女國語文能力之研究—以宜蘭縣一所國小為例。佛光人文社會學院社會教育學研究所，宜蘭縣。

33 張碧珊（2006）國小一年級外籍配偶子女注音符號能力之研究。國立高雄師範大學碩士論文。

34 蕭吟常（2007）新移民子女學業成就與其家庭因素之研究—以臺北縣市為例，臺北市立教育大學碩士論文，臺北市。

場尖兵。國家、社會共同以優勢觀點看待這群新臺灣之子未來更能發展其人力資本，發揮優勢。

第三節　結語

本章嘗試以優勢觀點探討婚姻移民政策的未來。首先分析近年來婚姻移民政策的改變，在這些改變中，確實可以看見國家對於婚姻移民的態度由過去的父權主義逐漸轉換至優勢觀點的態度。尤以《102 年外籍與大陸配偶生活需求調查摘要報告》以及 2015 年的「新住民二代子女人才培力計畫」更看得見其優勢觀點的特色。

有鑑於此，本章以優勢觀點提出三項未來婚姻移民政策的方向：

第一，確實執行多元文化社會的建構。多元文化的概念一直以來存在於各個婚姻輔導政策當中。然而如何實際的執行多元文化，卻是個相當困難的議題，多元文化的建構應是在不同層面（例如：語言、文化、生活）多方向的尊重，這不應該只是東南亞移民間的文化分享，而是包含臺灣文化及英語系文化，各種文化彼此間的尊重與平等。

第二，對於 50 萬的婚姻移民勿再以弱勢、需要被保護等觀點視之。許多移民文獻均指出移民往往是勇於冒險的、家庭中人力資本較好者，因此國家應該視這些婚姻移民為重要的、有用的人力資本，並最大化她們的可能發展。其中包含擴大學歷認證，

使她們在其他國家的學歷可以被重視與運用。另外，移民到了另一個國家，她們過去的專業往往不被認可，使她們只好從事低技術的工作。所以我們看見許多東南亞婚姻移民來到臺灣後往往小餐廳、美甲等低技術工作。這種現象由國家人力資本運用的角度來看，是相當可惜的。外國人專門技術的認可方式便相當重要，這樣的認可可以發展過去移民在原生國或其他國家所學。

第三，對於婚姻移民的孩子應如二代培力計畫，重視其雙語及跨文化的優勢。第一代婚姻移民（1987年開放後的移民）來到臺灣已經 20 多年，也就是她們的孩子陸續的自大學畢業進入職場，成為國家重要的工作人口。因此，針對這些新臺灣之子，國家應發掘與訓練以最大化人力資本。連結新臺灣之子在臺灣與原生國間的人際運用、語言能力，使跨國公司得以應用這些具有跨文化能力者，為各方創造最佳利益。

優勢觀點的政策設計主張看見婚姻移民、婚姻移民家庭、以及婚姻移民孩子的優點，並嘗試以發揮其最大人力資本的方式創造另一種可能。

參考資料

內政部（2013）102 年外籍與大陸配偶生活需求調查摘要報告，臺北市。

王翊涵（2013）媒合婚姻，媒合適應？！在臺跨國（境）婚姻媒合協會之服務內涵探究，社會政策與社會工作學刊，17：2，頁 39-10。

王翊涵（2014）從多元文化觀點反思外籍配偶入國前輔導工作的實施，東吳社會工作學報，27，頁 61-85。

王雅鈴（2015）跨國婚姻中親密關係的發展與經營──新移民女性觀點的探究，性別平等教育季刊，71，頁 123-128。

何緯山（2006）外籍配偶子女自我概念、學業表現與生活適應之相關研究。國立臺東大學碩士論文，臺東市。

吳雅惠（2005）外籍配偶子女國語文能力之研究─以宜蘭縣一所國小為例。佛光人文社會學院社會教育學研究所，宜蘭縣。

吳瓊洳、蔡明昌（2014）新移民家長親職教育課程內涵建構之研究，家庭教育與諮商學刊，17，頁 33-59。

呂玫真（2008）東南亞籍新臺灣之子與本國籍幼兒家庭閱讀環境與語言能力之相關研究。國立臺灣師範大人類發展與家庭學系研究所碩士論文。

李洒嫻（2013）談新移民就業輔導與職業教育，新北市終身學習期刊，7，頁 47-54。

林璣萍（2003）臺灣新興的弱勢學生─外籍新娘子女學校適應現況之研究。國立臺東大學教育研究所碩士論文，臺東市。

夏曉鵑（2003）實踐式研究的在地實踐：以「外籍新娘識字班」為例，臺灣社會研究季刊，49，1-47。

張碧珊（2006）國小一年級外籍配偶子女注音符號能力之研究。國立高雄師範大學碩士論文。

郭育靜（2014）優秀新臺灣之子學童學習習性及成因之個案研究。國立臺南大學碩士論文，臺南市。

陳羿婷（2008）新臺灣之子與本國籍幼兒語言能力與同儕互動之研究。國立臺灣師範大學碩士論文，臺北市。

陳烘玉、周遠祁、黃秉勝、黃雅芳（2004）臺北縣新移民女性子女教育發展關注之研究。載於「外籍與大陸配偶子女教育輔導學術研討會」會議手冊，66-91。

陳湘淇（2004）國小一年級新移民子女在智力、語文能力及學業成就表現之研究。臺南師範學院教師在職進修幼教碩士學位班，碩士論文。

陳憶芬（2015）識字意涵之探究：兼論東南亞新移民女性之識字教育，中等教育，66：，頁150-171。

華葳、辜玉旻、林姝慧（2015）新移民女性學習中文之成效探討，課程與教學，18：3，頁183-206。

劉鶴群、詹巧盈、房智慧（2015）困境中生出的力量：以優勢觀點分析東南亞新住民女性對經濟與就業排除之回應，社會發展研究學刊，16，頁1-21。

鄭詩穎、余漢儀（2014）順從有時，抵抗有時：東南亞新移民女性家庭照顧經驗中的拉鋸與選擇，臺大社會工作學刊，29，頁149-197。

蕭吟常（2007）新移民子女學業成就與其家庭因素之研究－以臺北縣市為例，臺北市立教育大學碩士論文，臺北市。

賴鈺城（2015）新移民婦女的就業因素──以高雄市為例，華人前瞻研究，11：1，頁87-112。

戴有德、郭士弘、辛麗華、陳珮君（2014）休閒調適理論模式之重新檢視：以臺灣新移民女性為例，運動休閒餐旅研究，9：2，頁1-29。

謝惠民（2007）雲林縣「新移民女性」子女數學學習表現之探究—以國小三年級學童為例。國立嘉義大學數學教育研究所碩士論文，嘉義市。

鍾政偉、曾宗德（2015）新移民休閒活動參與之研究，博物館學季刊。29：3，頁69-88。

顏芳姿、吳慧敏（2014）臺灣新移民的健康網絡，護理雜誌，61：4，頁35-45。

Sullivan, W. P.(1989). Community support programs in rural areas: Developing programs without walls. Human Services in the Rural Environment, 12(4), 19-24.

CHAPTER 8

兩岸人流管理與國家發展

王智盛

中央警察大學國境警察學系助理教授

前言

　　自 1987 年政府開放探親以降，兩岸交流逐步升溫，人員往來也日漸頻密。據我內政部移民署統計，自開放大陸地區人民來臺迄 2015 年底，大陸地區人民來臺累計逼近 2000 萬人次大關[1]，顯見自兩岸自開放交流以降，大陸地區人民來臺在數量上確有大幅增長。特別是在 2008 年馬英九總統上臺之後，開啟了制度化的兩岸交流與互動，更使得兩岸人員往來漸趨正常化。以內政部移民署所公布的大陸地區人民來臺統計資料，則可以發現，在社會交流、專業交流、商務交流等面向的來臺人次，已隨著我政府人員往來政策的鬆綁逐漸浮現遞升，但真正最讓人注目的，則是大陸地區人民來臺觀光，從 2008 年的 9 萬人次，大幅增加到 2015 年底的超過 340 萬人次，短短的六年內，成長比率是驚人的近 40 倍！由此觀之，隨著兩岸交流的正常化，大陸地區人民來臺不但漸有數量上的增長，來臺的方式、身份與事由，也已出現了結構性的重大「質變」。

　　隨著兩岸人員跨境移動的數量遽增，兩岸人員往來及移民法制也成為我政府移民政策的重要議題之一，無論是陸配與我社會生活的連結、陸客對我帶來的經濟效益、乃至陸生創造的兩岸交流象徵指標，在在都揭示了兩岸人流與我國家發展的重要性。特別是馬英九總統在 2012 年 520 就職演說、雙十國慶談話及 2013 年元旦談話中，多次揭櫫「兩岸交流秩序正常化」的政策目標，

---

[1]　內政部移民署網站，網址：http://www.immigration.gov.tw/lp.asp?ctNode=29699&CtUnit=16434&BaseDSD=7&mp=1。另，為求行文簡潔，本文以下相關數據資料，如無特別敘明，均引自本網站。

期待創造出兩岸人員往來的正常化和安全管理的合理化，更讓兩岸人員往來和移民法制的調整備受注目。本章茲就兩岸人員往來與人流管理，和臺灣國家發展的整體關係進行梳理，希能更為清晰的理解近年來兩岸移民法制的發展脈絡。

第一節　兩岸人員往來的發展

壹、陸客來臺觀光

自 1987 年政府年開放探親以降，兩岸交流逐步升溫，人員往來也日漸頻密，據中共國家旅遊局統計，至 2015 年底，臺灣地區人民赴大陸地區已超過 9000 萬人次[2]；另，據我內政部移民署統計，自開放大陸地區人民來臺迄 2015 年 11 月底，大陸地區人民來臺也超過 1900 萬人次大關[3]。顯見自開放交流以降，雙方的人員往來，在數量上均有所增長。特別在 2008 年馬英九總統上臺後，開啟制度化的兩岸交流與互動，更使得兩岸人員往來漸趨正常化，大陸地區人民來臺更從 2008 年的 240,494 人次（包括觀光、社會交流、專業及商務交流），大幅增加到 2015 年 11 月底的

---

[2]　中華人民共和國國家旅遊局網站，網址：http://www.cnta.gov.cn/html/rjy/index.html。

[3]　內政部移民署網站，網址：http://www.immigration.gov.tw/lp.asp?ctNode=29699&CtUnit=16434&BaseDSD=7&mp=1。

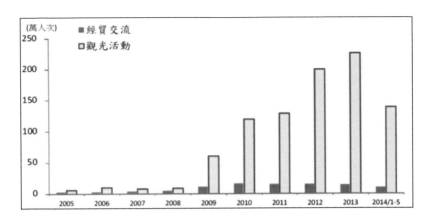

圖 1　中國大陸來臺經貿交流及觀光活動人數表

3,842,510 人次，短短的六年內，成長比率是驚人的 15 倍！然而，臺灣地區人民赴陸的人次，卻仍遠遠大於大陸地區人民來臺，可見兩岸的人員交流，長期以來呈現出「去多來少」的不衡平狀態。

　　單從觀光來看，2008 年 6 月政府開放中國大陸觀光客來臺後，不斷增加每日受理數額與名目，中國大陸觀光客來臺數額已從 2008 年的 9 萬人，增加到 2010 年的 119 萬，2012 年的 200 萬，2014 年的 333 萬人，以每兩年一百萬人的數度增加。觀光局長謝謂君即表示，從 2008 年 7 月 18 日起全面開放陸客來臺觀光，至 2013 年底，來臺觀光團體陸客達 650 萬 1176 人次，平均每日約 3260 人次。2013 年大陸觀光團入境人數 166 萬 6440 人次，平均每日達 4566 人次。而依來臺旅客消費及動向調查結果估算，從 2008 年 7 月至 2013 年底，以大陸觀光團體旅客人數、在臺每人每日消費金額、平均停留夜數，及當年匯率乘計估算每年加總，來臺觀光團體陸客帶來新臺幣 3294 億元（108.7 億美元）的外匯收入，可分別如下圖 2、3 所示：

大陸旅客來臺觀光人數統計表及陸團外匯收入					
年分	觀光團體人數	平均每日	外匯收入 （新臺幣／億元）	自由行人數	平均每日
2013	1,666,440	4,566	802	522,921	1,433
2012	1,782,655	4,871	916	191,148	522
2011	1,223,010	3,351	623	30,281	162
2010	1,167,787	3,199	591	-	-
2009	606,174	1,661	326	-	-
2008/7-12	55,110	328	36	-	-
總計	6,501,176	3,260	3,294	744,350	811

資料來源：交通部觀光局

圖 2　陸客來臺人數及外匯收入圖

貳、陸生來臺就學

　　此外，在陸生來臺就學部份，隨著 2008 年馬英九總統上任，促使兩岸政經情勢逐漸邁向恢復雙向溝通及和平穩定發展交流的熱絡情況後，在 2011 年教育部開始部份承認大陸高校學歷下，同意開放中國大陸學生正式來臺就學。但因在野黨認為開放大陸學生來臺就學，會嚴重衝擊並影響臺灣學生之就學資源及工作機會，因此在多方壓力的施加下，教育部對於承認大陸學歷及開放大陸學生就學乃採取「三限六不」政策等相關限制作為因應。但歷經四年來陸生來臺就學的辦理結果，馬英九總統在 2014 年全國大學校長會議指出未來任期之內將持續擴大與對岸的交流與互動，並且在承認中國大陸 985 工程學校之後，也擴大與中國大陸 211 工程學校相互承認與交流，以擴展及進一步深化兩岸學子

的交流具體成效。

　　2011 年臺灣開始啟動招收中國大陸正式學籍生政策，其中規範公立學校只能招收博碩士生，其他私立學校則是不設限。從 100 學年度（2011 年）私校聯合招生情況來看，招生名額共 1,613 名，最後錄取 1,015 名，而博碩生則錄取 248 人，101 學年度（2012 年）招生名額也有 1,566 名，實際報名人數更有 2,153 人，最後錄取 999 名，其中一般大學錄取 819 人，科技大學院校錄取 180 人，如此而言，陸生來臺就學也有吸引一些大陸學生願意赴臺就學。

　　除了開放大陸正式學籍生來臺就學外，教育部高教司在 2003 年就同意兩岸學校如果簽訂姊妹校並報經教育部核定，就同意大陸學生可以短期來臺交流研習。在 2010 年有超過 5,600 名大陸交流生來臺灣短期交換唸書，至 2011 年達 11,227 多人，2012 年更達 15,000 多人，並且分佈在國內各公私立大學及技職院校作短期交流就讀，四年來陸生成長人數如下圖 3：

		招陸生四年人數成長			
		博士班	碩士班	學士班	合計
2014	招生名額	304	1408	1988	3700
	實際報到	173	676	1804	2653
2013	招生名額	227	891	1732	2850
	實際報到	103	528	1234	1865
2012	招生名額	67	508	1566	2141
	實際報到	28	282	679	989
2011	招生名額	82	571	1488	2141
	實際報到	28	205	742	975

資料來源：陸生聯招會

圖 3　陸生來臺人數成長圖

但仍必須指出，隨著兩岸人員跨境移動的數量遽增，大陸地區人民來臺的各項管理機制，是否已經能夠符合「兩岸交流秩序正常化」的政策目標，並且創造出兩岸人員往來的正常化和安全管理的合理化，需要有一個全面性的檢視。爰此，本文針對大陸地區人民來臺的國境管理議題與機制，進行理論性的梳理與檢討，希望據以提出相關的政策進建議。

第二節　分析方法：管制理論與國土安全

壹、管制理論的選擇

　　本文主張，對於兩岸人流管理機制的分析，應該兼顧「管理」和「開放」的衡平，才能夠真正因應大陸地區人民來臺的「量變」與「質變」。因此，本文選擇了「管制理論」（regulatory theory）[4]作為縱貫全篇的分析方法。「管制」擁有多重意涵，其最廣泛的理解為「任何形式的行為控制」。從法律或政策的觀點而言，管制的意義為「由一公共機構（public agency）維持且集中焦點地控制由社群所看重的活動。[5]」事實上，在當代民主法

---

[4]　葉俊榮，（2000）。《行政法案例分析與研究方法》，台北：三民書局，頁 34-40。

[5]　Ogus, Anthony (1994). Regulation: Legal Form And Economic Theory, Oxford: Clarendon Press; New York: Oxford University Press, 1.

治國家當中，任何重大政策之推行，幾乎都必須藉由法律之制定與執行為之。因此，法律的內容往往顯示出一國的政策目標和政策施行機制，而法律與政策之間的關係乃是密不可分。倘若從公共政策分析的觀點言之，國家乃是希望透過法律的制定與施行，來影響或改變人民的制度性行為（institutional behavior），使人們的行為朝向立法者或決策者所追求的方向。因此，法律可謂是追求政策目標所必須的政策手段，必須具備合目的性、追求最有效率的政策執行機制設計。換言之，法律的制定施行往往牽涉到政府管制的問題，亦即使用法律做為管制手段來影響個人或市場的行為，可見管制理論原本應當是完整的法律學研究相當重要的一部份。一個完整的法律學研究，應該結合公共政策分析與政府管制理論的觀點，使法律的內容能夠成為追求具體政策目標的最佳設計機制。

　　管制分析逐漸開始在美國行政法學中占據重要的一席之地，源自於 Tomain 與 Shapiro 在 1997 年的一篇合作論文中提出了「行政法學者的終結」的概念，認為「傳統行政法學者永遠不能告訴我們，什麼才是好政策，什麼才是理想的政治藍圖」（Tomain、Shapiro，1997：377）。在這樣的背景下，是美國當代行政法學中「政府管制學派」逐漸取得主流地位，開始探究「管制國家」的意義、「健全管制」的基本構成要件、「新公共管理」的內涵、「管制革新」的發展等課題，將法律規範的程序問題與實際政策執行問題結合起來考慮，在管制國家的框架下對具體的行政活動加以探討。在管制理論的脈絡下，研究者開始以政府管制的整個運行過程—包括了它的形成、影響其形成的力量、它的實質內容、它運行的範圍以及它的成效—作為研究的起點與核心，開始將程序性問題與實體性問題結合起來考慮，探索政策和

法律的形成過程，發現法規爭議和政治影響、決定公共政策的法律限制以及兩者之間的相互關係。

貳、管制理論的運用

值得吾人注意的是，儘管政府的管制措施固然都必須以法律的強制力為後盾，但在性質上卻不必然是高壓性、限制性的政府措施，也有可能是誘因性質或獎勵性質的作法；換言之，管制不只是「高壓性、限制性的措施」，同時也可能是「誘因性、鼓勵性的作為」。而從管制背景的分析下，去思考管制的目的，設計相關的管制手段，亦即針對各種可能的影響來進行設計制度對策，其中有兩個面向，其基本目的當然是消除、降低或逾放負面影響，即一般所稱之「侵害」或「危險」；其次還要設法增進正面影響，即一般所稱之「利益」。是故，可以說管制政策內涵不僅包括了消極地的危險預防，包括了積極的利益創造。因此，所謂「管制」並無好壞可言，其是一個中性名詞，重點仍在於「國家權力介入一般屬於私人領域的作為」。

管制理論並不完全等同於行政法，也不只是傳統所謂的「公法」，而是涉及到了政策分析與制度分析[6]。由於管制理論同時觸及了法律規範的執行與政策制度的設計等面向，其思考步驟和模式必須要考慮：根據什麼價值理念進行干預、以什麼管制工具進行干預、由誰在什麼時機進行干預、決策流程該如何設計、如何執行等問題[7]，因此可視為是法律政治分析的新嘗試。事實

---

[6] Elliott, E. Donald(1985). Goal Analysis versus Institutional Analysis of Toxic Compensation Systems, 73 GEO. L.J. 1357, 1362.

[7] 同註4，頁41。

上，藉由管制理論的分析工具，將可進一步從管制背景的分析下，詳細討論思考管制的目的，設計相關的管制手段，亦即針對各種可能的影響來進行設計制度對策，其中有兩個面向其所有目的當然是消除、降低或逾放負面影響，即一般所稱之侵害或危險；其次還要設法增進正面影響，即一般所稱之利益。是故，可以說管制政策內涵不僅包括了消極地的危險預防，包括了積極的利益創造。

參、管制價值：國土安全與國境管理觀念的轉變

「國境管理」（Border Management）一直就是人口移動和移民事務中極為重要的一環。而自 911 事件以降，國境管理單位所面臨的挑戰是以往所未見的，一方面必須面對恐怖主義威脅，而要有更嚴格的執行與整體性之回應，另一方面則必須面對經濟全球化的挑戰，而對於人流與物流要有更具效率、快速與開放的管理機制。因此，良好的國境管理目標，是一方面要加速所需求之人員與物品之進入，但同時要制止與停止「壞人」（Bad People）與「壞的事物」（Bad Thing）進入國家[8]。

從美國國土安全部在 2010 年 2 月公布的首份《四年期國土安全檢討報告（QHSR）》中，則是闡述了與過往較有所不同的國土安全維護總體概念，包括[9]：

---

[8] 汪毓瑋（2011）。「國境執法之情報導向警務與運作」，龜山：2011 年國土安全與國境管理學術研討會論文，頁 1-30。

[9] 蔡明彥（2010）。〈美國國土安全部近公佈四年期國土安全檢討報告之研析〉，台北：遠景基金會網站：http://www.pf.org.tw/8080/FCKM/inter/research/report_detail.jsp?report_id=8437。

一、「安全」（Security）：強調「安全」應涉及保護美國及其人民的重要利益與生活方式；

二、「復原」（Resilience）：強調必須促進個人、社群與系統快速復原的能力；

三、「海關」（Customs）與「交流」（Exchange）：指出促進並且推動合法貿易、旅遊與移民的重要性。

　　而在上述三項概念基礎上，其並提出五項國土安全任務，包括：

一、預防恐怖主義與強化安全：主要目標為預防恐怖主義攻擊、預防核生化與放射性物質與能力未授權的取得與使用、管理重要基礎設施與重要領導人可能遭遇的風險。

二、確保及管理國家邊界：主要目標為有效控制美國空中、陸上與海上邊界；保障合法的貿易與旅行；打擊跨國犯罪集團。

三、加強移民法規：主要目標強化管理移民體系、防止非法移民。

四、維護並確保網路空間：主要目標創造安全的網路環境、提升網路安全的知識與創新。

五、確保災後復原能力：主要目標包括減緩災難、加強準備、加強有效的緊急因應機制、快速復原。

　　由上可以看出，美國自 911 事件以降、以「國土安全」為核心的國境管理觀念，隨著反恐戰爭的進展和全球人員和貿易流動的需求，也逐漸出現轉變，除了重視原有以反恐為核心的國土安全外，也開始強調對於人員流動和合法貿易、旅行的便利。在面對全球化的人口移動和經濟需求下，QHSR 也開始重視正常的境管制度，以提升管理的效能和獲致經濟的效益為目標，從而帶來了國境管理觀念的轉變。

第三節　管制分析：現階段大陸地區人民來臺的管理機制

壹、管制背景：大陸地區人民來臺的趨勢

隨著 2008 年 520 馬英九總統上臺後，兩岸關係情勢的快速變遷，使得雙方在各層面的互動往來愈發錯綜複雜，兩岸交流的形式、管道、層次均不斷的提升和擴展，兩岸互動所衍生的諸多問題早已迥異於往昔。在兩岸交流秩序邁向正常化的同時，大陸地區人民來臺交流的新趨勢，也已從「量變」轉向「質變」，而使得原本的大陸地區人民來臺交流安全管理機制逐漸出現了不堪負荷的巨大落差，並造成法律規範與現實情狀許多不合理的矛盾衝突。特別是在 2010 年 6 月第五次「江陳會談」簽署了《兩岸經濟合作架構協議（ECFA）》之後，兩岸之間的互動將更為深化，幾乎可以預期，面對後 ECFA 時期兩岸更為頻密的經貿互動和人員往來，將衍生經濟商務活動需求的增加（例如：公司派駐人員、經常性商務會議、投資考察活動等等）、陸客來臺自由行的開放、陸生來臺就學、陸客來臺就醫等等不同來臺的事由或類型，將進一步產生出與過往截然不同的「質變」。

貳、管制目的：從違常管制到正常管理

上述所謂的「量變」，在於近年來大陸地區人民來臺人次的大幅增加；而所謂「質變」，則是指過去以「社會交流」、「專業

交流」為主的來臺事由，已轉向以「觀光」為主。茲具體論述如下：

一、鬆綁管制範圍面向

（一）重構管制流程，創造便利大陸人士來臺交流之趨力：一方面為大陸人士來臺交流創造便利化的趨動力，另一方面也為龐大數量的大陸人士來臺需求，重構一個有效可行的管理流程。

（二）簡併管制對象，正常化大陸人士來臺交流樣態：簡併過去過於繁瑣的管制對象和範圍，針對不同的身份樣態與交流需求，進行管理密度鬆綁，使大陸人士來臺的交流樣態逐步邁入正常化軌道。

（三）檢討管制事項，保障合法入境大陸人士之權益：在維護兩岸交流秩序和與國際人權接軌的的前提下，確保合法入境大陸人士的各項權益及生活便利，讓兩岸之間的人員往來能夠邁向正常化的目標。

二、提升管理效能面向

（一）重新配置管理資源，明確安全管理機制：以風險控管重構大陸人士來臺交流的安全管理機制，強化境管查驗項目及違規管制事由，讓管理機關的資源有效運用，使兩岸交流在開放鬆綁的同時，達至管理效能的提升。

（二）強化事後課則能力，提昇安全管理效率：將事前性的管制機制，轉化為事後性的課則機制，透過事後課則能力的強化，激勵以風險控管為核心的安全管理機制，讓該機制的管理效率獲得提升。

參、管制對象：觀光、專業、商務和社會交流

目前大陸地區人民來臺的管制對象，乃是以「事由」作為劃分的基礎，主要有「社會交流」、「專業商務交流」及「觀光」等三大項，其中：

一、觀光

目前開放有陸客來臺觀光的「團體行」和「自由行」。政府自 2002 年試辦開放旅居國外（含港澳地區）取得當地永久居留權或赴國外留學大陸人民（第三類）來臺觀光，及開放赴國外旅遊或商務考察之大陸人民（第二類）來臺觀光，並進一步於 2008 年開放大陸人民（第一類）來臺觀光，其數均為所謂的「團體行」。嗣於 2011 年 7 月正式開放大陸地區人民來臺「個人旅遊」，也就是俗稱的「自由行」，至 2014 年底，陸客「團體行」及「自由行」的人次均取得大幅成長，如下圖 4。

二、專業及商務交流

內政部於 1998 年 6 月 29 日訂頒《大陸地區專業人士來臺從事專業活動許可辦法》，並為履踐成為世界貿易組織（WTO）會員國對服務業貿易總協定承諾事項、回應企業界促進商務人士往來便捷性，嗣於 2005 年 2 月 1 日發布實施《大陸地區人民來臺從事商務活動許可辦法》，迄 2015 年 12 月底，共計約有 145 萬人次。

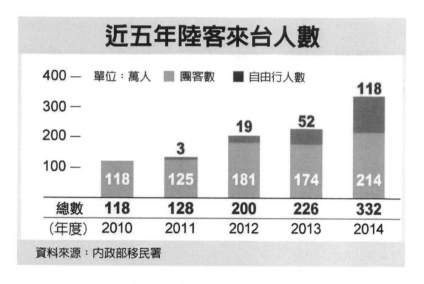

圖 4　近五年陸客來臺人數圖

三、社會交流

　　自 1993 年內政部頒行《大陸地區人民進入臺灣地區許可辦法》及《大陸地區人民在臺灣地區依親居留長期居留或定居許可辦法》以來，迄 2015 年 12 月底，大陸人民來臺從事探親、探病、團聚、居留及定居等，共計約有 180 萬人次。

肆、管制結構：境外管制、國境線上管制及境內管制

　　人員管理是國境管理上重要的一環，依據內政部移民署對於「國境管理」的職能劃分，可以分成國境外、國境線上、國境內三大區塊。因此，本文援引此一直能劃分概念，並以人口移動概

念和所涉及的法制內涵，將大陸地區人民來臺國境管理機制的管制結構，區分為「境內管制」、「國境線上管制」、「境外管制」等三類，說明如下：

一、境外管制

　　係指大陸地區人民來臺之前，在大陸內部的人流控管機制，主要指的是「簽證管理」制度，包括了簽證的種類（單次簽證或多次簽證）、簽證的效期、簽證的事由（觀光、社會、專業或商務交流），以及簽證核發的管理機制等等。

二、國境線上管制

　　係指大陸地區人民來臺時，在臺灣國境線上的人流控管，主要指的是國境線上的狹義「入出境管理」制度，其中包括了大陸配偶的「面談機制」、大陸觀光客的「保證人機制」，以及 2015 年正式實施的「生物特徵辨識」等，甚至還包括國境線上的證照查驗查核機制、疫病管控及通報機制等等。

三、境內管制

　　係指大陸地區人民來臺後，在境內（臺灣地區）的行為控管，包括了可能衍生的社會安全（如跳機脫逃）或國家安全（如刺探國家機密）等問題，也涵括了其來臺之後的生活便利及人身安全等問題。

伍、管制規範：配合管制目的具體調整

一、觀光

（一）境外的管制

1.資格的大幅鬆綁

　　2002 年 1 月試辦大陸人士來臺觀光之初，開放的對象僅為「第三類」陸客。直到 2008 年 7 月 18 日，才開放於「第一類」陸客來臺觀光，至此，才真正將所有的大陸地區人民，納入開放來臺觀光的範圍，而使得陸客來臺人數真正地大幅增加。此外，2011 年 6 月《大陸人民來臺觀光辦法》增加了第 3 條之 1 的規定[10]，開放陸客來臺自由行，又讓大陸人士來臺的身份資格，更加多元。

2.申請程序繁瑣與申請時間的縮短

　　根據《大陸人民來臺觀光辦法》第 6 條與第 8 條的規定，陸客申請來臺從事觀光活動，程序之繁雜程度，仍然遠高於其他國家來臺之觀光客。儘管如此，過去，由於陸客來臺簽證必須送到臺灣辦理，審查往往需要半個月，造成兩岸旅行業者與

---

[10] 「大陸人民來台觀光辦法」第 3 條之 1 規定：大陸地區人民設籍於主管機關公告指定之區域，符合下列情形之一者，得申請許可來台從事個人旅遊觀光活動（以下簡稱個人旅遊）：年滿 20 歲，且有相當新台幣 20 萬元以上存款或持有銀行核發金卡或年工資所得相當新台幣 50 萬元以上。年滿 18 歲以上在學學生。前項第一款申請人之直系血親及配偶，得隨同本人申請來台。

陸客的不便，因此《大陸人民來臺觀光送件須知》第 8 點在修改後規定，陸客的臺灣審批時間大幅縮短至 5 天（不含例假日）[11]，大幅縮短陸客來臺旅遊的申請時間，而使得來臺旅遊更為便利。

（二）國境線上的管制

1.業者資格要求嚴格

　　根據現行《大陸人民來臺觀光辦法》第 10 條與《大陸人民來臺觀光注意事項與作業流程》第 2 點的規定[12]，旅行業者必須具備「成立 5 年以上之綜合或甲種旅行業」、「最近 5 年未曾發生依發展觀光條例規定繳納之保證金被法院扣押或強制執行、受停業處分、拒絕往來戶或無故自行停業等情事」等要件，始能辦理大陸地區人民來臺從事觀光活動業務，其資格要求仍然相當嚴格而繁苛。

2.保證金標準降低

　　根據《大陸人民來臺觀光辦法》辦法第 12 條的規定，旅行業辦理大陸地區人民來臺觀光業務，應向交通部觀光局或其委託之團體繳納新臺幣 100 萬元保證金，旅行業未於 3 個月內繳納保證金者，由觀光局廢止其核准；然而該辦法在 2009 年 1 月修改

---

[11] 內政部入出國及移民署，「大陸地區人民來台觀光送件須知」，內政部入出國及移民署網站：http://www.immigration.gov.tw/aspcode/show_menu22.asp?url_disno=82

[12] 交通部觀光局，「旅行業辦理大陸地區人民來台從事觀光活動業務注意事項及作業流程」，交通部觀光局網站：http://admin.taiwan.net.tw/law/File/200809/辦理陸客觀光作業流程 971001.doc。

之前，臺灣旅行社繳交之保證金則為 200 萬元，顯示政府對於旅行社接待陸客的保證金要求標準業已調整降低。

（三）境內的管制

1.延長陸客來臺時間

在 2002 年開放之初，陸客來臺停留期間僅有 10 天，但依據現行《大陸人民來臺觀光辦法》第 9 條的規定「大陸地區人民經許可來臺從事觀光活動之停留期間，自入境之次日起不得逾 15 日」，[13]大幅延長為 15 天後，也就使得陸客來臺的時間安排更具彈性。

2.放寬來臺觀光地點

陸客來臺後並不是任何地方均可前往，仍有其限制範圍，根據《大陸人民來臺觀光辦法》第 15 條的規定，應該排除軍事國防地區、科學園區、國家實驗室、生物科技、研發或其他重要單位，然該法已將科學園區的限制取消，顯示參觀地區的限制更為寬鬆和便利。

---

[13] 「大陸人民來台觀光辦法」第 9 條第 2 項規定：「前項大陸地區人民，因疾病住院、災變或其他特殊事故，未能依限出境者，應於停留期間屆滿前，由代申請之旅行業代向入出國及移民署申請延期，每次不得逾七日」；第三項規定「旅行業應就前項大陸地區人民延期之在台行蹤及出境，負監督管理責任，如發現有違法、違規、逾期停留、行方不明、提前出境、從事與許可目的不符之活動或違常等情事，應立即向交通部觀光局通報舉發，並協助調查處理」。

二、專業及商務交流

（一）境外的管制

1.專業交流申請事由更為增加

內政部於 1998 年 6 月 29 日訂頒《大陸地區專業人士來臺從事專業活動許可辦法》後，已彙整各種專業交流類別，由內政部統一受理大陸專業人士申請來臺交流案件。但為持續擴大兩岸專業交流層面，政府逐步也放寬調整專業交流類別，迄今已有宗教、土地營建、財金、文教、體育、法律、經貿、工會、交通、大眾傳播、衛生、環保、農業、傑出技藝、科技、消防、消保、社會福利及產業科技等 25 類大陸專業人士得循專業交流管道來臺。

2.商務交流許可申辦多次簽證

《大陸地區人民來臺從事商務活動許可辦法》自 2005 年訂定發布施行後，為因應兩岸經貿交流發展趨勢之需求，歷經 5 次修正（最近一次為 2012 年 1 月）；並就擴大邀請單位及受邀對象之範圍、大陸商務人士申辦多次入出境許可證等事項持續檢討、調整相關規定，讓大陸人士商務交流更為便捷。

3.審查流程更為簡化縮短

大陸人士來臺專業交流，係由內政部移民署會同相關機關組成聯合審查會，目的事業主管機關初審，有黨政軍背景者由各機關聯合審查，並自 2009 年 6 月起，規範在一定層級以上之黨政軍人士方提聯審會審查，並且明確申請流程必須在 14 個工作日內完成，更為縮短申請時間及程序。

（二）國境線上的管制

自 2009 年 6 月起，規範對於層級較高官員來臺從事專業交流，以及有安全顧慮之重點案件，在國境線上進行入境通報；另，對於身分特殊、疑有危害國家安全或社會安定之敏感團體，也必須在國境線上進行安全通報。

（三）境內的管制

1.入境後動態管理

相關機關派員訪視大陸團組在臺行程，安全單位重點監控大陸團組在臺行程，即時查處違規並強制出境。

2.處罰管控與輔導機制

對違規之大陸人士，註參管制一定期間不得來臺；對違規之邀請單位，註參管制一定期間不得邀請大陸人士；對於「使」大陸人士來臺從事不法活動者，依兩岸條例第 15 條第 3 款裁罰。另依邀請單位辦理大陸專業團體邀訪、接待業務之優劣情形，予以評等註記，於程序上予以「便利」或「嚴審」等區別處理。

三、社會交流

（一）境外的管制——放寬社會交流的人道需求

對於由於各項社會交流所衍生出的人道需求，我政府也逐步建立相關的人道作為，包括入境探親、入境奔喪、入境就醫等項目，在辦理入境人數的比例上皆逐年增加。

（二）國境線上的管制

1.面談管理機制

2004 年始於《臺灣地區與大陸地區人民關係條例》增訂第10 條之 1「大陸地區人民申請進入臺灣地區團聚、居留或定居者，應接受面談、按捺指紋並建檔管理之；未接受面談、按捺指紋者，不予許可其團聚、居留或定居之申請。」。境管局（現已改隸移民署）在 2003 年 9 月即先開始實施面談。目前是以入境的機場執行面談作業，即稱為國境線上面談，盡量將不法杜絕於境外，國境線上的面談也有明確的作業流程

2.按捺指紋及建檔管理作業

根據《臺灣地區與大陸地區人民關係條例》第 10 條的規定：「大陸地區人民申請進入臺灣地區團聚、居留或定居者，應接受面談、按捺指紋並建檔管理之；未接受面談、按捺指紋者，不予許可其團聚、居留或定居之申請。其管理辦法，由主管機關定之。」此方面於 2004 年起便已制訂「大陸地區人民按捺指紋及建檔管理辦法」。但馬政府更進一步地近來考量各項個人資料安全的維護，於 2010 年修正發布其中第 5 條有關資料運用的規範[14]，以具體落實大陸地區人民來臺的個人隱私權益保障。

---

[14]　該條文明確規定：「按捺單位應利用資訊科技設施或其他方式，將指紋資料建檔儲存，並透過網路連線，將檔案傳輸至內政部入出國及移民署（以下簡稱入出國及移民署）指紋資料庫集中管理。指紋檔案之傳輸、儲存及查詢過程，應遵守資訊安全相關規範，確保指紋資料庫安全，防範不法入侵及資料外洩。」

（三）境內的管制——保障境內生活權益

馬總統 2008 年上台後，基於選前「放寬外籍配偶及大陸配偶工作資格，嚴禁歧視待遇」及「保障婚姻移民享有完整工作權與社會權，不因入籍與否而有差別」等政見，秉持「反歧視」、「民主法治」、「保障真實婚姻權益」及「杜絕假結婚」原則，修法調整大陸配偶相關制度，包括：取消二年團聚階段，將取得身分證年限縮短為六年、全面放寬工作權、取消繼承不得逾新臺幣二百萬元的限制、在強制出境前須先召開審查會等措施，以大陸配偶保障在臺權益，促使社會大眾以尊重的態度以待，逐步消除社會歧視。

陸、管制評估：縮減管制範圍、提升管理效能

基於國境管理核心「管制價值」的逐漸轉變，以及兩岸交流制度化的「管制背景」，馬政府對於大陸地區人民來臺的「管制目的」，也轉變為「開放鬆綁、縮減管制範圍」和「風險控管、提升管理效能」兩項，並呈現在對於大陸地區人民來臺「觀光」、「專業及商務交流」和「社會交流」的「管制對象」之上，並且透過國境外、國境線上和國境內的「管制規範」調整，希望能夠達到回應管制目的的政策效果。也因此，對於上述大陸地區人民來臺的管制規範，以下也將利用「縮減管制範圍」和「提升管理效能」兩項作為回溯的評估標準。

一、鬆綁管制範圍

首先，在「鬆綁管制範圍」面向，政府為落實兩岸交流秩序正常化的核心價值，確實針對「觀光」、「專業及商務交流」、「社

會交流」等管制對象，漸次鬆綁人員往來政策，讓大陸人士能夠以不同需求的事由樣態往來兩岸之間，以促進全面性的兩岸交流。此又包括了：

（一）重構管制流程，創造便利大陸人士來臺交流之動力

為因應兩岸發展新形勢，政府已落實兩岸人員往來相關法規政策，並在鬆綁開放的基礎上，重構管制流程，一方面為大陸人士來臺交流創造便利化的趨動力，另一方面也為龐大數量的大陸人士來臺需求。例如：簡化大陸人士來臺觀光的申請流程、縮短大陸專業及商務人士來臺的申請時程等，均為顯例。此呈現在2014年「四法合一」[15]大陸地區人民來臺法制重構的修法內容上，則略可為：

1.社會交流

大陸地區人民探親對象如係臺灣地區人民，現行規定應符合二親等血親關係，以探病事由來臺應符合三親等血親關係，刪除

---

[15] 鑑於開放兩岸交流後，兩岸人民往來互動愈趨頻繁熱絡，然大陸地區人民申請來臺相關法規分散，不利適用，社會各界也陸續提出簡化申請來台流程、縮短取證時間等建議，希望進一步深化兩岸交流的制度化。經內政部移民署會商相關機關，考量將現行有關停留性質之法規，先加以進行整併研修，將原來的「大陸地區人民進入台灣地區許可辦法」、「大陸地區專業人士來臺從事專業活動許可辦法」、「大陸地區人民來臺從事商務活動許可辦法」、「跨國企業內部調動之大陸地區人民申請來臺服務許可辦法」合計四項許可辦法，予以整併──即所稱之「四法合一」。「四法合一」後的「大陸地區人民進入台灣地區許可辦法」，分為「總則」、「社會交流」、「專業交流」、「商務活動交流」、「醫療服務交流」及「附則」，共六章，全文計56條，並業於2014年1月1日正式實施。

探病事由，統合整併為符合三親等血親關係之範疇，皆可申請來臺從事短期探親。其鬆綁之相關條件為：

■ 放寬探親之親等資格：臺灣地區人民之大陸地區公婆或岳父母、專案長期居留者之大陸地區父母、研修生之大陸地區父母、隨行團聚者已成年身心障礙且未婚子女，可申請探親。

■ 鬆綁停留期間：陸生之二親等直系血親或配偶，原停留期間 15 天，放寬為個月。

■ 放寬探視範疇：包括放寬港澳居民或外國人在臺經司法機關羈押或執行徒刑，其大陸地區親屬得申請來臺的「司法探視」；以及放寬港澳居民或外國人遭遇不可抗拒之重大災變致死亡或重傷，或因重大疾病住院，其大陸地區親屬得申請來臺的「人道探視」。

2.專業交流

■ 簡併專業交流來臺事由：原計 25 項，簡併為 9 大項，如教育講學、投資經營管理、短期專業交流等。

■ 簡化申請流程及資格：簡併後之短期專業交流，邀請單位資格條件予以簡化；又，鬆綁短期專業交流及短期商務活動交流，免送目的事業主管機關審查，簡化其申請流程。

3.商務活動交流

■ 簡併商務活動交流來臺事由：原計 8＋1 項，簡併為 5 項。

■ 簡化申請流程及資格：簡併後之短期商務活動交流，其邀請單位資格條件簡化，如年度營業額之門檻限制取消；此外，亦配合自由經濟示範區政策，簡化示範區內事業邀請來臺從事演講、商務研習（含受訓）及履約活動之商務活動交流程序。

（二）鬆綁管制資格，正常化大陸人士來臺交流樣態

大陸人士來臺交流除有逐漸攀升的龐大數量外，更有潛在的「質」的結構轉變。而面對大陸人士來臺交流可能衍生的結構變遷，政府也重新釐定明確管制對象，針對不同的身份樣態與交流需求，進行不同強度和範圍的管理密度鬆綁，使大陸人士來臺的交流樣態逐步邁入正常化軌道。例如：將陸客來臺觀光依據「團體行」和「自由行」設定不同的管理規範、簡化專業交流的樣態、開放商務交流申請多次簽證、提供社會交流的人道選擇等均可屬之。此呈現在 2014 年「四法合一」大陸地區人民來臺法制重構的修法內容上，則略可為：

1.重新配置管理資源，明確安全管理機制

以風險控管重構大陸人士來臺交流的安全管理機制，強化境管查驗項目及違規管制事由，讓管理機關的資源有效運用，使兩岸交流在開放鬆綁的同時，達至管理效能的提升。

2.強化事後課則能力，提昇安全管理效率

將事前性的管制機制，轉化為事後性的課則機制，透過事後課則能力的強化，激勵以風險控管為核心的安全管理機制，讓該機制的管理效率獲得提升。

（三）檢討管制事項，保障合法入境大陸人士之權益

大陸人士來臺的法規政策鬆綁開放，也進一步落實在具體的管理事項的檢討與調整之上，除將不合時宜的管制事項漸次取消，更重要的，是在維護兩岸交流秩序的前提下，調整相關管理

機制，以確保合法入境大陸人士的各項權益，讓兩岸之間的人員往來能夠逐漸邁向正常化的目標。例如：對於來臺社會交流的大陸人士，給予更為合理且符合人權潮流的相關待遇即屬之。

二、提升管理效能

相較於管制範圍的大幅鬆綁，政府對於大陸人士來臺的「管理效能提升」，似乎尚未有明確政策定位，而出現「安全管理」和「開放便利」的政策拉扯，此又包括了：

（一）管理能量嚴重不足，無法負荷大陸人士來臺的「量變」

隨著 2008 年 520 馬總統就任以來，兩岸之間的交流快速發展，大陸人士來臺的數量也屢創新高，不僅在 2009 年取代日本，成為來臺最多的境外地區、2015 年更超過 400 萬人次大關，足見大陸人士來臺的「量變」。但無論是從境外、國境線上到境內的管理人力均相當匱乏，一定程度造成管理能量的不足。可以說，現階段落實大陸地區人民來臺的國境管理機制的人員不足，是造成管理效能無法同步提升的直接主因。

（二）管理機制轉化有限，致使無法達到「提升效能」所預期的效果

由於上述政策面的大陸人士來臺管理政策定位未明，往往造成在管理機制重構過程中的左支右絀：明知應該要跳脫出過去「原則禁止、例外許可」的「管制」概念，轉向「原則許可、例外禁止」的管理思維，但在機制設計和運作上，卻往往無法實現。例如：在陸客來臺自由行之初所發生的移民署「公告」陸客來臺

自由行不得從事的活動清單一事，或是希望簡化專業人士審查流程，卻有越來越多的案件進入「聯審會」的現象等等，都是因為管理機制轉化有限，效能未，導致無法達到同步提升管理效能的預期效果。

（三）「境外管理」的風險控管機制未能完善建立

從人員往來的「管制」轉向「管理」，更有賴於事前風險控管機制的建立，但由於在政策思維上並未完全落實，也導致在管理機制的調整上尚未完善「事前管理」的風險控管機制。例如：對於大陸黨政軍機敏人士，據了解政府相關國安部門迄今未有整合性的管理系統，又如大陸配偶的管理機制，始終未能延伸到境外以過濾風險，而專業人士來臺的身份判別，卻始終必須由我方先行管控過濾等等，均導致事前的「境外管理」的風險控管機制未臻完善。

（四）「國境線上」的管理效能提升有限

面對全球化的口移動和經濟需求的誘因，世界各國無不強化國境線上「服務」和「效能」的提升，臺灣近年來也不例外，以2012年移民署大力推動的「國人自動通關系統」即屬一例。但面對無論是「質」或「量」均產生轉變的大陸人士來臺問題，政府在「國境線上」雖多有努力，但管理效能的提升似乎仍相當有限。例如：對於大陸人士生物特徵辨識系統的建立，或是大陸地區機敏人士的國境線上管控，都還需要進一步的落實，才能真正提升國境線上的管理效能。

（五）境內「事後管理」的課責力道不足

以「管理」為核心概念、風險控管為基礎的大陸人士來臺管理機制的重構，應逐步削弱「原則禁止、例外許可」的事前性許可管制，使開放鬆綁的兩岸人員往來措施能夠真正的落實，同時也應將事前性的管制機制，轉化為事後性的課則機制，透過事後課則能力的強化，讓機制的管理效率獲得提升。但現階段的管理機制，多仍著重在事前的控管，較缺乏事後的課責，諸如對於觀光脫團、專業交流「身份不實」或社會交流的「虛偽關係」的事後懲處和政策嚇阻等，來達到風險預防的效果，致使「事後管理」的課責力道不足。

第四節　政策建議

「管制理論」的分析方法，有助於吾人從「管制價值」、「管制背景」、「管制目的」、「管制對象」、「管制結構」到「管制規範」的層次，釐清大陸地區人民來臺的國境管理機制，也能夠作為評估現階段管理機制優缺策進的基礎。而從上述「管制評估」中「縮減管制範圍」和「提升管理效能」兩面向的評估，本文進一步提出相關的政策建議，作為未來策進之參據。

壹、「縮減管制範圍」面向

一、全面檢視並重構大陸人士來臺及整體移民政策之政策方針

　　面對全球化人員流動的趨勢，以及未來 ECFA 逐步深化的影響，甚至考量臺灣總體產業結構變遷、人力資源訴求以及少子化等因素，政府相關單位實有必要全面性的檢視臺灣的整體移民政策，並將大陸人士來臺的政策方針一併鑲嵌於移民政策之脈絡下，進一步鬆綁現有的管制範圍，包括是否要開放大陸地區專技和投資移民、白領專業人才（如高科技人才）等，都需要政府全面性的政策評估。

二、擴大核發大陸地區人民來臺的「多次簽證」

　　兩岸經貿與人員交流日趨深化，大陸人士來臺的需求也愈見增加，無論是專業、商務大陸人士或是喜愛臺灣的大陸觀光客而言，若能在第一次繁瑣的申請流程後，提供來臺的「多次簽證」，不僅能夠簡化政府的管制能量，也能夠提供往來兩岸的便利與快捷、吸引更多的大陸人士「回流」來臺。

三、讓「專業交流」回歸以「事由」為基礎的管理機制，和國際同步化

　　在鬆綁管制範圍上，觀光、商務及社會交流在身份資格上幾已全面涵括，但在專業交流部份，儘管持續地開放不同類別，但隨著兩岸交流的質變，是否還需要以專業的「身份資格」作為核發入臺簽證的判準，似可以各國簽證核發制度的比較分析中獲得

啟發：應可將專業交流中疊床架屋的經濟相關類別直接劃入商務簽證、將涉及營利事務的專業交流事項化為工作簽證、將其餘涉及學術或專業性質訪問活動納入訪問簽證，讓「專業交流」回歸以「事由」為基準的簽證核發規範，和我國對於外籍人士及世界各國對於大陸人士之簽證核發趨於同步，在一個類同的框架規範下，以「來臺事由」為基準判斷其來臺目的，並依不同目的進行實質審查，更能符合達到「鬆綁專業人士來臺申請、控管專業人士來臺目的」的管制目標。

貳、「提升管理效能」面向

一、擴增大陸人士來臺管理的人力和管理能量

誠如上述，「人力不足」是現階段大陸人士來臺管理機制管理能量無法提升的主因之一，因此，擴大招募現階段管理人力應為當務之急。事實上，移民署已自 2012 年起開辦「移民特考」，招聘新血人力，長遠來看，應有助於解決「人力不足」的政策執行困境，但宏觀來看，如何利用行政院組織整併的契機，快速綜整人力資源、強化管理能量，應可為相關機關當前思索的主要政策方向之一。

二、整合各國安系統之間的「重要大陸人士資料庫」

目前對於國境線上的大陸人士查驗機制，其實已十分成熟，但面對管制範圍的鬆綁，對於具機敏性大陸人士的管理需求，其前提在於能夠精確而快速的判斷其是否具備「機敏」身份。迄今我政府相關國安機關雖均有所謂「大陸人士資料庫」，但彼此之

間的橫向聯繫似乎有限，往往造成資源重複配置、或造成資料訊息之落差。為落實對於所謂「機敏人士」的管理，應儘速整合各國安系統之間的「重要大陸人士資料庫」，並落實在大陸人士管理機制之中，方能真正起到「管理」實效。

三、推動兩岸境管單位應互設辦事處、延伸境外國境管理的機制

　　首先，以陸客來臺觀光的角度來看，目前管理效能的不足，部份主因在於陸客身份申請證件資料的查核，包括存款證明與在學證明是否真實、保證人的身份為何、保證內容為何等；；其次，以專業和商務人士觀之，則在於目前專業及商務人士來臺，均由我方先行發證後，再由陸方核發入臺證件，不僅造成我方相關管理單位的時效壓力，也往往必須由我方來承擔大陸人士來臺的身份、事由等課責風險；最後，若從社會交流觀之，面對兩岸通婚的頻密，若能夠在境外進行大陸配偶的申請認證作業和進行抵臺後的說明與輔導，也充分發揮事前管理及便利往來的管理效能。故總結來說，推動兩岸境管單位互設辦事處，以延伸大陸地區人民來臺的「境外管理」，才是真正提升管理效能的根本之道，而值得政府深思。

第五節　結語

　　儘管我政府對於兩岸人流管理，確實已朝向面對兩岸人員往來正常化趨勢的管制革新思考，但從國家發展的總體角度，則必

須同時面對全球化人員流動的趨勢，以及未來 ECFA 和兩岸服務貿易協議逐步深化的影響，甚至考量臺灣總體產業結構變遷、人力資源訴求以及少子化等因素，則政府相關單位面對兩岸人員往來及移民法制的挑戰仍然極大。隨著兩岸交流的正常化，政府未來勢必要進一步全面性地檢視臺灣的整體移民政策，並將大陸人士來臺的政策方針一併鑲嵌於移民政策之脈絡下加以整合。甚至包括是否要開放大陸地區專技和投資移民、白領專業人才（如高科技人才）、藍領移工等等，都需要政府全面性的政策評估。唯有使大陸地區人民來臺停留法規逐步趨於適用單一化、規範明確化、事由精簡化，達到兩岸人民往來交流安全有序、常態化與簡政便民之目標。

參考資料

Elliott, E. Donald(1985). Goal Analysis versus Institutional Analysis of Toxic Compensation Systems, 73 GEO. L.J.

Ogus, Anthony (1994). Regulation: Legal Form And Economic Theory, Oxford: Clarendon Press; New York: Oxford University Press .

中華人民共和國國家旅遊局網站，網址：http://www.cnta.gov.cn。

內政部移民署網站，網址：http://www.immigration.gov.tw/

交通部觀光局網站，網址：http://admin.taiwan.net.tw/law/File/ 200809/。

汪毓瑋（2011）。「國境執法之情報導向警務與運作」，龜山：2011 年國土安全與國境管理學術研討會論文，頁 1-30。

葉俊榮（2000）。《行政法案例分析與研究方法》，台北：三民書局。

蔡明彥（2010）。〈美國土安全部近公佈四年期國土安全檢討報告之研析〉，台北：遠景基金會網站：
http://www.pf.org.tw/8080/FCKM/inter/research/
report_detail.jsp?report_id=8437。

Do觀點40　PF0184

國土安全與移民政策
──人權與安全的多元議題探析

作　　者／林盈君等
責任編輯／徐佑驊
圖文排版／楊家齊
封面設計／王嵩賀

出版策劃／獨立作家
發 行 人／宋政坤
法律顧問／毛國樑　律師
製作發行／秀威資訊科技股份有限公司
　　　　　地址：114 台北市內湖區瑞光路76巷65號1樓
　　　　　電話：+886-2-2796-3638　傳真：+886-2-2796-1377
　　　　　服務信箱：service@showwe.com.tw
展售門市／國家書店【松江門市】
　　　　　地址：104 台北市中山區松江路209號1樓
　　　　　電話：+886-2-2518-0207　傳真：+886-2-2518-0778
網路訂購／秀威網路書店：https://store.showwe.tw
　　　　　國家網路書店：https://www.govbooks.com.tw

出版日期／2016年8月　BOD一版　定價／400元

|獨立|作家|
Independent Author

寫自己的故事，唱自己的歌

國土安全與移民政策：人權與安全的多元議題探
析 / 林盈君等著. -- 一版. -- 臺北市：獨立
作家, 2016.08
    面； 公分. -- (DO觀點；40)
    BOD版
    ISBN 978-986-93316-4-7(平裝)

1. 國家安全 2. 入出境管理 3. 移民 4. 文集

599.707   105011010

國家圖書館出版品預行編目

讀 者 回 函 卡

感謝您購買本書，為提升服務品質，請填妥以下資料，將讀者回函卡直接寄回或傳真本公司，收到您的寶貴意見後，我們會收藏記錄及檢討，謝謝！
如您需要了解本公司最新出版書目、購書優惠或企劃活動，歡迎您上網查詢或下載相關資料：http:// www.showwe.com.tw

您購買的書名：＿＿＿＿＿＿＿＿＿＿＿＿＿＿＿＿＿＿＿＿＿＿＿

出生日期：＿＿＿＿＿年＿＿＿＿＿月＿＿＿＿＿日

學歷：□高中 (含) 以下　　□大專　　□研究所 (含) 以上

職業：□製造業　□金融業　□資訊業　□軍警　□傳播業　□自由業
　　　□服務業　□公務員　□教職　　□學生　□家管　　□其它＿＿＿

購書地點：□網路書店　□實體書店　□書展　□郵購　□贈閱　□其他

您從何得知本書的消息？

　　□網路書店　□實體書店　□網路搜尋　□電子報　□書訊　□雜誌
　　□傳播媒體　□親友推薦　□網站推薦　□部落格　□其他＿＿＿＿＿

您對本書的評價：（請填代號　1.非常滿意　2.滿意　3.尚可　4.再改進）

　　封面設計＿＿＿　版面編排＿＿＿　內容＿＿＿　文／譯筆＿＿＿　價格＿＿＿

讀完書後您覺得：

　　□很有收穫　□有收穫　□收穫不多　□沒收穫

對我們的建議：＿＿＿＿＿＿＿＿＿＿＿＿＿＿＿＿＿＿＿＿＿＿＿

＿＿＿＿＿＿＿＿＿＿＿＿＿＿＿＿＿＿＿＿＿＿＿＿＿＿＿＿＿＿

＿＿＿＿＿＿＿＿＿＿＿＿＿＿＿＿＿＿＿＿＿＿＿＿＿＿＿＿＿＿

＿＿＿＿＿＿＿＿＿＿＿＿＿＿＿＿＿＿＿＿＿＿＿＿＿＿＿＿＿＿

11466
台北市內湖區瑞光路 76 巷 65 號 1 樓

獨立作家讀者服務部　　　　收

....

（請沿線對折寄回，謝謝！）

姓　　名：_____　年齡：_____　性別：□女　□男

郵遞區號：□□□□□

地　　址：_____

聯絡電話：(日) _____ (夜) _____

E-mail：_____